確率と確率過程

千代延　大造　著

学術図書出版社

はじめに

　本書は，高等学校レベルの確率の知識と大学初年級で学ぶ解析学や線形代数学の知識を持つ学生を対象にした確率論・確率過程論の入門書である．

　コイン投げのように同じ条件で何度でも繰り返し行うことができ，しかも結果が偶然に左右されるような試行を確率モデルという．確率論は確率モデルを定式化し，それを解析する数学の一分野である．特に，確率過程論は時間とともに変化していく確率モデルの解析である．

　高等学校までの確率は，多くの場合順列・組合せの計算に帰着される．それは高校までに扱う確率モデルの多くが「すべての根元事象が同様に確からしい」場合を考察の対象にしているからである．それに限らない確率モデルを調べるためには順列・組合せだけでは不十分であり，より多くの数学的知見を導入する必要がある．本書の目的は確率空間，確率変数，確率分布，独立性，マルコフ性といった確率論の基礎概念を紹介すると同時に，大学初年級で学ぶ微分積分学や線形代数学を道具としてより広汎な確率モデルの解析に向けて読者を誘うことである．

　現代の確率論は，20世紀初頭に確立した測度論・積分論を基礎にして，ロシアの数学者コルモゴロフによって公理論的確率論として体系化された．最先端の確率論・確率過程論の成果を知り，それをさらに発展・応用していくためには測度論に基礎をおく確率論を学ばなければならない．しかし，本書は測度論・積分論の知識は仮定せず，大学初年級の数学で扱える範囲内で確率論を展開する．入門的な書物として，重複をいとわず段階を追ってより複雑なモデルを述べていくという構成をとっている．

　確率論に限らず数学を身につけるには，自ら手を動かしてやってみるしかない．本書では概念や命題を紹介するたびに例題や演習問題を配し，読者が自ら考えてみるように促している．微分積分学や線形代数学を活用しながら，確率論の概念や計算手法，モデルへの理解を深めていけるよう配慮している．また，現代では手計算での実行が難しい数値計算を計算機で手軽に実行できる環境がある．この本ではScilabというひとつのソフトウェアを用いて，様々な確率モデルをシミュレーションする方法も紹介する．読者は，紙と鉛筆，ソフトウェアの両方を利用して個々の確率モデルを解析する楽しみを味わってもらいたい．確率論は現実に起こる偶然性にまつわる事象と関連しているので，得られた結果を自分が持つ直感と照らし合わせて，計算結果と直感の双方を検証してみることが重要である．

　この本の構成を述べよう．第1章は確率論を述べる前の準備である．記号・用語の準備の後，復習と予告の双方の意味合いを兼ねて，組み合わせ論のみならず解析学と線型代数学から後の章で特に必要になる事柄を取り上げる．第2章から始まるこの本の本論は，おおよそ3つの部分に分けることができる．第2章から第4章までが第1部であり，高校での確率から直接つながる入門的な部分である．主にコインを繰り返し投げるモデルを取り上げながら偶然に左右されてとる値 (確率変数) が整数値をとる場合を考えながら確率論の基本的な枠組みを与える．第5章から第8章までが第2部である．そこでは，第1部より複雑なモデル，すなわち，確率変数が連続的な値をとる場合や多次元の値をとる場合を中心に，解析学を活用した確率論を展開

する．また，ベイズ推定を多次元確率変数の応用として述べる．第9章が第3部であり，確率過程論への入門としてマルコフ連鎖について述べる．最後の第10章はソフトウェアを用いてそれまでに述べた確率モデルのシミュレーションの方法を述べる．

　各章の最初にコメントを与えるが，それらは必ずしも各章の要約ではなく，それぞれの章において強調しておきたいポイントやその他の章の内容との関連などを述べて，学ぶ上での展望を読者に提供することを意図している．

　勝田敏之氏，藤原司氏には初期の草稿に目を通していただき，多くの貴重なコメントをいただきました．上記諸氏に深く感謝いたします．

2022 年 10 月 1 日

千代延　大造

目　　次

記号

本書全体を通してしばしば用いる論理や集合，関数や数列についての記号や用語を最初にまとめて挙げておく.

$\exists x \in A$	「A に属するある x が存在して」
$\forall x \in A$	「A に属するすべての x に対して」
$A \iff B$	「A と B は同値」
$\mathbf{R} = (-\infty, \infty)$	実数全体
$\mathbf{Z}$	整数の全体
$\mathbf{Z}_+$	0 以上の整数全体
$\mathbf{N}$	自然数の全体
$^\#A$	集合 A の元の個数
A^c	A の補集合
$A \setminus B$	$= A \cap B^c$
$A \cup B$	A と B の和集合
$A \cap B$	A と B の積集合
ϕ	空集合
$\binom{r}{k}$	$= {}_rC_k$, 二項係数，(1.1) 参照.
$a \vee b$	$= \max\{a, b\}$
$a \wedge b$	$= \min\{a, b\}$
$P^\top$	行列 P の転置
$\lvert D \rvert$	領域 $D \subset \mathbf{R}^2$ の面積
$1_A(x)$	$= \begin{cases} 1, & x \in A \\ 0, & x \in A^c, \end{cases}$ A の定義関数 (指示関数)
δ_{ij}	$= \begin{cases} 1, & i = j \\ 0, & i \neq j, \end{cases}$
$\langle \mathbf{x}, \mathbf{y} \rangle$	$\mathbf{x}$ と $\mathbf{y}$ の内積，(1.33) 参照.
$\langle \mathbf{x}, \mathbf{y} \rangle_\mu$	$\mathbf{x}$ と $\mathbf{y}$ の μ についての内積，(1.36) 参照.
I	単位行列
$\mathbf{1}$	各成分が 1 のベクトル
$\mathbf{0}$	各成分が 0 のベクトル

第 1 章

準備

　この章では，確率論を展開する準備として高等学校や大学初年次に学ぶ数学科目，特に順列・組み合わせや解析学の中から確率論を展開する上で特に重要な役割を果たす事項を取り上げる．ただし，それぞれ事実の要約を述べているに過ぎないので，この準備の内容を初めて学ぶ読者はそれぞれの専門書にあたっていただきたい．これらの準備が後のどの章において用いられるかを簡単に述べておく．

1. 二項係数は二項分布を定義する基礎となる (3.3.2 節)．二項分布は最も基本的で重要な確率モデルであり，極限操作を通じてポアソン分布や正規分布と結びつく (3.3.4 節，5.4 節)．

2. 広義積分や級数の収束概念，特に絶対収束の概念がのちに確率変数の期待値を定義において重要である．

3. 広義重積分は第 6 章での多次元連続確率変数の確率や期待値を定めるために必要である．

4. ガウス型関数の積分 (1.13) は正規分布を定める基礎となる．

5. べき級数は，幾何分布やポアソン分布を定める基礎となる ((1.28) および (1.31))．また，非負整数値確率変数の母関数 (3.4 節) はべき級数を通して定義され，基本的な命題 1.2 の応用としてそれらの平均・分散の計算に用いられる (命題 3.5)．また，負の二項定理 (公式 (1.32)) の導出にも利用される．

6. スターリングの公式は二項分布の正規分布による近似 (ド・モアブル-ラプラスの定理，命題 5.2) や大偏差確率の計算に応用される．公式の導出で述べたアイデアはラプラスの方法と呼ばれ，確率論における極限定理 (例えば式 (7.35)) の導出にも用いられる．ただし，コインを投げる回数を大きくしていくときなど，偶然性が積み上がっていくときに現れる公式を，ここでは極限定理と呼んでいる．

7. 多項係数と負の二項係数 (1.8 節) は統計物理学に関連する確率モデル (例 2.4) に現れる．章末問題 2-4 および 2-5 においてこのモデルの漸近理論を考察する．

8. 行列の固有値と対称行列の対角化に関する基本的な事柄は，6.5 節において多次元正規分布を定義し，特徴づける上で必要である．また，マルコフ連鎖，特に 9.10 節においてマルコフ連鎖の不変分布への収束のスピードを論じる際の基礎になる．

1.1　集合演算

中学校や高等学校の教科書にもある集合における用語，記号および演算則を復習・確認する．集合 Ω の部分集合 A および B に対して A^c を A の補集合，$A \cup B$ を A と B の和集合，$A \cap B$ を A と B の積集合とする，すなわち $A^c = \{x \in \Omega; x \notin A\}$，　$A \cup B = \{x \in \Omega; \; x \in A$ または $x \in B\}$，　$A \cap B = \{x \in \Omega; \; x \in A$ かつ $x \in B\}$ とする．

---

(1) 任意の集合 A に対して $(A^c)^c = A$ が成り立つ．

(2) 任意の集合 A, B, C に対して**分配法則**が成り立つ：

$$A \cup (B \cap C) = (A \cup B) \cap (A \cup C), \quad A \cap (B \cup C) = (A \cap B) \cup (A \cap C)$$

(3) 任意の集合 A, B に対して**ドモルガンの法則**

$$(A \cup B)^c = A^c \cap B^c, \qquad (A \cap B)^c = A^c \cup B^c$$

が成り立つ．

有限個の Ω の部分集合列 $A_1, A_2, \cdots, A_n$ に対して $\displaystyle\bigcup_{k=1}^{n} A_k$ をその和集合，$\displaystyle\bigcap_{k=1}^{n} A_k$ をその積集合とする．さらに，可算無限個の集合列 $A_1, A_2, \cdots$ に対して $\displaystyle\bigcup_{k=1}^{\infty} A_k$ をその和集合，$\displaystyle\bigcap_{k=1}^{\infty} A_k$ をその積集合とする．すなわち

$$x \in \bigcup_{k=1}^{\infty} A_k \iff \exists k \in \mathbf{N}, \; x \in A_k,$$

$$x \in \bigcap_{k=1}^{\infty} A_k \iff \forall k \in \mathbf{N}, \; x \in A_k$$

である．A と B が**排反**であるとは $A \cap B = \phi$ が成り立つことであり集合列 $A_1, A_2, \cdots$ が排反であるとは，任意の $k \neq j$ に対して A_k と A_j が排反であることである．集合列 $A_1, A_2, \cdots$ が集合 Ω の**分割**であるとは集合列として排反であり，かつ $\displaystyle\bigcup_{k=1}^{\infty} A_k = \Omega$ が成り立つことである．

可算個の集合列に対しても以下の分配法則およびドモルガンの法則が成り立つ．

$$A \bigcup \left(\bigcap_{k=1}^{\infty} B_k \right) = \bigcap_{k=1}^{\infty} \left(A \bigcup B_k \right), \qquad A \bigcap \left(\bigcup_{k=1}^{\infty} B_k \right) = \bigcup_{k=1}^{\infty} \left(A \bigcap B_k \right),$$

$$\left(\bigcup_{k=1}^{\infty} A_k \right)^c = \bigcap_{k=1}^{\infty} A_k^c, \qquad \left(\bigcap_{k=1}^{\infty} A_k \right)^c = \bigcup_{k=1}^{\infty} A_k^c$$

1.2 順列と組み合わせ，二項係数と二項定理

$r, k \in \mathbf{Z}_+$, $0 \le k \le r$ とする．r 人から k 人を選び出す組み合わせの総数は，**二項係数**

$$\binom{r}{k} = \frac{r!}{k!(r-k)!} = \frac{r(r-1)\cdots(r-k+1)}{k!} \tag{1.1}$$

により与えられる．ただし

$$n! = \begin{cases} n \cdot (n-1) \cdot (n-2) \cdots 2 \cdot 1, & n \ge 1 \\ 1, & n = 0. \end{cases}$$

である．以下が成り立つ．

公式 1.1 (1) $\binom{r}{0} = 1$, $\binom{r}{r} = 1$, $r \ge 0$.

(2) $\binom{r}{k} = \binom{r}{r-k}$, $r \ge 0$, $0 \le k \le r$.

(3) $\binom{r+1}{k} = \binom{r}{k} + \binom{r}{k-1}$, $r \ge 1$, $k \ge 1$.

(4) $\binom{m+n}{k} = \displaystyle\sum_{i=a}^{b} \binom{m}{i}\binom{n}{k-i}$, ただし $a = 0 \vee (k-n)$, $b = m \wedge k$ とする．

実際：

(2) r 人から k 人を選ぶ組み合わせの総数は，残りの $r-k$ 人を選ぶ組み合わせの総数と等しい．

(3) $r+1$ の中のある特定の A さんを決めておく．k 人の中に A さんを含める場合には，残り r 人の中から $k-1$ 人を選ぶことになり，k 人の中に A さんを含めない場合には，A さん以外の r 人の中から k 人を選ぶことになる．

(4) m 人の男子と n 人の女子からなるグループから k 人を選び出すことを考える．k 人の中に i 人の男子がいる組み合わせの総数が $\binom{m}{i}\binom{n}{k-i}$ である．ただし i の取り得る値に注意する必要がある．$0 \le i \le m$ かつ $0 \le k-i \le n$ から $0 \vee (k-n) \le i \le m \wedge k$ である．

二項定理：すべての $n = 0, 1, 2, \cdots$ に対して，

$$(a+b)^n = \sum_{k=0}^{n} \binom{n}{k} a^k b^{n-k} \tag{1.2}$$

が成り立つ．

なぜなら：

$$(a+b)^n = (a+b)(a+b)\cdots(a+b)$$

を展開するとき，$a^k b^{n-k}$ が出てくる回数は，右辺の n 個の積の展開において，a を k 回選ぶ回数，すなわち 1 から n までのカードから k 枚のカードを選ぶ選び方の総数 $\binom{n}{k}$ に等しい．

1.3　広義積分，ガンマ関数とベータ関数

任意の $M > 0$ および $N > 0$ に対し定積分 $\int_{-M}^{N} f(x)dx$ が定義され，その値の $M, N \to \infty$ としたときの極限値が存在するとき f は $(-\infty, \infty)$ で**広義積分可能である**といい，その極限値を $\int_{-\infty}^{\infty} f(x)dx$，あるいは $\int_{\mathbf{R}} f(x)dx$ と書く．すなわち

$$\int_{\mathbf{R}} f(x)dx = \int_{-\infty}^{\infty} f(x)dx = \lim_{M,N\to\infty} \int_{-M}^{N} f(x)dx$$

である．$f \geq 0$ のとき，極限値が存在することを「$< \infty$」と表現する，すなわち広義積分可能であることを $\int_{-\infty}^{\infty} f(x)dx < \infty$ と書く．非負値とは限らない f に対して $\int_{-\infty}^{\infty} |f(x)|dx < \infty$ であるとき**広義積分は絶対収束する**という．

また，$a < b$ とする．任意の $\epsilon_1 > 0$，$\epsilon_2 > 0$ に対して定積分 $\int_{a+\epsilon_1}^{b-\epsilon_2} f(x)dx$ が定義され，その値の $\epsilon_1 \to 0$，$\epsilon_2 \to 0$ としたときの極限値が存在するとき f は (a, b) で広義積分可能であるといい，その極限値を $\int_a^b f(x)dx$ と書く，すなわち

$$\int_a^b f(x)dx = \lim_{\epsilon_1, \epsilon_1 \to 0} \int_{a+\epsilon_1}^{b-\epsilon_2} f(x)dx$$

である．

例 1.1　$\alpha > 0$ とする．

$$\int_1^{\infty} \frac{1}{x^{\alpha}} dx \begin{cases} < \infty, & \alpha > 1, \\ = \infty, & \alpha \leq 1 \end{cases} \tag{1.3}$$

である．

例 1.2　(1) $\alpha > 0$ であるとき広義積分

$$\Gamma(\alpha) = \int_0^{\infty} e^{-t} t^{\alpha-1} dt \tag{1.4}$$

は収束する．これにより定まる Γ を**ガンマ関数**という．$\Gamma(1) = 1$ および

$$\Gamma(\alpha + 1) = \alpha\Gamma(\alpha) \tag{1.5}$$

が成り立つから，任意の自然数に対して $\Gamma(n + 1) = n!$ がわかる．これより，ガンマ関数は $\mathbf{N}$ 上の対応 $n \to n!$ を正の実数全体に拡張したものと考えることができる．

(2) $\alpha > 0$，$\beta > 0$ であるとき広義積分

$$B(\alpha, \beta) = \int_0^1 t^{\alpha-1}(1-t)^{\beta-1} dt \tag{1.6}$$

は収束する．B を**ベータ関数**という．ガンマ関数とベータ関数の間には関係

$$B(\alpha, \beta) = \frac{\Gamma(\alpha)\Gamma(\beta)}{\Gamma(\alpha + \beta)} \tag{1.7}$$

が成り立つ．

1.4 重積分と変数変換

$\mathbf{R}^2$ 上の区間の積 $I \times J$ 上の 2 変数連続関数 f の重積分 $\int_{I \times J} f(x,y)dxdy$ を 1 変数の場合と同様にリーマン和の極限として定義する. また, D を有界な $\mathbf{R}^2$ の領域とするとき, $f(x,y)1_D(x,y)$ が D を含む長方形 $I \times J$ 上リーマン積分可能であるとき

$$\int_D f(x,y)dxdy = \int_{I \times J} f(x,y)1_D(x,y)dxdy$$

により定義する. D が有界ではない領域であるとき, $A_n \to \mathbf{R}^2$ であるような長方形の増大列 $\{A_n\}$ に対して極限

$$\lim_{n \to \infty} \int_{D \cap A_n} f(x,y)dxdy$$

が存在するとき, **広義重積分** $\int_D f(x,y)dxdy$ をこの極限値により定義する.

重積分を計算する上で重要な 2 つの公式を述べる.

$\mathbf{R}^2$ 内の領域 A が $D = \{(x,y); \ a \le x \le b, \ \phi(x) \le y \le \psi(x)\}$ と表されるとき

$$\int_D f(x,y)dxdy = \int_a^b dx \left(\int_{\phi(x)}^{\psi(x)} f(x,y)dy \right) \tag{1.8}$$

が成り立つ.

次に, D 内を動く変数 (u,v) が変換

$$x = f(u,v), \qquad y = g(u,v)$$

により新しい変数 (x,y) に写り, D は領域 D_1 に写るとする. ここで, この変換は D から D_1 への 1 対 1 の変換であり, $f, \ g$ は 1 回偏微分可能で偏導関数は連続であるとする. またこの変換のヤコビアン (Jacobian)J を

$$J(u,v) = \det \begin{pmatrix} \frac{\partial f}{\partial u} & \frac{\partial f}{\partial v} \\ \frac{\partial g}{\partial u} & \frac{\partial g}{\partial v} \end{pmatrix} \tag{1.9}$$

とおく. このとき

D_1 上リーマン積分可能な関数 h に対して, 重積分の**変数変換公式**

$$\int_{D_1} h(x,y)dxdy = \int_D h(f(u,v),g(u,v))|J(u,v)|dudv \tag{1.10}$$

が成り立つ.

特に, 極座標変換 $(r,\theta) \to (x,y)$

$$x = r\cos\theta, \qquad y = r\sin\theta \tag{1.11}$$

に対して

$$J(r,\theta) = \begin{vmatrix} \cos\theta & \sin\theta \\ -r\sin\theta & r\cos\theta \end{vmatrix} = r \tag{1.12}$$

であり，$\{(r,\theta); 0 \le r \le R, 0 \le \theta < 2\pi\}$ が $A_R = \{(x,y); x^2+y^2 \le R^2\}$ に写るから，(1.10) より

$$\int_{A_R} e^{-\frac{x^2+y^2}{2}} dxdy = \int_0^{2\pi} d\theta \int_0^R e^{-\frac{r^2}{2}} rdr = 2\pi \left[-e^{-\frac{r^2}{2}} \right]_0^R = 2\pi(1 - e^{-\frac{R^2}{2}})$$

である．これより

$$\left(\int_{-\infty}^{\infty} e^{-\frac{x^2}{2}} dx \right)^2 = \int_{\mathbf{R}^2} e^{-\frac{x^2+y^2}{2}} dxdy = \lim_{R\to\infty} \int_{A_R} e^{-\frac{x^2+y^2}{2}} dxdy = 2\pi$$

である (以上の議論の詳細は文献 [1] の 22 章参照のこと)．すなわち

$$\int_{-\infty}^{\infty} e^{-\frac{x^2}{2}} dx = \sqrt{2\pi}. \tag{1.13}$$

が成り立つ．さらに，任意の $m \in \mathbf{R}$，$v > 0$ に対して

$$\int_{-\infty}^{\infty} e^{-\frac{1}{2v}(x-m)^2} dx = \sqrt{2\pi v}. \tag{1.14}$$

が成り立つ．(1.14) は $y = \frac{x-m}{\sqrt{v}}$ と変数変換して (1.13) から得られる．

───── 例題 1.1 ─────

公式 (1.13) を既知として等式

$$\int_{-\infty}^{\infty} xe^{-\frac{x^2}{2}} dx = 0, \quad \int_{-\infty}^{\infty} x^2 e^{-\frac{x^2}{2}} dx = \sqrt{2\pi}$$

を示せ．

解　$xe^{-\frac{x^2}{2}} = \left(-e^{-\frac{x^2}{2}} \right)'$ であるから

$$\int_{-\infty}^{\infty} xe^{-\frac{x^2}{2}} dx = \lim_{M,N\to\infty} \int_{-M}^N \left(-e^{-\frac{x^2}{2}} \right)' dx$$

$$= \lim_{M,N\to\infty} \left[-e^{-\frac{N^2}{2}} + e^{-\frac{M^2}{2}} \right] = 0$$

である．したがって，部分積分の公式 (1.14) より

$$\int_{-\infty}^{\infty} x^2 e^{-\frac{x^2}{2}} dx = \lim_{M,N\to\infty} \int_{-M}^N x \left(-e^{-\frac{x^2}{2}} \right)' dx$$

$$= \lim_{M,N\to\infty} \left[-Ne^{-\frac{N^2}{2}} - Me^{-\frac{M^2}{2}} \right] + \lim_{M,N\to\infty} \int_{-M}^N e^{-\frac{x^2}{2}} dx$$

$$= \sqrt{2\pi}$$

を得る．　　　　　　　　　　　　　　　　　　　　　　　　　　　□

問 1.1　$\displaystyle\int_{-\infty}^{\infty} \frac{x}{\sqrt{2\pi v}} e^{-\frac{(x-m)^2}{2v}} dx$ および $\displaystyle\int_{-\infty}^{\infty} \frac{x^2}{\sqrt{2\pi v}} e^{-\frac{(x-m)^2}{2v}} dx$ を求めよ．

1.5　ランダウの記号

本書において，パラメーター n に対応して事象 A_n を定め，その確率 $a_n = P(A_n)$ の $n \to \infty$ とするときの挙動を調べる問題がしばしば現れる．その際，次の記号を準備しておくと便利である．2 個の正数列 $\{a_n\}$，$\{b_n\}$ に対して

$$b_n = O(a_n), \ n \to \infty \iff \exists C > 0, \ \frac{b_n}{a_n} \le C, \ \forall n \ge 1$$

$$b_n = o(a_n), \ n \to \infty \iff \lim_{n \to \infty} \frac{b_n}{a_n} = 0. \tag{1.15}$$

と定める．$O(a_n)$ をラージオーの a_n，$o(a_n)$ をスモールオーの a_n と読む．この記号の下で，

$$\lim_{n \to \infty} \frac{b_n}{a_n} = 1 \iff b_n = a_n(1 + o(1))$$

であるから本書では後者の表現を多くの場合において利用する．

例 1.3　$a_n = \frac{1}{n+n^2}$ とするとき，$a_n \le \frac{1}{n^2}$ であるから $a_n = O(\frac{1}{n^2})$，$n \to \infty$ である．このとき $a_n = o(\frac{1}{n})$ である．

例 1.4　$f(x) = \log(1+x)$ にテイラーの定理を適用して，任意の $x \in \mathbf{R}$ に対して

$$\log\left(1 + \frac{x}{\sqrt{n}}\right) = \frac{x}{\sqrt{n}} - \frac{x^2}{2n} + o\left(\frac{1}{n}\right), \ \ n \to \infty \tag{1.16}$$

が成り立つ．

例 1.5　任意の $x \in \mathbf{R}$ に対して

$$\lim_{n \to \infty} \left(1 + \frac{x}{n} + o\left(\frac{1}{n}\right)\right)^n = e^x \tag{1.17}$$

である．

1.6　スターリングの公式

n が大きいとき，二項係数 $\binom{n}{k}$ の挙動を調べるためには n の階乗 $n!$ の挙動を知る必要がある．

命題 1.1（スターリングの公式）

$$\lim_{n \to \infty} n! \, e^n n^{-(n+\frac{1}{2})} = \sqrt{2\pi},$$

言い換えると

$$n! = \sqrt{2\pi n} \, e^{-n} n^n (1 + o(1)) \tag{1.18}$$

が成り立つ．

この公式を導出するアイデアを述べる．部分積分の公式より

$$n! = \Gamma(n+1) = \int_0^\infty x^n e^{-x} dx$$

であるから

$$\phi_n(x) = n \log x - x$$

とすると

$$n! = \int_0^\infty e^{\phi_n(x)} dx \tag{1.19}$$

である.

$$\phi_n'(x) = \frac{n}{x} - 1, \quad \phi_n''(x) = -\frac{n}{x^2}$$

であるから $\phi_n(x)$ は $x = n$ において最大値 $n \log n - n$ をとり，その周りで 2 次関数 $n \log n - n - \frac{1}{2n}(x-n)^2$ により近似される．そこで，(1.19) の右辺を

$$e^{n \log n - n} \int_0^\infty e^{-\frac{1}{2n}(x-n)^2} dx \tag{1.20}$$

と置き換えてみよう．このとき，(1.19) と (1.20) の比が $n \to \infty$ において 1 に収束すると予想する．さらに，(1.20) の積分において，n から $\sqrt{n}$ のオーダーの距離にある範囲での積分に対してそれ以外の範囲での積分は無視できるものと考え，この積分を

$$\int_{-\infty}^\infty e^{-\frac{1}{2n}(x-n)^2} dx \tag{1.21}$$

に置き換えてみる．これは (1.14) より $\sqrt{2\pi n}$ に等しいので以上 2 つの置き換え (1.20), (1.21) から公式が得られることがわかる.

　以上の発見的考察を次のように正当化できる．(1.19) の積分において $x = n + \sqrt{n} y$ と変数変換してみよう.

$$n! = e^{n \log n - n} \sqrt{n} \int_{-\sqrt{n}}^\infty e^{n\{\log(1 + \frac{y}{\sqrt{n}}) - \frac{y}{\sqrt{n}}\}} dy \tag{1.22}$$

であるから，(1.18) を示すためには

$$\lim_{n \to \infty} \int_{-\sqrt{n}}^\infty e^{n\{\log(1 + \frac{y}{\sqrt{n}}) - \frac{y}{\sqrt{n}}\}} dy = \sqrt{2\pi} \tag{1.23}$$

を示せばよい．以下の 2 つの式を示すことによりそれを実現できる．$f_n(y) = e^{n\{\log(1 + \frac{y}{\sqrt{n}}) - \frac{y}{\sqrt{n}}\}}$ とする．(1.16) を念頭に任意の $L > 0$ に対して

$$\lim_{n \to \infty} \int_{-L}^L f_n(y) dy = \int_{-L}^L e^{-\frac{1}{2}y^2} dy \tag{1.24}$$

を示すことができる．また

$$\lim_{L \to \infty} \sup_n \int_{-\sqrt{n}}^{-L} f_n(y) dy = 0, \quad \lim_{L \to \infty} \sup_n \int_L^\infty f_n(y) dy = 0 \tag{1.25}$$

を示すことができる．(1.24) および (1.25) が，(1.20) に対して発見的考察で述べた「n から $\sqrt{n}$ のオーダーの距離にある範囲での積分に対してそれ以外の範囲での積分は無視できる」という曖昧な主張の実現である.

1.7　べき級数

変数 x を含む次の形の級数

$$\sum_{k=0}^{\infty} a_k x^k = a_0 + a_1 x + a_2 x^2 + \cdots + a_n x^n + \cdots \tag{1.26}$$

を (中心 0 の) **べき級数**という. これが収束するような実数 x の集まりをべき級数 (1.26) の**収束域**という. 収束域は $\{0\}$, $(-\infty, \infty)$, あるいはある $\rho > 0$ に対して $(-\rho, \rho)$,　$(-\rho, \rho]$,　$[-\rho, \rho)$, $[-\rho, \rho]$ のいずれかの形をしている. このとき ρ をべき級数 (1.26) の**収束半径**という. もし $\lim_{k \to \infty} \left| \dfrac{a_k}{a_{k+1}} \right|$ が存在するならば

$$\rho = \lim_{k \to \infty} \left| \frac{a_k}{a_{k+1}} \right| \tag{1.27}$$

が成り立つ. 収束半径が正であるとき収束域において (1.26) は x についての関数を定める. 例えばべき級数

$$1 + x + x^2 + \cdots + x^n + \cdots$$

は公比 x の等比級数と見なせるから $x \in (-1, 1)$ において $\frac{1}{1-x}$ に等しい, すなわち

$$\frac{1}{1-x} = 1 + x + x^2 + \cdots + x^n + \cdots, \quad x \in (-1, 1) \tag{1.28}$$

が成り立つ.

命題 1.2　正の収束半径 ρ を持つべき級数 (1.26) に対し,

$$f(x) = \sum_{k=0}^{\infty} a_k x^k \quad (-\rho < x < \rho)$$

とすると, 左辺を項別に微分および積分して得られる級数

$$\sum_{k=1}^{\infty} k a_k x^{k-1} \quad \text{および} \quad \sum_{k=0}^{\infty} \frac{a_k}{k+1} x^{k+1}$$

の収束半径も ρ であり,

$$f'(x) = \sum_{k=1}^{\infty} k a_k x^{k-1} \tag{1.29}$$

および

$$\int_0^x f(y) dy = \sum_{k=0}^{\infty} \frac{a_k}{k+1} x^{k+1} \tag{1.30}$$

が成り立つ.

例 1.6　(1.28) において $x \to -x$ とすることにより

$$\frac{1}{1+x} = 1 - x + x^2 - \cdots + (-1)^n x^n + \cdots, \quad x \in (-1, 1)$$

であるから $f(x) = \frac{1}{1+x}$ に (1.30) を適用して

$$\log(1+x) = x - \frac{x^2}{2} + \frac{x^3}{3} - \cdots + (-1)^{n-1} \frac{x^n}{n} + \cdots, \quad x \in (-1, 1)$$

を得る．実はこの式は $x = 1$ においても成り立つ．一方 (1.28) に (1.29) を適用すると

$$\frac{1}{(1-x)^2} = 1 + 2x + 3x^2 + \cdots = \sum_{n=0}^{\infty} (n+1)x^n, \quad x \in (-1, 1)$$

これを繰り返すと任意の整数 $r \geq 1$ に対し

$$\frac{1}{(1-x)^r} = \sum_{n=0}^{\infty} \frac{(n+r-1)\cdots(n+1)}{(r-1)!} x^n = \sum_{n=0}^{\infty} \binom{n+r-1}{r-1} x^n,$$

が $x \in (-1, 1)$ に対し成り立つ．これは次の節で負の二項定理として改めて述べる．

例 1.7　べき級数

$$1 + x + \frac{x^2}{2!} + \cdots + \frac{x^n}{n!} + \cdots$$

の収束半径は (1.27) より ∞ である，すなわち収束域は $\mathbf{R}$ である．このべき級数が定める $\mathbf{R}$ 上の関数を $f(x)$ とすると (1.29) より $f'(x) = 1 + x + \frac{x^2}{2!} + \cdots +$ である，すなわち $f'(x) = f(x)$ が成り立つ．また $f(0) = 1$ である．よってこのべき級数が定める関数は指数関数 e^x である．まとめると

$$e^x = 1 + x + \frac{x^2}{2!} + \cdots + \frac{x^n}{n!} + \cdots, \quad x \in \mathbf{R} \tag{1.31}$$

を得る．

1.8　多項係数と負の二項係数

n 人を k 人と $n-k$ 人の 2 つのグループ A_1, A_2 に分ける組み合わせの総数は二項係数 $\binom{n}{k}$ である．これを一般化して次が成り立つ．

$n_1 \geq 0, \cdots, n_r \geq 0$ が $n_1 + \cdots + n_r = n$ を満たす整数とする．n 人を n_1 人，$\cdots$，n_r 人の r 個のグループ A_1, $\cdots$, A_r に分ける組み合わせは $\dfrac{n!}{n_1! \cdots n_r!}$ 通りである．これを**多項係数** (今の場合 r 項係数) という．

二項定理の場合と同様の考え方から次を示すことができる．

多項定理：

$$(x_1 + \cdots + x_r)^n = \sum_{(n_1, \cdots n_r) \in \Omega_{r,n}} \frac{n!}{n_1! \cdots n_r!} x_1^{n_1} \cdots x_r^{n_r},$$

ただし $\Omega_{r,n} = \{(n_1, n_2, \cdots, n_r); \ 各 n_k は非負の整数で \sum_{k=1}^{r} n_k = n\}$ である．

特に，n 人を r 個のグループ A_1, $\cdots$, A_r に分ける組み合わせの総数は

$$r^n = \sum_{(n_1, \cdots n_r) \in \Omega_{r,n}} \frac{n!}{n_1! \cdots n_r!}$$

である．

　今まで考えた組み合わせは，各人の区別がつくことが前提であった．では，色も形も区別の
つかない n 個のボールを分ける場合はどうだろうか．n 個のボールを r 個のグループに分ける
には，1列に並べたボールに $r-1$ 個の仕切りを入れることで実現できる．ボールと仕切り合計
$n+r-1$ 個のうち仕切りの入れる場所の組み合わせの総数は $\binom{n+r-1}{r-1}$ である．したがっ
て次が成り立つ．

> n 個の区別のつかないボールを r 個のグループ $A_1,\,\cdots,\,A_r$ に分ける組み合わせの総数は
> $\binom{n+r-1}{r-1}$ である．

　例えば，4人を3個のグループ A_1，A_2，A_3 に分ける組み合わせの総数は $3^4 = 81$ であるの
に対し，区別のない4個のボールを分ける組み合わせの総数は $\binom{6}{2} = 15$ である．

　$\binom{n+r-1}{r-1}$ はすでに前節において $\frac{1}{(1-x)^r}$ を表すべき級数の係数に現れた．

> **負の二項定理**：$x \in (-1,1)$ に対して
> $$(1-x)^{-r} = \sum_{n=0}^{\infty} \binom{n+r-1}{r-1} x^n \tag{1.32}$$
> である．

　この公式を二項係数の組み合わせの意味に依存して導出してみよう．式 (1.28) の両辺を r 乗
する．その右辺

$$(1+x+x^2+\cdots)(1+x+x^2+\cdots)\cdots(1+x+x^2+\cdots)$$

を展開したとき x^n が現れる回数は0以上の整数の組 $(n_1,\cdots,n_r)$ で $n_1+n_2+\cdots+r_r = n$
を満たすものの個数と一致する．よって x^n の係数は $\binom{n+r-1}{r-1}$ である．

1.9　シュワルツの不等式

　$\mathbf{x} = (x_1, x_2, \ldots, x_n) \in \mathbf{R}^n$ および $\mathbf{y} = (y_1, y_2, \ldots, y_n) \in \mathbf{R}^n$ に対して $\langle \mathbf{x}, \mathbf{y} \rangle$ を $\mathbf{x}$ と $\mathbf{y}$ の
内積

$$\langle \mathbf{x}, \mathbf{y} \rangle = \sum_{k=1}^{n} x_k y_k, \tag{1.33}$$

$\|\mathbf{x}\|$ を $\mathbf{x}$ の大きさ（ノルム），すなわち $\|\mathbf{x}\| = \sqrt{\langle \mathbf{x}, \mathbf{x} \rangle}$ とする．このとき任意の $\mathbf{x}, \mathbf{y}$ に対して
$|\langle \mathbf{x}, \mathbf{y} \rangle| \leq |\mathbf{x}||\mathbf{y}|$ である．これを成分を用いて書くと，任意の $(x_1, x_2, \ldots, x_n) \in \mathbf{R}^n$ および
$(y_1, y_2, \ldots, y_n) \in \mathbf{R}^n$ に対して

$$\left| \sum_{k=1}^{n} x_k y_k \right| \leq \sqrt{\left(\sum_{k=1}^{n} x_k^2 \right) \left(\sum_{k=1}^{n} y_k^2 \right)} \tag{1.34}$$

である．等号が成立するのは，$\mathbf{x}$，$\mathbf{y}$ の少なくとも一方が $\mathbf{0}$ ベクトルであるか，またはある $t \in \mathbf{R}$ が存在して $y_k = tx_k$，$k = 1, \ldots, n$ が成り立つ場合である．特に $t > 0$ がとれるとき (1.34) の左辺の絶対値をとっても等号が成立する．$\pi = (\pi_1, \ldots, \pi_n)$ が $\pi_k > 0$ を満たすとする．そのとき (1.34) において x_k として $x_k\sqrt{\pi_k}$，y_k として $y_k\sqrt{\pi_k}$ を代入すると

$$\left|\sum_{k=1}^{n} x_k y_k \pi_k\right| \leq \sqrt{\left(\sum_{k=1}^{n} x_k^2 \pi_k\right)\left(\sum_{k=1}^{n} y_k^2 \pi_k\right)} \tag{1.35}$$

が成り立つ．

$$\langle \mathbf{x}, \mathbf{y} \rangle_\pi = \sum_{k=1}^{n} x_k y_k \pi_k, \quad \|\mathbf{x}\|_\pi = \sqrt{\langle \mathbf{x}, \mathbf{x} \rangle_\pi} \tag{1.36}$$

とおくと，(1.35) は

$$|\langle \mathbf{x}, \mathbf{y} \rangle_\pi| \leq \|\mathbf{x}\|_\pi \|\mathbf{y}\|_\pi \tag{1.37}$$

と表すことができる．等号成立条件は (1.34) の場合と同じである．

1.10　対称行列の固有値の表現

ベクトルの内積や大きさについて前節に導入した記号を引き続き用いる．n 次実正方行列 $A = (a_{ij})$ が対称行列であるとは $a_{ij} = a_{ji}$ がすべての i，j に対して成り立つことである．このとき，A の固有値はすべて実数である ([2] 参照)．

各 $\pi_k > 0$ を満たす $\pi = (\pi_1, \ldots, \pi_n)$ があって，n 次実行列 A が

$$A_{ij}\pi_i = A_{ji}\pi_j, \qquad \forall i, j = 1, \ldots, n \tag{1.38}$$

を満たすとする．この条件は $\pi_i = 1$，$\forall i$ の場合には A が対称行列であることを意味する．A が (1.38) を満たすとき，任意の $\mathbf{x} = (x_1, \cdots, x_n)^\top \in \mathbf{R}^n$，$\mathbf{y} = (y_1, \cdots, y_n)^\top \in \mathbf{R}^n$ に対して

$$\langle A\mathbf{x}, \mathbf{y} \rangle_\pi = \langle \mathbf{x}, A\mathbf{y} \rangle_\pi, \tag{1.39}$$

が成立する (確かめよ．内積は (1.36) によって定義されたもの)．$\mathbf{x} \in \mathbf{R}^n \rightarrow \langle A\mathbf{x}, \mathbf{x} \rangle_\pi$ は $\mathbf{R}^n$ 上の連続関数であるから，$S_{n-1} = \{\mathbf{x} \in \mathbf{R}^n; \|\mathbf{x}\|_\pi = 1\}$ 上のある $\mathbf{v}_1$ で最小値 λ_1 を持つ．

$$\lambda_1 = \langle A\mathbf{v}_1, \mathbf{v}_1 \rangle_\pi = \min_{\mathbf{x} \in S_{n-1}} \langle A\mathbf{x}, \mathbf{x} \rangle_\pi = \min_{\mathbf{y} \in \mathbf{R}^n, \mathbf{y} \neq 0} \frac{\langle A\mathbf{y}, \mathbf{y} \rangle_\pi}{\|\mathbf{y}\|_\pi^2} \tag{1.40}$$

であるから $\langle A\mathbf{v}_1, \mathbf{v}_1 \rangle_\pi = \lambda_1 \langle \mathbf{v}_1, \mathbf{v}_1 \rangle_\pi$ かつ任意の $\mathbf{y} \in \mathbf{R}^n$ に対して $\langle A\mathbf{y}, \mathbf{y} \rangle_\pi \geq \lambda_1 \langle \mathbf{y}, \mathbf{y} \rangle_\pi$ である．$B = A - \lambda_1 I$ とおくと，$\langle B\mathbf{v}_1, \mathbf{v}_1 \rangle_\pi = 0$ かつ任意の $\mathbf{y} \in \mathbf{R}^n$ に対して $\langle B\mathbf{y}, \mathbf{y} \rangle_\pi \geq 0$ である．よって任意の $s \in \mathbf{R}$ に対して

$$\langle B(\mathbf{y} + s\mathbf{z}), \mathbf{y} + s\mathbf{z} \rangle_\pi = \langle B\mathbf{z}, \mathbf{z} \rangle_\pi s^2 + 2\langle B\mathbf{y}, \mathbf{z} \rangle_\pi s + \langle B\mathbf{y}, \mathbf{y} \rangle_\pi \geq 0, \quad \forall \mathbf{y}, \forall \mathbf{z} \in \mathbf{R}^n$$

である．ここで (1.39) を用いた．したがって判別式の考察より

$$0 \leq \langle B\mathbf{y}, \mathbf{z} \rangle_\pi^2 \leq \langle B\mathbf{z}, \mathbf{z} \rangle_\pi \langle B\mathbf{y}, \mathbf{y} \rangle_\pi \quad \forall \mathbf{y}, \forall \mathbf{z} \in \mathbf{R}^n$$

が成り立つ．この式において $\mathbf{y} = \mathbf{v}_1$ とすると $\langle B\mathbf{v}_1, \mathbf{z} \rangle_\pi = 0$ が任意の $\mathbf{z} \in \mathbf{R}^n$ に対して成り立つことがわかる．これより $B\mathbf{v}_1 = 0$，すなわち $A\mathbf{v}_1 = \lambda_1 \mathbf{v}_1$ であるから λ_1 は A の**固有値**，

$\mathbf{v}_1$ は対応する**固有ベクトル**である．次に，$V_2 = \{\mathbf{x} \in \mathbf{R}^n; \langle \mathbf{x}, \mathbf{v}_1 \rangle_\pi = 0\}$ として

$$\lambda_2 = \min_{\mathbf{x} \in V_2 \cap S_{n-1}} \langle A\mathbf{x}, \mathbf{x} \rangle_\pi = \min_{\mathbf{y} \in V_2,\, \mathbf{y} \neq 0} \frac{\langle A\mathbf{y}, \mathbf{y} \rangle_\pi}{\|\mathbf{y}\|_\pi^2}$$

とし，最小値をとる $\mathbf{x} \in V_2 \cap S_{n-1}$ を $\mathbf{v}_2$ とする．定義より $\lambda_1 \leq \lambda_2$ であり，$\langle \mathbf{v}_1, \mathbf{v}_2 \rangle_\pi = 0$ が成り立つ．λ_1 の場合と同様に $\langle (A - \lambda_2 I)\mathbf{v}_2, \mathbf{z} \rangle_\pi = 0$ が任意の $\mathbf{z} \in V_2$ に対して成り立つことがわかる．また，(1.39) より $\langle (A - \lambda_2 I)\mathbf{v}_2, \mathbf{v}_1 \rangle_\pi = (\lambda_1 - \lambda_2)\langle \mathbf{v}_2, \mathbf{v}_1 \rangle_\pi = 0$ であるから，$\langle (A - \lambda_2 I)\mathbf{v}_2, \mathbf{z} \rangle_\pi = 0$ が任意の $\mathbf{z} \in \mathbf{R}^n$ に対して成り立つ．以上より $A\mathbf{v}_2 = \lambda_2 \mathbf{v}_2$，すなわち λ_2 は A の固有値で $\mathbf{v}_2$ は対応する固有ベクトルであることがわかる．同様の操作を繰り返して次の命題を得る．

命題 1.3　条件 (1.38) を満たす A に対して実数値の固有値 $\lambda_1 \leq \lambda_2 \leq \cdots \leq \lambda_n$ が存在する．対応する固有ベクトル $\{\mathbf{v}_i\}_{i=1,\ldots,n}$ に対して $\langle \mathbf{v}_i, \mathbf{v}_j \rangle_\pi = 0$, $i \neq j$ が成り立つ．λ_1 に対して (1.40) が成り立ち，$k = 2, \ldots n$ に対して $V_k = \{\mathbf{x} \in \mathbf{R}^n; \langle \mathbf{x}, \mathbf{v}_i \rangle_\pi = 0,\ i = 1, \ldots, k-1\}$ とすると

$$\lambda_k = \min_{x \in V_k \cap S_{n-1}} \langle A\mathbf{x}, \mathbf{x} \rangle_\pi = \min_{\mathbf{y} \in V_k,\, \mathbf{y} \neq 0} \frac{\langle A\mathbf{y}, \mathbf{y} \rangle_\pi}{\|\mathbf{y}\|_\pi^2} \qquad (1.41)$$

が成り立つ．

注意 1.1　命題 1.3 より，n 次対称行列 A について

$$\langle A\mathbf{x}, \mathbf{x} \rangle > 0, \quad \forall \mathbf{x} \in \mathbf{R}^n,\ \mathbf{x} \neq 0 \iff A \text{ のすべての固有値} > 0 \qquad (1.42)$$

である．この条件が成り立つとき，行列 A は**正定値**であるという．また，n 次対称行列 A について

$$\langle A\mathbf{x}, \mathbf{x} \rangle \geq 0, \quad \forall \mathbf{x} \in \mathbf{R}^n \iff A \text{ のすべての固有値} \geq 0 \qquad (1.43)$$

である．この条件が成り立つとき，行列 A は**半正定値**であるという．

注意 1.2　命題 1.3 では固有値を最小値で特徴付けたが，最大値を用いて特徴付けすることもできる．例えば一番大きい固有値 λ_n に対して

$$\lambda_n = \max_{\mathbf{x} \in S_{n-1}} \langle A\mathbf{x}, \mathbf{x} \rangle_\pi = \max_{\mathbf{y} \in \mathbf{R}^n,\, \mathbf{y} \neq 0} \frac{\langle A\mathbf{y}, \mathbf{y} \rangle_\pi}{\|\mathbf{y}\|_\pi^2}$$

が成り立つ．

問 1.2　条件 (1.38) を満たす n 次正方行列 A に対して対角行列 D を

$$D = \begin{pmatrix} \sqrt{\pi_1} & & \\ & \ddots & \\ & & \sqrt{\pi_n} \end{pmatrix}$$

とすると DAD^{-1} は対称行列であることを確かめよ．

問 1.3　$A = \begin{pmatrix} 0 & 2 & 4 \\ 3 & 0 & 3 \\ 4 & 2 & 0 \end{pmatrix}$ とする，また $\pi = (3, 2, 3)$ とするとき (1.38) が成り立つことを確かめよ．また A の固有値，固有ベクトルを求め，$\langle \mathbf{v}_i, \mathbf{v}_j \rangle_\pi = 0$, $i \neq j$ が成り立つことを確かめよ．

第 2 章

確率空間

　高等学校の教科書において標本空間，事象，確率，条件付き確率，独立性といった用語や概念が述べられている．そこでは，標本空間は有限集合であり，確率は有限加法性 (式 (2.3)) を満たすものとして定義される．そのため，例えばコイン投げの試行を考える際，あらかじめ決めた回数から定まる事象の確率のみを対象としている．それに対して，ここでは確率の公理として，可算加法性という有限加法性よりも強い条件を課す．それにより，回数の制限なしにコインを繰り返し投げるときに定まる事象の確率を考えることができる．

　有限な標本空間において最も素朴な確率は各根元事象が「同様に確からしい」場合である．物理学にもそのような素朴なモデルが現れる．2.3 節でその例を取り上げる．

　2.4 節において現れる分割公式 (命題 2.4，全確率の公式とも呼ばれる) は，後の章でも繰り返し用いられる．分割公式は，方程式を解くことにより確率を求めることを可能にする．すなわち，分割公式は確率論と方程式論をつなぐものである．例題 2.1 の別解はその最初の例である．

2.1　事象の族

　偶然に左右され，あらかじめ結果が予測できない実験や観察を**試行**という．試行におけるすべての結果の集合を**標本空間**といい Ω と表す．**事象**は試行の結果起こる事柄であり，その確率に興味を持つ対象である．

　事象は標本空間の部分集合として表すことができる．例えばサイコロを 1 回投げる試行において偶数の目が出るという事象 A は $\Omega = \{1, 2, 3, 4, 5, 6\}$ の部分集合 $A = \{2, 4, 6\}$ と表すことができる．ただし，一般には標本空間は有限集合とは限らず，例えば $\mathbf{R}$ や $[0, 1]$ などの非可算無限集合となる場合もある．そのような場合部分集合の全体は膨大であり，それらのすべてを事象とはしない．事象の族 $\mathcal{F}$ として部分集合のある集まりを考える．ただし，$\mathcal{F}$ は

(1) $\Omega \in \mathcal{F}$.

(2) $A \in \mathcal{F}$ ならば $A^c \in \mathcal{F}$.

(3) $A_1, A_2, \cdots \in \mathcal{F}$ ならば $\displaystyle\bigcup_{n=1}^{\infty} A_n \in \mathcal{F}$.

を満たすものとする．これを満たすとき，$A_1, A_2, \cdots \in \mathcal{F}$ ならば (2) より $A_1^c, A_2^c, \cdots \in \mathcal{F}$ である．よってドモルガンの法則より $(\bigcap_{n=1}^{\infty} A_n)^c = \bigcup_{n=1}^{\infty} A_n^c \in \mathcal{F}$ である．したがって再び (2) より $\bigcap_{n=1}^{\infty} A_n \in \mathcal{F}$ であることがわかる．すなわち，事象の族は和集合や積集合，補集合をとる操作に関して閉じている．

上の条件を満たす事象の族 $\mathcal{F}$ が与えられたとき，

- Ω を全事象という．
- ϕ を空事象という．
- $A_1, A_2, \cdots \in \mathcal{F}$ に対して $\bigcup_{k=1}^{\infty} A_k \in \mathcal{F}$ を $A_1, A_2, \ldots$ の和事象という．
- $A_1, A_2, \cdots \in \mathcal{F}$ に対して $\bigcap_{k=1}^{\infty} A_k \in \mathcal{F}$ を $A_1, A_2, \cdots$ の積事象という．
- 事象 A に対して A^c を A の余事象という．

例 2.1 標本空間 Ω に対し，Ω のすべての部分集合からなる族 $\mathcal{F}$ はひとつの事象の族である．一方 $\mathcal{F} = \{\phi, \Omega\}$ もまた事象の族である．A を Ω の部分集合とする．$\mathcal{F} = \{\phi, A, A^c, \Omega\}$ も事象の族である．

$\mathcal{A}$ をある部分集合の族とする．$\mathcal{F}$ が $\mathcal{A}$ を含む事象の族であって，そこからひとつでも要素を取り除くと事象の族にはならないとき，$\mathcal{F}$ を **$\mathcal{A}$ を含む最小の事象の族** といい $\sigma(\mathcal{A})$ と書く．例えば，$\Omega = \{1, 2, 3\}$，$\mathcal{A} = \{\{1\}\}$ とするとき，$\sigma(\mathcal{A}) = \{\phi, \{1\}, \{2, 3\}, \Omega\}$ である．

問 2.1 $\Omega = \{1, 2, 3, 4\}$，$\mathcal{A} = \{\{1\}, \{1, 2\}\}$ とするとき，$\sigma(\mathcal{A})$ を求めよ．

2.2 確率

標本空間 Ω 上の確率とは，ひとつひとつの事象 A に，その起こりやすさの指標として 0 以上 1 以下の値 $P(A)$ を対応させるものであり，次を満たすものである．

確率の公理：標本空間 Ω 上の事象の族 $\mathcal{F}$ の各要素 A に対し $P(A) \geq 0$ が定まり，以下の条件が成り立つとき，P を $(\Omega, \mathcal{F})$ 上の確率という．

- 全体事象 Ω の確率は 1 である，すなわち
$$P(\Omega) = 1 \quad \text{かつ} \quad P(\phi) = 0. \tag{2.1}$$
- 有限個または可算無限個からなる事象の列 $A_1, A_2, \cdots$ が互いに排反であれば
$$P\left(\bigcup_{k=1}^{\infty} A_k\right) = \sum_{k=1}^{\infty} P(A_k) \quad \text{(確率の可算加法性)} \tag{2.2}$$
が成り立つことである．確率 P が定義された標本空間を確率空間という．

(2.2) において $k > n$ である k に対して $A_k = \phi$ ととることにより，互いに排反な事象の列

$A_1, \cdots, A_n$ に対し

$$P\Big(\bigcup_{k=1}^{n} A_k\Big) = \sum_{k=1}^{n} P(A_k) \tag{2.3}$$

が成り立つことがわかる．これを確率の**有限加法性**という．高校において確率は有限加法性を持つものとして学ぶ．実際，それから以下のよく知られた性質が導かれる．

命題 2.1 確率は以下の性質を持つ．

1. (**余事象の法則**) 任意の事象 A に対して $P(A^c) = 1 - P(A)$.

2. (**確率の単調性**) $A \subset B \Rightarrow P(A) \leq P(B)$.

3. (**確率の劣加法性**) 必ずしも排反であるとは限らない 2 つの事象 A, B に対して

$$P(A \cup B) = P(A) + P(B) - P(A \cap B) \tag{2.4}$$

である．特に $P(A \cup B) \leq P(A) + P(B)$ が成り立つ．より一般に，必ずしも排反であるとは限らない事象の列 $A_1, \ldots, A_n$ に対して

$$P\Big(\bigcup_{k=1}^{n} A_k\Big) \leq \sum_{k=1}^{n} P(A_k).$$

確率の公理で要求する (2.2) の両辺はそれぞれある極限操作を経て定義される値であり，可算加法性はその両者が一致するという条件である．しかし，可算加法性を要求することにより，例えば以下のような興味深い事象の確率を考察することができる．

例 2.2 あるコインを 1 回投げて表が出る確率を p とする．このコインを繰り返し投げるとき「いつか表が出る」という事象 A の確率 $P(A)$ を求めよう．「k 回目に初めて表が出る」という事象を A_k とすると，A は

$$A = \bigcup_{k=1}^{\infty} A_k$$

と表すことができる．$A_1, A_2, \cdots$ は排反な事象であるから可算加法性より

$$P(A) = \sum_{k=1}^{\infty} P(A_k)$$

である．A_k は，最初の $k-1$ 回裏が出て k 回目に表が出る事象であるから

$$P(A_k) = (1-p)^{k-1}p$$

である．よって $p = 0$ のときは $P(A_k) = 0$，よって $P(A) = 0$ である．一方 $p > 0$ のとき

$$P(A) = \sum_{k=1}^{\infty} (1-p)^{k-1}p = \frac{p}{1-(1-p)} = 1$$

である．$p > 0$ がどんなに小さい値でも，投げ続けると確率 1 でいつか表が出る．

可算加法性から導かれる確率の重要な性質を述べる．事象の列 A_k, $k = 1, 2, \cdots$ が $A_1 \subset A_2 \subset \cdots \subset A_n \subset \cdots$ を満たすときこれを増大列といい，$A_1 \supset A_2 \supset \cdots \supset A_n \supset \cdots$ を満た

すときこれを減少列という. 例えば A_k, $k = 1, 2, \cdots$ が増大列であるとき, $B_k = A_{k+1} \setminus A_k$ とすると, 各 A_n は排反な事象列の和集合 $A_n = A_1 \cup \bigcup_{k=1}^{n-1} B_k$ である. これより, 可算加法性から以下を示すことができる.

命題 2.2 事象の増大列 A_k, $k = 1, 2, \cdots$ に対し
$$P\left(\bigcup_{k=1}^{\infty} A_k\right) = \lim_{k \to \infty} P(A_k)$$
が成り立つ. また, 事象の減少列 A_k, $k = 1, 2, \cdots$ に対し
$$P\left(\bigcap_{k=1}^{\infty} A_k\right) = \lim_{k \to \infty} P(A_k)$$
が成り立つ. これを**確率の連続性**という.

本書では第9章においてマルコフ連鎖の到達時刻の考察においてこの命題を用いる.

問 2.2 2つの事象 A, B に対して $P(A) = 0.6$, $P(B) = 0.3$, $P(A \cap B) = 0.1$ であるとする. このとき以下の事象を A, B を用いて表し, その確率を求めよ.
(1) A または B のどちらか一方が起こる事象.
(2) A も B も起こらない事象.
(3) A が起こらないかまたは B が起こらない事象.

問 2.3 例 2.2 において「いつか2回表が出る」事象を B とする. $P(B) = 1$ を示せ.

2.3 有限標本空間

有限な標本空間 $\Omega = \{\omega_1, \cdots, \omega_N\}$ において, 各 $\{\omega_k\} \in \mathcal{F}$ であるとき, それらを**根元事象**という. 各根元事象の確率 $P(\omega_k)$ が k によらず一定であるとき, すなわち
$$P(\omega_k) = \frac{1}{N}, \quad k = 1, \cdots, N$$
であるとき, 「確率 P の下で各根元事象は同様に確からしい」と言う.

命題 2.3 すべての根元事象は同様に確からしい時, 任意の事象 A に対して
$$P(A) = \frac{\#A}{\#\Omega}$$
である.

したがって, 各根元事象は同様に確からしい確率モデルにおいて, ある事象の確率を求めることは, その事象の元の個数を求めることに帰着される.

例 2.3 M 個の赤玉と N 個の白玉が入っている袋の中から取り出した k 個が m 個の赤玉と $k - m$ 個の白玉からなる確率を求めよう.

M 個の赤玉と N 個の白玉から k 個の取り出し方は $\binom{M+N}{k}$ 通りである. それらはすべて同

様に確からしく起こる. したがって求める確率は

$$\frac{\dbinom{M}{m}\dbinom{N}{k-m}}{\dbinom{M+N}{k}}$$

である.

例 2.4 1からnまで番号のついたn個のボールをr個の箱に無作為に入れる試行の標本空間は, k番目のボールの入る箱の番号をx_kとして

$$\Omega_{MB} = \{\omega = (x_1, \cdots, x_n);\ x_k \in \{1, 2, \cdots, r\}\ \}$$

で表される. $\sharp\Omega_{MB} = r^n$ であるから, 根元事象が同様に確からしいとして定まる確率P_{MB}は

$$P_{MB}(\omega) = \frac{1}{r^n} \tag{2.5}$$

である. 一方, 区別のつかないn個のボールをr個の箱に無作為に入れる試行の標本空間は, 各箱kに入るボールの個数をn_kとして

$$\Omega_{BE} = \Big\{\omega = (n_1, n_2, \cdots, n_r);\ 各 n_k は非負の整数で \sum_{k=1}^{r} n_k = n\Big\}.$$

で表される. $\sharp\Omega_{BE} = \dbinom{n+r-1}{r-1}$ である (**1.8**節参照) から, 根元事象が同様に確からしいとして定まる確率P_{BE}は

$$P_{BE}(\omega) = \frac{1}{\dbinom{n+r-1}{r-1}} \tag{2.6}$$

である. このように, 1個1個のボールを区別するかしないかで標本空間が異なるから, それぞれの根元事象が同様に確からしいとして定まる2つの確率P_{MB}およびP_{BE}に対して, 例えば$A = \{\,$箱1にx個のボールが入る$\,\}$という事象の確率$P_{MB}(A)$および$P_{BE}(A)$も異なるものになる.

章末問題**2-4**および**2-5**において, λを与えられた正数として, $n = \lambda r$を保ちながら$r \to \infty$とするときこれらの確率の極限を考察する.

2.4 条件付き確率

定義 2.1 事象Bが$P(B) > 0$であるとする. 事象Bの下での事象Aの条件付き確率$P(A|B)$を

$$P(A|B) = \frac{P(A \cap B)}{P(B)} \tag{2.7}$$

により定める. (2.7) より

$$P(A \cap B) = P(A|B)P(B) \tag{2.8}$$

である. この式を**乗法定理**という.

事象 B の下での条件付き確率を考えるということは，標本空間を B に制限することによって新たな確率空間を定めることである．すなわち，式 (2.7) の右辺において，任意の A に対し $A \cap B$ の確率を考えるのは標本空間を B に制限することを意味し，それを $P(B)$ で割るのは，B を全体事象と見る，すなわち $P(B|B) = 1$ とするためである．

問 2.4 $\Omega = \{1,2,3,4\}$ 上の確率 P が $P(1) = P(2) = \frac{1}{4}, P(3) = \frac{3}{8}, P(4) = \frac{1}{8}$ で与えられているとする．$A = \{3,4\}, B = \{1,3\}$ とすると，$P(B|A)$ および $P(B^c|A)$ を求めよ．

問 2.5 $P(\cdot|B)$ は確率であること，すなわち以下を確認せよ．
(1) $P(B|B) = 1$ である．
(2) $A_1, A_2, \cdots$ が互いに排反であれば

$$P\left(\bigcup_{k=1}^{\infty} A_k \middle| B\right) = \sum_{k=1}^{\infty} P(A_k|B).$$

条件付き確率は，確率空間を制限して考える確率であった．確率空間を分割 (1.1 節参照) してそれぞれの分割において確率を考え (すなわち条件付き確率)，それを統合して全体での確率を求めることができる．

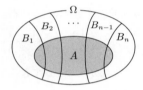

$B_1, B_2, \ldots, B_n$ を Ω の分割とする．そのとき，任意の事象 A に対し $A \cap B_1, \ldots, A \cap B_n$ は A の分割である．したがって確率の加法性より，

$$P(A) = \sum_{k=1}^{n} P(A \cap B_k)$$

である．よって乗法定理より以下の命題を得る．

命題 2.4 分割公式 (全確率の公式): Ω が事象 $B_1, B_2, \ldots, B_n$ に分割され，各 $k = 1, \ldots, n$ に対して $P(B_k) > 0$ であるとするとき，任意の事象 A に対して

$$P(A) = \sum_{k=1}^{n} P(A|B_k)P(B_k)$$

である．特に，事象 B が $0 < P(B) < 1$ を満たすとき，B, B^c は Ω の分割であるから，任意の事象 A に対し

$$P(A) = P(A|B)P(B) + P(A|B^c)P(B^c)$$

である．

分割公式はマルコフ連鎖を解析する際 (10 章) において重要な役割を果たす．

例 2.5 3 本の当たりくじがある 10 本のくじから続けて 2 本引く．最初に当たりを引く事象を A，2 本目に当たりを引く事象を B とするとき，A の下では，9 本のくじの中に 2 本の当たりくじがあるという確率空間になる．したがって

$$P(B|A) = \frac{2}{9}, \qquad P(B|A^c) = \frac{3}{9}$$

であるから分割公式より

$$P(B) = \frac{2}{9}\frac{3}{10} + \frac{3}{9}\frac{7}{10} = \frac{3}{10},$$

すなわち $P(A)$ と等しいことがわかる．

=== **例題 2.1** ===

A さんと B さんが $ABAB$ の順にさいころを投げ，先に 6 が出た方を勝ちとする．A さんが勝つ確率と B さんが勝つ確率を求めよ．

解 A さんが勝つのはさいころを奇数回投げた時に限る．$2n-1$ 回目に A さんが勝つのは A さん B さんがそれぞれ $n-1$ 回 5 以下の目を投げた後 A さんが 6 の目を投げる時であるからそれが起こる確率は

$$\left(\frac{5}{6}\right)^{2n-2}\left(\frac{1}{6}\right)$$

である．確率の可算加法性より，A さんが勝つ確率はこれらの和，すなわち

$$\sum_{n=1}^{\infty}\left(\frac{5}{6}\right)^{2n-2}\left(\frac{1}{6}\right) = \frac{1}{1-\frac{25}{36}}\frac{1}{6} = \frac{6}{11}$$

である．同様にして B さんが勝つ確率が $\frac{5}{11}$ も示すことができる．

次に，分割公式 (命題 2.4) を用いた別解法を示そう．先攻の A さんが勝つ確率を a，後攻の B さんが勝つ確率を b とする．A さん B さんが n 回ずつ投げて勝負のつかない事象 A_n の確率は $P(A_n) = \left(\frac{5}{6}\right)^{2n}$ である．いつまでも勝負のつかない確率は，確率の連続性 (命題 2.2) より

$$P\left(\bigcap_{n=1}^{\infty} A_n\right) = \lim_{n\to\infty}\left(\frac{5}{6}\right)^{2n} = 0$$

である．したがって $a+b=1$ である．A さんが 1 回目に投げた結果により分割する．最初に 6 が出ると，その時点で確率 1 で A さんの勝ち，一方 6 が出ないと A さんは後攻の立場になる．したがって，1 回目に 6 が出ない下で，A さんは後攻の立場になり，勝つ確率は b であるから，分割公式より

$$a = \frac{1}{6}\cdot 1 + \frac{5}{6}b$$

である．したがって $a = \frac{6}{11}$，$b = \frac{5}{11}$ である． □

注意 2.1 後半の解法では，A さんの 1 回目の結果によって標本を分割し，分割公式から方程式を導き，それを解くことによって確率を求めた．このような考え方を **First Step Analysis** という．本書の後半，マルコフ連鎖の解析においてこの考え方を存分に利用する．

問 2.6 事象列 $B_k, k = 1, \ldots, n$ が Ω の分割とし，事象 C は $P(B_k \cap C) > 0$ とする．このとき任意の事象 A に対して

$$P(A|C) = \sum_{k=1}^{n} P(A|B_k \cap C)P(B_k|C) \tag{2.9}$$

が成り立つことを示せ．

2.5 事象列の独立性

2.5.1 事象列の独立性の定義

独立性は，確率論において最も重要な概念の一つである．

定義 2.2　(1) 2 つの事象 A と B が独立であるとは，

$$P(A|B) = P(A) \tag{2.10}$$

が成り立つことである．A と B が独立であるとき (2.10) より

$$P(A \cap B) = P(A)P(B) \tag{2.11}$$

が成り立つ．

(2) 一般に事象 $A_1, A_2, \cdots, A_n$ が独立であるとは，次が成り立つことである：$\{1, \cdots, n\}$ の任意の部分列 $\{k_1 < \cdots < k_\ell\}$ に対して

$$P\Big(\bigcap_{j=1}^{\ell} A_{k_j} \Big) = P(A_{k_1}) \cdots P(A_{k_\ell}).$$

例えば 3 つの事象 A, B, C が独立であるとは，次の 4 個の式が成り立つことである：

$$P(A \cap B) = P(A)P(B), \quad P(B \cap C) = P(B)P(C),$$
$$P(C \cap A) = P(C)P(A), \quad P(A \cap B \cap C) = P(A)P(B)P(C). \tag{2.12}$$

---- **例題 2.2** ----

表が出る確率が p であるコインを 4 回投げる．A を 1 回目に表が出るという事象，B を合計 2 回表が出るという事象とする．このとき A と B は独立か．

解　$P(B) = \binom{4}{2}p^2q^2 = 6p^2q^2$ である一方，A の下で B が成り立つのは 3 回投げて 1 回表が出ることであるから $P(B|A) = 3pq^2$ である．よって

$$A \text{ と } B \text{ は独立} \iff 3pq^2 = 6p^2q^2 \iff p = \frac{1}{2}$$

である，すなわち $p = \frac{1}{2}$ の場合は独立，それ以外の場合は独立ではない．　　□

---- **例題 2.3** ----

事象 A と事象 B が独立ならば A^c と B^c が独立であることを示せ．

解　問 2.5 から，A と B が独立であるとき

$$P(B^c|A) = 1 - P(B|A) = 1 - P(B) = P(B^c)$$

であるから A と B^c が独立である．B^c と A に同じ議論を繰り返して A^c と B^c の独立性を得る．　　□

問 2.7　2 つの独立な事象 A, B に対して $P(A) > P(B)$ かつ $P(A \cap B) = \dfrac{1}{14}$, $P(A \cup B) = \dfrac{13}{28}$ で

あるとき $P(A)$, $P(B)$ を求めよ.

問 2.8   2 つの事象 A と B が独立であり,$P(A) > 0$ かつ $A \subset B$ とするとき $P(B)$ について何が言えるか.

—— **例題 2.4** ——

表が出る確率が $\frac{1}{2}$ のコインを 3 回投げる.1 回目と 2 回目が同じ面である事象を A,2 回目と 3 回目が同じ面である事象を B,3 回目と 1 回目が同じ面である事象を C とする.このとき A と B は独立であるが,A,B,C は独立でないことを示せ.

解   コインを 2 回投げたとき同じ面が出る事象は $\{(H,H),(T,T)\}$ であるから $P(A) = \frac{2}{4} = \frac{1}{2}$ である.同様 $P(B) = P(C) = \frac{1}{2}$ である.$A \cap B$ は 3 回すべて同じ面である事象であるから,$P(A \cap B) = \frac{2}{8} = \frac{1}{4}$ である.したがって $P(A \cap B) = P(A)P(B)$ であるから A と B は独立である.一方 $A \cap B \cap C$ もまたコインを 3 回投げてすべて同じ面が出る事象であるから $P(A \cap B \cap C) = P(A)P(B)P(C)$ は成立しない.したがって,(2.12) より A, B, C は独立ではない.   □

問 2.9   事象 A と事象 C が事象 B の下で**条件付き独立**であるとは
$$P(A \cap C|B) = P(A|B)P(C|B)$$
が成り立つことである.このとき
$$P(A|B \cap C) = P(A|B) \tag{2.13}$$
が成り立つことを示せ.

2.5.2   反復試行列の独立性

「3 回サイコロを投げて 3 回とも 1 の目が出る確率は?」と聞かれたら読者は $\left(\frac{1}{6}\right)^3 = \frac{1}{216}$ と答えるだろう.確率論において

> コイン投げなどの n 回の反復試行において,k 回目の結果から定まる事象を A_k とすると,$A_1, A_2, \cdots, A_n$ は独立である

ことは議論の前提である.この節ではコイン投げの反復試行の確率空間を設定し,独立性を確認する.

例 2.6   コインを 3 回投げ,1 回ごとに表が出ることを 1,裏が出ることを 0 と表すと,標本空間は
$$\Omega = \{\omega = (x_1, x_2, x_3), \quad x_k \in \{1, 0\}, \, k = 1, 2, 3\} \tag{2.14}$$
と表記できる.$\#\Omega = 8$ である.コインを 1 回投げて表がでる確率を $p \in (0,1)$ とし,$q = 1 - p$ とする.各根元事象 $\omega = (x_1, x_2, x_3)$ に対して k 回目の結果が x_k である確率は $p^{x_k} q^{1-x_k}$ と表現できる.
$$P(\omega) = p^{x_1} q^{1-x_1} p^{x_2} q^{1-x_2} p^{x_3} q^{1-x_3} \tag{2.15}$$

とし，任意の事象 A に対し

$$P(A) = \sum_{\omega \in A} P(\omega) \tag{2.16}$$

とする．定義より，$P(A) \geq 0$ である．また加法性が明らかにが成り立つ．全体事象 Ω の確率は (2.15) および (2.16) より

$$P(\Omega) = \sum_{x_k \in \{0,1\}, k=1,2,3} p^{x_1} q^{1-x_1} p^{x_2} q^{1-x_2} p^{x_3} q^{1-x_3}$$

$$= \prod_{k=1}^{3} \left(\sum_{x_k=0}^{1} p^{x_k} q^{1-x_k} \right) = \prod_{k=1}^{3} (p+q) = 1$$

である．よって P は Ω 上の確率である．

> **問 2.10**　(2.14), (2.15) および (2.16) により標本空間上に定めた確率 P に対し A_k, $k=1,2,3$ を k 回目に表が出る事象とすると，A_1, A_2, A_3 は独立であることを示せ．

章 末 問 題

2-1　A_1, A_2, $A_3 \in \mathcal{F}$ に対して

$$\begin{aligned}
P(A_1 \cup A_2 \cup A_3) =& P(A_1) + P(A_2) + P(A_3) - P(A_1 \cap A_2) \\
& - P(A_2 \cap A_3) - P(A_3 \cap A_1) + P(A_1 \cap A_2 \cap A_3)
\end{aligned} \tag{2.17}$$

を示せ．また，A_1, $A_2, \ldots A_n \in \mathcal{F}$ に対して同様の公式を定式化せよ．これらの公式を**包除原理**という．

2-2　$P(A_n) = 1$, $n = 1, 2, \ldots$ のとき $P\left(\bigcap_{n=1}^{\infty} A_n \right) = 1$ であることを示せ．

2-3　A, B, C が独立であるとき，A と $B \cup C$ が独立であることを示せ．また，A^c, B^c, C^c が独立であることを示せ．

2-4　例 2.4 の (Ω_{MB}, P_{MB}) において箱 1 に ℓ 個のボールが入る事象を A_ℓ とする．
(1) $P_{MB}(A_\ell)$ を求めよ．
(2) $\lambda > 0$ を定数とする．$n = \lambda r$ を保ちながら $r \to \infty$ とするとき次を示せ．

$$\lim_{r \to \infty} P_{MB}(A_\ell) = \frac{\lambda^\ell}{\ell!} e^{-\lambda}, \quad \forall \ell \geq 0.$$

ヒント：右辺の形は次章で述べるポアソン分布 $Po(\lambda)$ である．次章で述べる命題 3.3 を用いる．

2-5　例 2.4 の (Ω_{BE}, P_{BE}) において箱 1 に ℓ 個のボールが入る事象を A_ℓ とする．
(1) $P_{BE}(A_\ell)$ を求めよ．
(2) $\lambda > 0$ を定数とする．$n = \lambda r$ を保ちながら $r \to \infty$ とするとき次を示せ．

$$\lim_{r \to \infty} P(A_\ell) = \frac{1}{1+\lambda} \left(\frac{\lambda}{1+\lambda} \right)^\ell, \quad \forall \ell \geq 0.$$

ヒント：右辺の形は次章で述べる幾何分布 $Ge(\frac{1}{1+\lambda})$ である．

第3章

離散確率変数

　第3章から第7章までは，いわゆる「確率・統計」の教科書における「確率」の部分と多くの部分で重なっている．ただし，本書では，確率変数 X を確率空間 Ω 上の関数であるという視点を強調している．例えば，Ω が有限集合の場合に，その上の確率変数に対して期待値 $E[X]$ を Ω 上の和 (3.6) として定義し，それが通常の教科書にある期待値の定義 (3.10) と一致することを確認する．その上で，より一般の Ω の場合には期待値の定義として (3.10) を採用して以後の議論を進める．また，最も基本的で重要な確率変数である事象の定義関数 (3.4) の役割を重要視し，本書の以後の議論の様々な場面で活用している．例えば，例題 3.8 や例題 3.9 において，二項分布に従う確率変数を独立な定義関数の和と表して，その平均や分散を求める．

　二項分布や，ポアソン分布，幾何分布，負の二項分布はすべてベルヌーイ試行 (コイン投げの反復試行) と関連して定まる確率分布である．第1章で予告したとおり，それらの確率や期待値の計算において解析学が活躍するが，それと同時にコイン投げというシンプルな確率モデルとの関連を意識して理解することが大切である．

3.1　離散確率変数とその確率分布

　サイコロを1回投げて出る目，コインを5回投げて表の出る回数など，とる値が偶然によって定まり，それぞれの値をとる確率が定まるものを**確率変数**という．あらかじめ確率空間を設定しているとき，確率変数は各標本 (根元事象) に応じて決まる値と見ることができる．すなわち確率変数 X は確率空間 $(\Omega, \mathcal{F}, P)$ の関数

$$X : \Omega \to \mathbf{R}$$

$$\omega \to X(\omega)$$

である．この節では X の関数としての値域 $\mathrm{Im}(X)$ が整数の全体 $\mathbf{Z}$ のような $\mathbf{R}$ の離散部分集合であるような確率変数を扱う．写像 $X : \Omega \to \mathbf{R}$ による $x \in \mathrm{Im}(X)$ の引き戻し $\{\omega \in \Omega;\ X(\omega) = x\} \subset \Omega$ を，今後 $\{X = x\}$ と記す[1]．ただし，$\{X = x\}$ が事象でないとその確率を測れないから，$\{X = x\} \in \mathcal{F}$ であると仮定する．

---

[1] このように，X は Ω 上の関数であるが，多くの場合 $X(\omega)$ を単に X と記す．

定義 3.1 確率空間 $(\Omega, \mathcal{F}, P)$ の実数値関数 X であって

(i) X の値域 $\mathrm{Im}(X)$ が $\mathbf{R}$ の離散部分集合であり

(ii) すべての $x \in \mathrm{Im}(X)$ に対して $\{X = x\} \in \mathcal{F}$ である

とき，X を $(\Omega, \mathcal{F}, P)$ 上の**離散確率変数**という.

X のとる値全体の集合を $\mathrm{Im}(X) = \{x_1, x_2, \cdots\}$ とする. $p_X(x) = P(X = x)$ として，対応

$$x_k \in \mathrm{Im}(X) \to p_k = p_X(x_k) \tag{3.1}$$

を X の**確率分布**という. 明らかに $p_X(x_k) \geq 0, \quad \forall x_k \in \mathrm{Im}(X)$ である. また事象列 $\{X = x_k\}_k$ が Ω の分割であるから

$$\sum_{x_k \in \mathrm{Im}(X)} p_k = 1 \tag{3.2}$$

が成り立つ. $\mathrm{Im}(X)$ が無限集合であれば左辺は無限級数である. 確率分布を

X	x_1	x_2	$\cdots$	x_k	$\cdots$
確率	p_1	p_2	$\cdots$	p_k	$\cdots$

のように表したものを X の**確率分布表**という. 任意の $a < b$ に対し

$$P(a \leq X \leq b) = \sum_{k;\ a \leq x_k \leq b} p_k \tag{3.3}$$

が成り立つ.

なお，確率変数 $P(X < 0) = 0$ である，言い換えると $\mathrm{Im}(X) \subset \mathbf{R}_+$ のとき $X \geq 0$ と記し，X は**非負値確率変数**であるという. さらに $P(X \leq 0) = 0$ のとき $X > 0$ と記し，X は**正値確率変数**であるという.

例 3.1 A を事象とする. 確率変数 1_A を

$$1_A(\omega) = \begin{cases} 1, & \omega \in A, \\ 0, & \omega \in A^c \end{cases} \tag{3.4}$$

と定める. これを事象 A の**定義関数**，または A の**指示関数**という. $P(A) = p$ であるとき，1_A の確率分布は

1_A	1	0
確率	p	q

（ただし $q = 1 - p$ ）

である.

問 3.1 事象 A および B に対して

$$1_{A \cap B}(\omega) = 1_A(\omega) 1_B(\omega), \quad 1_{A \cup B}(\omega) = 1_A(\omega) + 1_B(\omega) - 1_A(\omega) 1_B(\omega), \quad \forall \omega \in \Omega \tag{3.5}$$

であることを確かめよ.

X を Ω 上の確率変数，ϕ を $\mathbf{R}$ 上の関数とするとき，

$$\phi(X)(\omega) = \phi(X(\omega))$$

により新たな確率変数 $\phi(X)$ が定義される．例えば，確率変数 $|X|$ や $aX + bY$ は

$$|X|(\omega) = |X(\omega)|, \qquad (aX + bY)(\omega) = aX(\omega) + bY(\omega)$$

により定まる．

問 3.2 X の確率分布表が

X	0	1	2
p_X	0.3	0.2	0.5

のとき，$Y = X^2 - 2X$ の分布表を書け．

──── **例題 3.1** ────────────────────────

コインを 3 回投げるとき，表の出る回数 X の確率分布を求めよ．

─────────────────────────────────────

解　X は (2.14) によって定めた確率空間 Ω 上 $\omega = (x_1, x_2, x_3)$ に対して

$$X(\omega) = x_1 + x_2 + x_3$$

によって定まる (各 x_k は 0 または 1 の値しかとらないことに注意．表が出るときのみ 1 カウントされる)．したがって，下図のように各 ω_k, $k = 1, 2, \cdots, 8$ に対して $X(\omega_k)$ が定まる．

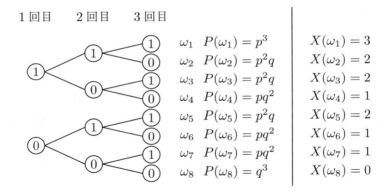

したがって X が x の値をとる確率 $p_X(x) = P(X = x)$ として

$$
\begin{aligned}
p_X(0) &= P(X = 0) = P(\{\omega_8\}) = q^3 \\
p_X(1) &= P(X = 1) = P(\{\omega_4, \omega_6, \omega_7\}) = 3pq^2 \\
p_X(2) &= P(X = 2) = P(\{\omega_2, \omega_3, \omega_5\}) = 3p^2q \\
p_X(3) &= P(X = 3) = P(\{\omega_1\}) = p^3
\end{aligned}
$$

である．よって X の確率分布表

x	0	1	2	3
$p_X(x)$	q^3	$3pq^2$	$3p^2q$	p^3

を得る．　　　　　　　　　　　　　　　　　　　　　　　　　　　　□

3.2 離散確率変数の期待値と分散

確率変数を特徴づける最も大事な指標が**期待値 (平均)** である. 最初に Ω が有限集合である場合を考えよう. 各根元事象 $\{\omega\}$ の確率を $P(\{\omega\}) = P(\omega)$ と書く.

有限な確率空間 Ω 上の確率変数 X に対し X の期待値 (平均)$E[X]$ とは

$$E[X] = \sum_{\omega \in \Omega} X(\omega) P(\omega) \tag{3.6}$$

により定まる値である. また事象 A に対し $E[X,\ A]$ を

$$E[X,\ A] = E[X \cdot 1_A] = \sum_{\omega \in A} X(\omega) P(\omega) \tag{3.7}$$

により定める.

(3.6) により定める期待値が以下を満たすことを直ちに確かめることができる.

- 任意の $a \in \mathbf{R}$ に対して $E[a] = a$. ただし, 確率変数 a は $a(\omega) = a,\ \forall \omega \in \Omega$ として定まるもの.
- 任意の $A \in \mathcal{F}$ に対して $E[1_A] = P(A)$.
- 非負値確率変数 X に対して $E[X] \geq 0$.
- $|E[X]| \leq E[|X|]$.
- $E[X + Y] = E[X] + E[Y]$ かつ $E[aX] = aE[X],\ \forall a \in \mathbf{R}$,

—— 例題 3.2 ——

例題 3.1 における X の期待値 $E[X]$ を求めよ.

解 例題 3.1 における記号を用いる. 期待値の定義 (3.6) により

$$E[X] = \sum_{i=1}^{8} X(\omega_i) P(\omega_i)$$
$$= 3p^3 + 2p^2 q + 2p^2 q + pq^2 + 2p^2 q + pq^2 + pq^2 + 0q^3$$
$$= 3p^3 + 6p^2 q + 3pq^2 = 3p(p+q)^2 = 3p$$

である. □

上記の期待値の計算の手順は以下のように一般化できる. Ω を X のとる値によって分割する. 各 $x \in \mathrm{Im}(X)$ に対して $A_x = \{\omega; X(\omega) = x\}$ とすると $\{A_x,\ x \in \mathrm{Im}(X)\}$ は Ω の分割である. したがって, $\sum_{\omega \in A_x} P(\omega) = P(X = x)$ であるから,

$$E[\phi(X)] = \sum_{\omega \in \Omega} \phi(X(\omega)) P(\omega)$$
$$= \sum_{x \in \mathrm{Im}(X)} \sum_{\omega \in A_x} \phi(X(\omega)) P(\omega) = \sum_{x \in \mathrm{Im}(X)} \sum_{\omega \in A_x} \phi(x) P(\omega) \tag{3.8}$$
$$= \sum_{x \in \mathrm{Im}(X)} \phi(x) \sum_{\omega \in A_x} P(\omega) = \sum_{x \in \mathrm{Im}(X)} \phi(x) \cdot P(X = x),$$

すなわち，任意の $\phi : \mathrm{Im}(X) \to \mathbf{R}$ に対して

$$E[\phi(X)] = \sum_{x \in \mathrm{Im}(X)} \phi(x) \cdot P(X = x) \tag{3.9}$$

である．特に $\phi(x) = x$ として

$$E[X] = \sum_{x \in \mathrm{Im}(X)} x \cdot P(X = x). \tag{3.10}$$

が成り立つ．

―― 例題 3.3 ――――――――――――――――――――――――――――――――

例題 3.1 における X に対して $E[e^X]$ を求めよ．

―――――――――――――――――――――――――――――――――――――――

解　公式 (3.9) より

$$E[e^X] = e^0 q^3 + e^1 3pq^2 + e^2 3p^2 q + e^3 p^3 = (ep + q)^3$$

である．　　　　　　　　　　　　　　　　　　　　　　　　　　　　　　□

　以上の期待値の定義やその性質の導出は確率空間が有限であるという特別な場合に考えたものであるが，式 (3.9) は，確率変数の期待値がその確率分布から定まることを示している．そこで，ここでは一般の離散確率変数 X の期待値を (3.10) によって定義する．ただし，Ω が無限集合であるとき離散確率変数 X の値域 $\mathrm{Im}(X)$ は一般に可算無限集合であり，右辺の和は無限級数になる．無限級数は絶対収束するとき収束する ([1], 定理 29.2 参照) ことに注意する．

定義 3.2　確率変数 X が離散確率分布 $x \in \Lambda \to p_X(x) = P(X = x)$ に従うとする．

$$\sum_{x \in \mathrm{Im}(X)} |x| \cdot p_X(x) < \infty \tag{3.11}$$

が成り立つとき

$$E[X] = \sum_{x \in \mathrm{Im}(X)} x \cdot p_X(x) \tag{3.12}$$

が存在する．これを X の**期待値** (expectation)，あるいは**平均** (mean) という．また，任意の $A \in \mathcal{F}$ に対して

$$E[X, A] = E[X \cdot 1_A] \tag{3.13}$$

により定める．確率変数 1_A の定義 (3.4) より，

$$E[X, A] = \sum_{x \in \mathrm{Im}(X)} x \cdot P(\{X = x\} \cap A) \tag{3.14}$$

である．

　この定義のポイントは，(3.12) の右辺の級数が絶対収束しているときにのみ離散確率変数の期待値を定義するということである．そのとき，級数は項の順序にかかわらず 1 つの値に収束する ([1], 定理 29.3 参照)．

例 3.2 $\mathbf{N}$ に値をとる確率変数 X の分布がある $c > 0$ に対し

$$P(X = k) = p_k = \frac{c}{k^2}, \quad k \in \mathbf{N}$$

であるとする．ここで $\sum_{k=1}^{\infty} \frac{1}{k^2} < \infty$ である (例えば文献 [1], 28 章参照) から，右辺は $c = \left(\sum_{k=1}^{\infty} \frac{1}{k^2}\right)^{-1}$ に対し確率分布を定めている．このとき $\sum_{k=1}^{\infty} k \cdot p_k = \sum_{k=1}^{\infty} \frac{c}{k} = \infty$ であるから $E[X]$ は存在しない．

> **問 3.3** $\mathbf{Z} \setminus \{0\}$ に値をとる確率変数 X の分布が
>
> $$P(X = k) = p_k = \begin{cases} \dfrac{c}{k^2}, & \text{「} k > 0 \text{かつ奇数」または「} k < 0 \text{かつ偶数」} \\ 0 & \text{上記以外} \end{cases}$$
>
> とする．このとき $E[X]$ は存在するか．

定義 3.2 によって定義される期待値に対して以下が成り立つ．

命題 3.1　　1. 任意の定数 a に対し $E[a] = a$．また，任意の事象 A に対して

$$E[1_A] = P(A). \tag{3.15}$$

2. $X \geq Y$, すなわち $X(\omega) \geq Y(\omega), \forall \omega \in \Omega$ ならば

$$E[X] \geq E[Y]. \tag{3.16}$$

が成り立つ．特に X が非負値確率変数であれば $E[X] \geq 0$．

3. $|E[X]| \leq E[|X|]$．

4. **期待値の線型性**：

$$E[X + Y] = E[X] + E[Y] \text{ かつ } E[aX] = aE[X]. \tag{3.17}$$

5. 任意の $\phi : \mathbf{R} \to \mathbf{R}$ に対して

$$E[\phi(X)] = \sum_{x \in \mathrm{Im}(X)} \phi(x) \cdot P(X = x). \tag{3.18}$$

例 3.3 関数 $\phi : \mathbf{R} \to \mathbf{R}$ が凸関数であるとは，任意の $x, y \in \mathbf{R}$ および $t \in [0, 1]$ に対して

$$\phi(tx + (1 - t)y) \leq t\phi(x) + (1 - t)\phi(y) \tag{3.19}$$

が成り立つことである．ϕ が凸関数であるとき, (3.19) から $p_k \geq 0$ かつ $\sum_{k=1}^{n} p_k = 1$ を満たす任意の $(p_1, \ldots, p_n)$ および $x_1, \ldots, x_n \in \mathbf{R}$ に対して $\phi(p_1 x_1 + \cdots + p_n x_n) \leq p_1 \phi(x_1) + \ldots p_n \phi(x_n)$ が成り立つことがわかる．この式は，確率分布 $P(X = x_k) = p_k$ を満たす X に対して

$$\phi(E[X]) \leq E[\phi(X)] \tag{3.20}$$

であることを示す．(x_k) や (p_k) の任意性より, (3.20) はすべての離散確率変数に対して成り

立つ (第5章で論じる連続確率変数に対しても成り立つ). これを**イェンセンの不等式**という.

▌ **問 3.4** イェンセンの不等式を用いて $E[|X|] \leq \sqrt{E[X^2]}$ および $E[X] \leq \log E[e^X]$ を示せ.

3.2.1 確率変数の分散

確率変数を特徴づける最初の指標としてその期待値を考えた. 次に, 確率変数の「バラつきの度合い」を表す指標として**分散**を定義する. 以下に述べる分散の定義および性質は, 次章で述べる連続確率変数を含むすべての確率変数に対してあてはまるものである.

定義 3.3 $E[X] = m$ とするとき X の**分散** $V[X]$ を

$$V[X] = E[(X - m)^2]$$

により定める. ただし, 右辺が発散するとき $V[X] = \infty$ とする. 定義より分散は非負である.

$$\sigma_X = \sqrt{V[X]}$$

を X の**標準偏差**という.

$(X - m)^2$ は非負値確率変数であるから, $V[X] = 0$ となるのは X が Ω 上の関数として定数であるときに限る, すなわち X が偶然性を持たない場合に限る. 以下 $V[X] < \infty$ とする. 期待値の線型性より

$$V[X] = E[(X - m)^2] = E[X^2 - 2mX + m^2]$$
$$= E[X^2] - 2mE[X] + m^2 = E[X^2] - m^2$$

である. また

$$E[X^2] = E[X(X - 1) + X] = E[X(X - 1)] + m$$

という変形を利用すると次の公式を得る.

公式 3.1 $\qquad V[X] = E[X^2] - m^2 = E[X(X - 1)] + m - m^2$

特に, (3.18) を用いて分散を確率分布から求めることができる.

--- **例題 3.4** ---

サイコロ 1 個をふり, 出る目 X の平均と分散を求めよ.

解

$$E[X] = \frac{1}{6}(1 + 2 + 3 + 4 + 5 + 6) = \frac{21}{6} = \frac{7}{2}.$$

したがって, 公式 3.1 より

$$V[X] = E[X^2] - (E[X])^2 = \frac{1}{6}(1 + 4 + 9 + 16 + 25 + 36) - \frac{49}{4} = \frac{91}{6} - \frac{49}{4} = \frac{35}{12}$$

である. □

任意の定数 a, b に対して $Y = aX + b$ とすると期待値の線型性より $E[Y] = aE[X] + b = am + b$ である。したがって

$$V[Y] = E[\{(aX + b) - (am + b)\}^2] = E[a^2(X - m)^2] = a^2 V[X]$$

である。以上より分散に対する次の重要な性質を得る。

命題 3.2 $V[X] < \infty$ とする。このとき以下が成り立つ。

 (i) 分散 $V[X]$ は非負である。$V[X] = 0$ となるのは X が Ω 上の関数として定数であるときに限る。

 (ii) 任意の定数 a, b に対して

$$V[aX + b] = a^2 V[X]. \tag{3.21}$$

 (iii) 特に，X の期待値と分散 $m = E[X], v = V[X]$ に対し

$$Y = \frac{X - m}{\sqrt{v}} \tag{3.22}$$

 とするとき $E[Y] = 0, V[Y] = 1$ が成り立つ。この Y を X の**標準化**という。

問 3.5 命題 3.2 の (ii) から (iii) を確かめよ。

問 3.6 X が分布 $x \in \Lambda \to p_X(x)$ に従うとき $V[X] = \dfrac{1}{2} \displaystyle\sum_{x,y \in \Lambda} (x - y)^2 p_x p_y$ を確かめよ。

問 3.7 X の分布が

x	1	2	3
$p_X(x)$	0.3	0.4	0.3

で定まるとき，X の標準化を求めよ。

問 3.8 $Im(X) \subset \{0, 3, 5\}$ かつ $E[X] = 2$ である確率変数 X の分散のとり得る値の範囲を求めよ。

3.3 離散確率分布の例

離散確率変数の確率分布として，特別な形をしたいくつかの分布が重要である。これらはすべて非負整数値確率変数の確率分布である。

3.3.1 ベルヌーイ分布

コイン投げのように試行の結果が僅か 2 個であるとき，この試行を**ベルヌーイ試行**といい，ベルヌーイ試行が定める確率変数 X を**ベルヌーイ確率変数**という。X の分布が

X	1	0
確率	p	q

（ただし $q = 1 - p$ ）

によって定まるとき，X は**ベルヌーイ分布** $Ber(p)$ に従うという。

—— **例題 3.5** ——————————————————

$Ber(p)$ に従う X に対して $E[X] = p,\ V[X] = pq$ を示せ。

————————————————————————————

解　期待値の定義 (3.12) および分散の公式 3.1 より

$$E[X] = 1 \cdot p + 0 \cdot q = p,$$
$$V[X] = E[X^2] - p^2 = 1^2 \cdot p + +0^2 \cdot q - p^2 = p(1-p) = pq$$

である。　　　　　　　　　　　　　　　　　　　　　　　　　　　　　　□

　ある事象 A が $P(A) = p$ を満たすとき，例 3.1 で述べた A の定義関数 1_A に対して $P(1_A = 1) = P(A) = p$, $P(1_A = 0) = P(A^c) = q$ であるから 1_A は $Ber(p)$ に従う確率変数である。したがって，例題 3.5 より次が成り立つ。

公式 3.2　$p = P(A)$, $q = 1 - p = P(A^c)$ とすると

$$E[1_A] = p, \qquad V[1_A] = pq.$$

─── **例題 3.6** ───

事象 A と事象 B が独立であるとき

$$E[1_{A \cap B}] = E[1_A]E[1_B]$$

であることを示せ。

解　任意の事象 A に対して $E[1_A] = P(A)$ である。ここでは独立性より $P(A \cap B) = P(A)P(B)$ であるから

$$E[1_{A \cap B}] = P(A \cap B) = P(A)P(B) = E[1_A]E[1_B]$$

である。　　　　　　　　　　　　　　　　　　　　　　　　　　　　　　□

3.3.2　二項分布

　n を自然数とし，$0 < p < 1$, $q = 1 - p$ とする。X の確率分布が

$$k \to p_k = \binom{n}{k} p^k q^{n-k}, \qquad k = 0, 1, \cdots, n$$

によって定まるとき X は**二項分布** $B(n, p)$ に従うという。$B(1, p)$ はベルヌーイ分布 $Ber(p)$ である。

　$B(n, p)$ が確率分布であること，すなわち等式 (3.2) は次のように確かめられる：二項定理より

$$\sum_{k=0}^{n} p_k = \sum_{k=0}^{n} \binom{n}{k} p^k q^{n-k} = (p+q)^n = 1^n = 1$$

が成り立つ。

─── **例題 3.7** ───

1 回投げたとき表が出る確率が p であるコインを n 回投げたとき，表がでる回数 X は $B(n, p)$ に従うことを確認せよ。

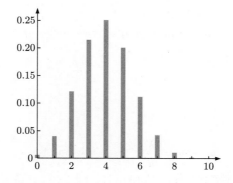

図 **3.1** $B(10, 0.4)$ を横軸に k, 縦軸に p_k をとって棒グラフに表したもの

解 すでに例 2.6 および例題 3.1 において $n = 3$ の場合を考察した. それを n について一般化する. この試行の標本空間

$$\Omega = \{\omega = (x_1, \cdots, x_n); \ x_k \in \{1, 0\} \ k = 1, \cdots, n\} \tag{3.23}$$

の 2^n 個の根元事象のうち, k 回表が出る ω の総数は n 個の数字 $\{1, 2, \cdots, n\}$ から k 個を選び出す組み合わせの総数 $\binom{n}{k}$ に等しい. また, そのような ω の起きる確率は, 表が k 回出て裏が $n - k$ 回出るので $p^k q^{n-k}$ である. したがって,

$$p_k = P(X = k) = \binom{n}{k} p^k q^{n-k}, \qquad k = 0, 1, \cdots, n \tag{3.24}$$

である.

例題 3.8

二項分布 $B(n, p)$ に従う X に対して $E[X] = np$ であることを示せ.

解 前問より, X は n 回ベルヌーイ試行において 1 が出る回数と思うことができる. k 回目の値が 1 である事象を A_k とすると X は各 A_k の定義関数を用いて

$$X = 1_{A_1} + 1_{A_2} + \cdots + 1_{A_n} \tag{3.25}$$

と表される. したがって, 期待値の線型性と公式 3.2 より

$$E[X] = E[1_{A_1}] + E[1_{A_2}] + \cdots + E[1_{A_n}] = np$$

を得る.

例題 3.9

二項分布 $B(n, p)$ に従う X に対して $V[X] = npq$ であることを示せ.

解 再び X を (3.25) と見ると, $k \neq j$ のとき A_k と A_j は独立であるから例題 3.6 より

$$E[1_{A_k} 1_{A_j}] = E[1_{A_k}] E[1_{A_j}] = p^2$$

である. また, $1_A^2 = 1_A$ である (すなわち $1_A^2(\omega) = 1_A(\omega), \ \forall \omega \in \Omega$) から期待値の線型性より

$$E[X^2] = E[(1_{A_1} + 1_{A_2} + \cdots + 1_{A_n})^2]$$

$$= \sum_{k=1}^{n} E[1_{A_k}] + \sum_{k \neq j}^{n} E[1_{A_k} 1_{A_j}] = np + (n^2 - n)p^2$$

である. $E[X] = np$ であったから公式 3.1 より

$$V[X] = np + (n^2 - n)p^2 - (np)^2 = np - np^2 = np(1 - p) = npq$$

である.

3.3.3 ポアソン分布

$\lambda > 0$ とする. X の分布が

$$k \to p_k = \frac{\lambda^k}{k!}e^{-\lambda}, \qquad k = 0, 1, \cdots$$

によって定まるとき X は**ポアソン分布** $Po(\lambda)$ に従うという. 指数関数のテイラー展開の公式 (1.31) より

$$\sum_{k=0}^{\infty} p_k = \left(\sum_{k=0}^{\infty} \frac{\lambda^k}{k!} \right) \cdot e^{-\lambda} = e^\lambda e^{-\lambda} = 1$$

が成り立つ.

$Po(\lambda)$ の分布の形より

$$p_0 = e^{-\lambda}, \quad \text{かつ} \quad p_{k+1} = \frac{\lambda}{k+1}p_k, \ k = 0, 1, 2, \cdots \tag{3.26}$$

であるから, $e^{-\lambda}$ の近似値を知れば, 後は k について順次 p_k の値を求めていくことができる. 下はそのようにして得た $Po(0.8)(左)$ や $Po(2)(右)$ の確率分布表である.

X	0	1	2	3	$\cdots$
確率	0.45	0.36	0.14	0.04	$\cdots$

X	0	1	2	3	$\cdots$
確率	0.14	0.27	0.27	0.18	$\cdots$

例題 3.10

$Po(\lambda)$ に従う X に対して $E[X] = \lambda$ であることを示せ.

解答：再び指数関数に対するテイラーの公式 (1.31) より

$$m = E[X] = \sum_{k=0}^{\infty} k\frac{\lambda^k}{k!}e^{-\lambda} = \lambda e^{-\lambda} \sum_{k=1}^{\infty} \frac{\lambda^{k-1}}{(k-1)!} = \lambda e^{-\lambda} \sum_{k=0}^{\infty} \frac{\lambda^k}{k!} = \lambda e^{-\lambda}e^\lambda = \lambda.$$

例題 3.11

$Po(\lambda)$ に従う X に対して $V[X] = \lambda$ であることを示せ.

解 公式 (3.1) および (1.31) より

$$v = V[X] = \sum_{k=0}^{\infty} k(k-1)\frac{\lambda^k}{k!}e^{-\lambda} + m - m^2 = \lambda^2 \sum_{k=2}^{\infty} \frac{\lambda^{k-2}}{(k-2)!}e^{-\lambda} + m - m^2$$

$$= \lambda^2 \sum_{k=0}^{\infty} \frac{\lambda^k}{k!}e^{-\lambda} + \lambda - \lambda^2 = \lambda^2 e^\lambda e^{-\lambda} + \lambda - \lambda^2$$

$$= \lambda^2 + \lambda - \lambda^2 = \lambda.$$

3.3.4 ポアソンの少数法則

ポアソン分布は次の形で二項分布と関係を持つ.

命題 3.3 任意の $\lambda > 0$ および $k \in \mathbf{Z}_+$ に対して

$$\lim_{N \to \infty} \binom{N}{k} \left(\frac{\lambda}{N}\right)^k \left(1 - \frac{\lambda}{N}\right)^{N-k} = \frac{\lambda^k}{k!} e^{-\lambda}$$

が成り立つ.

問 3.9 命題 3.3 を証明せよ.

この式は次のことを示している.

---

n が十分大きく p が十分小さいとき,$np = \lambda$ とすると,二項分布 $B(n, p)$ に従う X に対して

$$\text{各 } k = 0, 1, 2, \cdots \text{ について } P(X = k) \text{ は } \frac{\lambda^k}{k!} e^{-\lambda} \text{ に近い.}$$

すなわち,稀に起きる現象を大量に観測すると,その現象が起きる回数の分布はポアソン分布で近似できる.

この事実を**ポアソンの少数法則**という.下図は $B(20, 0.1)$ および $Po(2)$ の分布のグラフである.両者の分布のずれがほとんどないことを見ることができる.

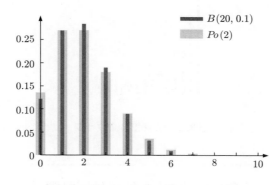

図 3.2 $B(20, 0.1)$ と $Po(2)$ のグラフ

── 例題 3.12 ──

ある工場の製造ラインでは 1000 個につき 3 個の欠陥商品が製造される.このラインが製造する 2000 個の商品のうち,欠陥商品の個数を X とする.ポアソンの少数法則により,ポアソン分布に従うものと見なして,$X \le 3$ である確率を求めよ.ただし,$e^{-6} = 0.0025$ とする.

解 X は二項分布 $B(2000, \frac{3}{1000})$ に従う.少数法則よりこれはポアソン分布 $Po(6)$ によって近似される.$p_0 = e^{-6} = 0.0025$ であるから,(3.26) より $Po(6)$ の確率分布表は以下のようになる.

X	0	1	2	3	$\cdots$
確率	0.0025	0.015	0.045	0.090	$\cdots$

したがって,

$$P(X \leq 3) = 0.0025 + 0.015 + 0.045 + 0.090 = 0.1525,$$

約 15 パーセントである.　　　　　　　　　　　　　　　　　　　　　　　　　□

> **問 3.10**　ある都市で一晩に流れ星が観測できる確率は $\frac{1}{200}$ である.　その都市で 300 日のうちに観測できる流れ星の数 X は,　ポアソンの少数法則により,　ポアソン分布に従うものと見なすことができる.　$X \geq 3$ である確率を小数点以下 2 桁まで求めよ.　ただし,　$e^{-1.5} = 0.223$ とする.

3.3.5　幾何分布

$0 < p < 1$, $q = 1 - p$ とする.　X の確率分布が

$$k \to p_k = q^k p, \quad k \in \Lambda = \{0, 1, 2, \cdots, \}$$

により定まるとき X は**幾何分布** $Ge(p)$ に従うという.　$Ge(p)$ が確率分布であること,　すなわち等式 (3.2) は次のように確かめられる:

$$\sum_{k=0}^{\infty} p_k = p \sum_{k=0}^{\infty} q^k = \frac{p}{1-q} = 1.$$

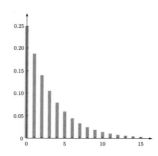

図 3.3　$Ge(0.25)$ のグラフ

───── **例題 3.13** ─────────────────────────

1 回投げるごとに表が出る確率が p であるコインを繰り返し投げ,　初めて表が出るまでに裏が出る回数 X は $Ge(p)$ に従うことを確認せよ.

解　$X = k$ である事象は,　コインを繰り返し投げて最初の k 回裏が続けて出て,　$k + 1$ 回目に表が出る事象であるから

$$P(X = k) = q^k p$$

である.　　　　　　　　　　　　　　　　　　　　　　　　　　　　　　　□

—— 例題 3.14 ——

X が幾何分布 $Ge(p)$ に従うとき，$P(X \geq m) = q^m$ であることを示せ．また，それを用いて，

$$P(X \geq n + m | X \geq m) = P(X \geq n)$$

であることを示せ．

注意：この式は m 回コインを投げて 1 度も表が出ないという情報が，さらに n 回投げても表が出ない事象の確率に影響しないこと，すなわち過去の記憶が未来の確率に影響しないことを意味している．

解 確率の可算加法性より

$$P(X \geq m) = \sum_{k=m}^{\infty} P(X = k) = \sum_{k=m}^{\infty} q^k p = pq^m \frac{1}{1-q} = q^m \tag{3.27}$$

である．したがって，$\{X \geq n + m\} \cap \{X \geq m\} = \{X \geq n + m\}$ であるから

$$P(X \geq n + m | X \geq m) = \frac{P(X \geq n + m)}{P(X \geq m)} = \frac{q^{n+m}}{q^m} = P(X \geq n)$$

である． □

—— 例題 3.15 ——

$Ge(p)$ に従う確率変数 X に対して $E[X] = \dfrac{q}{p}$ を示せ．

解 (1.29) より $0 < q < 1$ において

$$\sum_{k=0}^{\infty} kq^{k-1} = \sum_{k=0}^{\infty} \frac{d}{dq} q^k = \frac{d}{dq} \left(\sum_{k=0}^{\infty} q^k \right) = \frac{d}{dq} \left(\frac{1}{1-q} \right) = \left(\frac{1}{1-q} \right)^2 = \frac{1}{p^2}$$

である．したがって

$$m = \sum_{k=0}^{\infty} kq^k p = pq \sum_{k=0}^{\infty} kq^{k-1} = \frac{q}{p}$$

である．同様に $v = \sum_{k=0}^{\infty} k(k-1)q^k p + m - m^2$ において $\left(\sum_{k=0}^{\infty} q^k \right)$ の 2 階微分を考えればよい． □

問 3.11 $Ge(p)$ に従う確率変数 X に対して $V[X] = \dfrac{q}{p^2}$ であることを示せ．

3.3.6 負の二項分布

$k \in \{0, 1, 2, \cdots\}$ に対し対応

$$k \to p_k = \binom{n+k-1}{n-1} p^n q^k$$

を**負の二項分布** $NB(n, p)$ という．明らかに $n = 1$ のときこれは幾何分布 $Ge(p)$ に一致する．負の二項定理 (公式 (1.32)) より

$$\sum_{k=0}^{\infty} p_k = \sum_{k=0}^{\infty} \binom{n+k-1}{n-1} p^n q^k = p^n \sum_{k=0}^{\infty} \binom{n+k-1}{n-1} q^k = p^n (1-q)^{-n} = 1$$

であるから $\sum_{k=0}^{\infty} p_k = 1$ を確かめることができる.

—— 例題 3.16 ——

1 回投げるごとに表が出る確率が p であるコインを繰り返し投げ, n 回表が出るまでに裏が出る回数 X は $NB(n,p)$ に従うことを確認せよ.

解　$X = k$ である事象は, コインを投げ続けて n 回目の表が出るまでに k 回の裏と $n-1$ 回の表が出る事象である. 合計 $n-1+k$ 回のうち, k 回の裏 (あるいは $n-1$ 回の表) の出方は $\binom{n-1+k}{k}$ 通りあり, それぞれが起こる確率は, n 回目の表も含めて $p^n q^k$ である. したがって

$$P(X = k) = \binom{n-1+k}{k} p^n q^k = \binom{n+k-1}{n-1} p^n q^k$$

である. □

負の二項分布は, バレーボールやテニス, 卓球など先にある点数をとった方が勝ちとするゲームの勝率を計算するのに役立つ.

—— 例題 3.17 ——

表が出る確率が p であるコインを繰り返し投げ, 裏が 4 回出る前に表が 4 回出ると A さんの勝ち, 表が 4 回出る前に裏が 4 回出ると B さんの勝ちとする. 1 回投げて表が 1 回出るとき, A さんが勝つ確率を求めよ.

解　A さんが勝つためにはその後繰り返し投げて表が 3 回出るまでに裏の出る回数 X が 3 回以下である確率を求めればよい. X は $NB(3,p)$ に従うから, $q = 1 - p$ として

$$P(\text{A さんが勝つ}) = P(X = 0) + P(X = 1) + P(X = 2) + P(X = 3)$$

$$= p^3 + \binom{3}{1} q p^3 + \binom{4}{2} q^2 p^3 + \binom{5}{3} q^3 p^3 = p^3 (1 + 3q + 6q^2 + 10q^3)$$

である. $p = \frac{1}{2}$ のとき $P(\text{A さんが勝つ}) = \frac{21}{32}$ である. 日本シリーズにおいて初戦を取ることの重要さを理解できる結果である. □

▌ **問 3.12**　(例題の続き) 2 回投げて表が 2 回出るとき, A さんが勝つ確率を求めよ.

3.4　確率母関数

$\mathbf{Z}_+$ 上の確率分布を $k \to p_k$ とする. 絶対値が 1 以下の任意の実数 s に対し

$$\sum_{k=0}^{\infty} |p_k \cdot s^k| = \sum_{k=0}^{\infty} p_k \cdot |s^k| \leq \sum_{k=0}^{\infty} p_k = 1$$

であるから s を変数に持つべき級数

$$G(s) = \sum_{k=0}^{\infty} p_k \cdot s^k \tag{3.28}$$

は $|s| \leq 1$ において絶対収束する. よって 1 以上の収束半径を持つ. これを離散分布 $k \to p_k$ の**確率母関数**という. $\mathbf{Z}_+$ に値をとる確率変数 X の分布 $k \to p_k$ から $G(s)$ を考える場合には

X の確率母関数という．G の収束域に属する s に対し (3.18) より

$$G(s) = E[s^X] \tag{3.29}$$

が成り立つ．また，もしある k_0 以上のすべての k に対し $p_k = 0$ であれば $G(s)$ は s の多項式であるから G の定義域は実数全体である．

—— 例題 3.18 ——

二項分布 $B(n,p)$，幾何分布 $Ge(p)$，ポアソン分布 $Po(\lambda)$ の確率母関数を求めよ．

解　$B(n,p)$ の確率母関数：二項定理より

$$G(s) = \sum_{k=0}^{n} \binom{n}{k} p^k q^{n-k} s^k = (ps + q)^n \tag{3.30}$$

である．これは s についての多項式であるから収束域は実数全体である．

　$Ge(p)$ の確率母関数：等比級数の公式より

$$G(s) = \sum_{k=0}^{\infty} q^k p s^k = \sum_{k=0}^{\infty} (qs)^k p = \frac{p}{1 - qs}, \tag{3.31}$$

ただし上の級数は $|qs| < 1$ のときに収束，すなわち $G(s)$ の収束半径は $\frac{1}{q} = \frac{1}{1-p} > 1$ である．

　$Po(\lambda)$ の確率母関数：テイラーの定理より

$$G(s) = \sum_{k=0}^{\infty} \frac{\lambda^k}{k!} e^{-\lambda} s^k = \sum_{k=0}^{\infty} \frac{(\lambda s)^k}{k!} e^{-\lambda} = e^{\lambda s} e^{-\lambda} = e^{\lambda(s-1)} \tag{3.32}$$

この収束半径は ∞ である． □

　非負整数に値をとる確率変数に対しその母関数が重要な役割を果たすのは，次の命題が成り立つからである．

命題 3.4　(一意性定理) 非負整数値に値をとる 2 つの確率変数 X および Y の確率母関数 $G_X(s), G_Y(s)$ がある区間内のすべての s に対し $G_X(s) = G_Y(s)$ が成り立つことと，両者の確率分布が一致することは同値である．

すなわち，異なる 2 つの確率分布から同じ確率母関数が定まることはない．その意味で確率母関数は $\mathbf{Z}_+$ 上の分布を特徴づける．

　確率母関数が分布の平均や分散の情報を持っていることを見よう．上で見たように確率母関数の収束半径は 1 以上である．もし収束半径が 1 以上のときには命題 1.2 より $|s| \leq 1$ において項別微分が可能，すなわち

$$G'(s) = \sum_{k=0}^{\infty} k p_k \cdot s^{k-1}, \qquad G''(s) = \sum_{k=0}^{\infty} k(k-1) p_k \cdot s^{k-2}$$

であるから

$$G'(1) = \sum_{k=0}^{\infty} k p_k, \qquad G''(1) = \sum_{k=0}^{\infty} k(k-1) p_k$$

である．よって公式 3.1 から次を得る：

命題 3.5 確率分布 $k \to p_k$ の確率母関数を G とするときその分布の平均 m および分散 v は

$$m = G'(1), \qquad v = G''(1) + G'(1) - (G'(1))^2$$

である．

例題 3.19

命題 3.5 を用いて $B(n, p)$，$Ge(p)$，$Po(\lambda)$ の平均，分散を計算せよ．

証明 $Ge(p)$ について計算してみよう．$G(s) = \frac{p}{1-qs}$ であるから

$$G'(s) = \frac{pq}{(1-qs)^2}, \qquad G''(s) = \frac{2pq^2}{(1-qs)^3}$$

である．よって $q = 1 - p$ に注意して

$$m = \frac{pq}{p^2} = \frac{q}{p}, \quad v = \frac{2q^2}{p^2} + \frac{q}{p} - \left(\frac{q}{p}\right)^2 = \frac{q}{p^2}.$$

□

3.5 条件付き期待値

確率空間 $(\Omega, \mathcal{F}, P)$ におけるひとつの事象 A が $P(A) > 0$ であるとする．このとき，問 2.5 で確認したように $P(\cdot | A)$ は A 上の確率である．この確率に対する離散確率変数 X の期待値

$$E[X|A] = \sum_{x \in \mathrm{Im}(X)} xP(X = x | A) \tag{3.33}$$

を A の下での X の**条件付き期待値**という．(3.14) より

$$E[X|A] = \frac{E[X, A]}{P(A)} \tag{3.34}$$

が成り立つ．条件付き期待値も，期待値としての性質をすべて満たしている．

例題 3.20

X と A が独立であるとき，すなわち，すべての $x \in \mathrm{Im}(X)$ に対し事象 $\{X = x\}$ と A が独立であるとき $E[X|A] = E[X]$ であることを示せ．

解 仮定の下で

$$E[X|A] = \sum_{x \in \mathrm{Im}(X)} xP(X = x | A) = \sum_{x \in \mathrm{Im}(X)} xP(X = x) = E[X]$$

である． □

確率変数の期待値に対しても分割公式が得られる.

命題 3.6　期待値に対する分割公式:　$B_1, B_2, \ldots, B_n$ を Ω の分割とする. このとき

$$E[X] = \sum_{k=1}^{n} E[X|B_k]P(B_k)$$

が成り立つ. 特に $0 < P(B) < 1$ とするとき

$$E[X] = E[X|B]P(B) + E[X|B^c]P(B^c)$$

である.

証明　命題 2.4 および (3.33) より以下の等式が成り立つ.

$$E[X] = \sum_{x \in \mathrm{Im}(X)} xP(X=x) = \sum_{x \in \mathrm{Im}(X)} x \sum_{k=1}^{n} P(X=x|B_k)P(B_k)$$

$$= \sum_{k=1}^{n} \left(\sum_{x \in \mathrm{Im}(X)} xP(X=x|B_k) \right) P(B_k) = \sum_{k=1}^{n} E[X|B_k]P(B_k).$$

□

期待値に対する分割公式を用いて幾何分布 $Ge(p)$ の期待値を導出しよう.

例題 3.21

コインを投げ続けて初めて表が出るまでに裏の出る回数を X とする. 期待値に対する分割公式を用いて $E[X]$ を求めよ.

解　事象 A を 1 回目に表が出る事象とすると, A の下で $X=0$ であるから $E[X|A]=0$ である. また A^c の下で裏が 1 回出て, その後コインを投げ続けて初めて表が出るまでに裏の出る回数を X' とすると, A^c 上 $X = 1 + X'$ であり, X' は A^c の下で X と同分布であるから $E[X'|A^c] = E[X]$ である. よって

$$E[X|A^c] = E[1+X'|A^c] = 1 + E[X'|A^c] = 1 + E[X]$$

である. したがって,

$$E[X] = E[X|A]P(A) + E[X|A^c]P(A^c) = 0 \cdot p + (1+E[X])q$$

である. これを解いて $E[X] = \dfrac{q}{p}$ を得る.

□

問 3.13　期待値に対する分割公式を用いて幾何分布 $Ge(p)$ に従う X の分散 $V[X]$ を求めよ.

章 末 問 題

3-1　X を $\mathbf{Z}_+$ 値確率変数とする. $\sum_{k=1}^{\infty} P(X \geq k)$ が存在するとき $E[X]$ も存在し,

$$E[X] = \sum_{k=1}^{\infty} P(X \geq k) \tag{3.35}$$

が成り立つことを示せ.

3-2　コインを投げ続けて初めて 2 回続けて表 (H) が出るまでに投げる回数 X の期待値 $E[X]$ を求めよ.

第 4 章

多次元離散確率変数

この章では，ひとつの確率空間上で定義された複数の離散確率変数を同時に取り扱う手法を述べる．4.2 節で確率変数列の独立性の定義を与え，4.4 節でそれらの和の性質を調べる．独立性がもたらす著しい性質を示すものとして命題 4.7 が重要である．分散の性質から $V[nX] = n^2 V[X]$ である一方，X と同分布かつ独立な $X_1, \ldots, X_n$ に対して $V[X_1 + \cdots + X_n] = nV[X]$ である．n^2 と n の違いに着目すると，独立性が確率変数の積み重ねにおいてばらつきを潰す効果をもたらすことがわかる．このことが第 7 章で論じる極限定理につながっていく．

一方，必ずしも独立ではない 2 個の確率変数に対して，その関係を示すひとつの指標として相関係数を定義する．また，一方の値を固定するときの条件付き確率分布や条件付き期待値は第 8 章で論じるベイズ推論において重要である．

多次元離散確率分布の重要な例として多項分布がある (例題 4.2)．第 7 章で論じる統計学における基本的な手法のひとつである適合度検定において，多項分布が現れる (7.6 節)．

4.1　確率変数列の同時分布

今まで実数値の確率変数を確率空間上の関数として定式化してその確率的な性質を述べてきた．この章ではある確率空間 $(\Omega, \mathcal{F}, P)$ 上の $\mathbf{R}^n$ 値確率変数 $\mathbf{X}$ を考えよう．$\mathbf{X}$ を $(X_1, X_2, \ldots, X_n)$ と成分表示すると各 $X_1, X_2, \ldots, X_n$ は $\mathbf{R}$-値確率変数である．逆に n 個の $(\Omega, \mathcal{F}, P)$ 上の確率変数列 $X_1, X_2, \ldots, X_n$ が与えられたとき，各 X_k を k 番目の成分とするベクトル

$$\mathbf{X} = (X_1, X_2, \ldots, X_n) \tag{4.1}$$

は $\mathbf{R}^n$ 値の確率変数と見なすことができる．$m_i = E[X_i]$，$\mathbf{m} = (m_1, \ldots, m_n)$ とするとき，$\mathbf{X}$ を平均ベクトル $\mathbf{m}$ をもつ n 次元確率変数という．特に，各 X_k が離散確率変数の場合に n 次元離散確率変数という．この章では主に 2 次元離散確率変数 (X, Y) の確率的な性質を調べる．

離散確率変数 X に対し $x \in \mathrm{Im}(X) \to p_X(x) = P(X = x)$ を X の確率分布と呼んだように 2 個の離散確率変数 X, Y に対し

$$(x, y) \in \mathrm{Im}(X) \times \mathrm{Im}(Y) \to p(x, y) \equiv P(X = x, \ Y = y)$$

を X, Y の同時確率分布 (同時分布) あるいは結合分布という．同時分布を 2 次元の表で表し

たものを同時分布表という.

確率の公理より，(3.2) と同様

$$\sum_{(x,y)\in \mathrm{Im}(X)\times \mathrm{Im}(Y)} p(x,y) = P(\Omega) = 1 \tag{4.2}$$

である.

X, Y の同時分布から X および Y の分布がわかる. 確率の加法性より，各 $y \in \mathrm{Im}(Y)$ について

$$\sum_{x\in \mathrm{Im}(X)} p(x,y) = P(\bigcup_{x\in \mathrm{Im}(X)} \{X=x, Y=y\}) = P(Y=y)$$

である. x を固定して y についての和をとる場合も同様である. まとめると，

$$p_X(x) = \sum_{y\in \mathrm{Im}(Y)} p(x,y), \qquad p_Y(y) = \sum_{x\in \mathrm{Im}(X)} p(x,y). \tag{4.3}$$

このようにして同時分布から p_X, p_Y が定まる. これを同時分布から定まる **周辺分布**という.

── 例題 4.1 ──

$\mathrm{Im}(X) = \{0,1,2\}$, $\mathrm{Im}(Y) = \{-2,0,1\}$ であるような離散確率変数 X, Y の同時分布表が

$Y \backslash X$	0	1	2
-2	$\frac{2}{20}$	$\frac{1}{20}$	$\frac{2}{20}$
0	$\frac{1}{20}$	$\frac{3}{20}$	$\frac{3}{20}$
1	$\frac{1}{20}$	$\frac{4}{20}$	$\frac{3}{20}$

で与えられているとき，X および Y の分布を求めよ.

解 (4.3) より，以下のように各列および各行の和

$Y \backslash X$	0	1	2	行和
-2	$\frac{2}{20}$	$\frac{1}{20}$	$\frac{2}{20}$	$\frac{5}{20}$
0	$\frac{1}{20}$	$\frac{3}{20}$	$\frac{3}{20}$	$\frac{7}{20}$
1	$\frac{1}{20}$	$\frac{4}{20}$	$\frac{3}{20}$	$\frac{8}{20}$
列和	$\frac{4}{20}$	$\frac{8}{20}$	$\frac{8}{20}$	1

$$\tag{4.4}$$

を求めることにより X および Y の分布がわかる. □

── 例題 4.2 ──

サイコロを 2 回投げる. 1 の目が出る回数を X, 6 の目が出る回数を Y とする. X と Y の同時分布表を書け.

解 コインを n 回投げるとき，表の出る回数を X とすると裏の出る回数は $n - X$, すなわち X から決まる. 一方，上のような問題の場合，1 回の試行において 1 の目，6 の目およびそれ以外の目の 3 通りの結果があるので，1 の目の出る回数 X から 6 の目の出る回数が決まるわけではない. 一般に 1 回の試行において r 通りの結果 $1, 2, \cdots, r$ が起こる可能性があるとき，それぞれの結果 i が起こる確率を p_i とす

る (したがって $p_1 + p_2 + \cdots p_r = 1$ である). $k_1, \cdots, k_r$ を

$$k_1 + \cdots + k_r = n$$

であるような 0 以上の整数とする. この試行を n 回行い, それぞれの結果が起こる回数が $k_1, \cdots, k_r$ である確率 $p(k_1, \cdots, k_r)$ は次のように定まる. 1.8 節において, n 人を r 個のグループ $1, 2, \cdots, r$ にそれぞれ $k_1, \cdots, k_r$ 人に分ける組み合わせは $\frac{n!}{k_1!k_2!\cdots k_r!}$ 通りであることを見た. したがって二項分布の場合 (例題 3.7) と同様に考えて

$$p(k_1, \cdots k_r) = \frac{n!}{k_1!k_2!\cdots k_r!} p_1^{k_1} \cdots p_r^{k_r} \tag{4.5}$$

である. このような分布を**多項分布**という. この例題の場合, Z を 1, 6 以外の目が出る回数とすると (X, Y, Z) は多項分布に従う. よって

$$P(X = 0, Y = 0) = P(X = 0, Y = 0, Z = 2) = \frac{2!}{0!0!2!} \left(\frac{1}{6}\right)^0 \left(\frac{1}{6}\right)^0 \left(\frac{4}{6}\right)^2 = \frac{16}{36}$$

である. 同様の計算により同時確率分布表

$X\backslash Y$	0	1	2
0	$\frac{16}{36}$	$\frac{8}{36}$	$\frac{1}{36}$
1	$\frac{8}{36}$	$\frac{2}{36}$	0
2	$\frac{1}{36}$	0	0

を得る. □

　X および Y がともに $(\Omega, \mathcal{F}, P)$ 上の確率変数とし, ϕ を 2 変数の実数値関数とするとき $\phi(X, Y)(\omega) = \phi(X(\omega), Y(\omega))$ によって定まる $\phi(X, Y)$ も Ω 上の確率変数である. Ω が有限確率空間であるとき $\phi(X, Y)$ の期待値 $E[\phi(X, Y)]$ は (3.6) と同様

$$E[\phi(X, Y)] = \sum_{\substack{x \in \mathrm{Im}(X), \\ y \in \mathrm{Im}(Y)}} \phi(X(\omega), Y(\omega)) P(\omega) \tag{4.6}$$

により定義される. このとき, (3.8) と同様の考察により

$$E[\phi(X, Y)] = \sum_{\substack{x \in \mathrm{Im}(X), \\ y \in \mathrm{Im}(Y)}} \phi(x, y) \cdot p(x, y) \tag{4.7}$$

が成り立つ. 一般には, この右辺が絶対収束 するとき, それを $E[\phi(X, Y)]$ の定義とする.

—— 例題 4.3 ————————————————————————

例題 4.1 の X, Y に対し $E[XY]$ を求めよ.

————————————————————————————————————

解

$$E[XY] = \sum_{\substack{x \in \mathrm{Im}(X), \\ y \in \mathrm{Im}(Y)}} xy \cdot p(x, y)$$

$$= (-2) \cdot \frac{1}{20} + (-2) \cdot 2 \cdot \frac{2}{20} + \frac{4}{20} + 2 \cdot \frac{3}{20} = 0.$$

□

▌**問 4.1**　例題 4.1 の X, Y に対し $E[X^Y]$ を求めよ.

2次元離散確率変数 (X, Y) に対して, $Y = y$ の下での $X = x$ の条件付き確率は

$$P(X = x | Y = y) = \frac{P(X = x, Y = y)}{P(Y = y)} = \frac{p(x, y)}{\sum_x p(x, y)} \tag{4.8}$$

である. 以後これを $p_{X|Y}(x|y)$ と表す. 各 $y \in \mathrm{Im}(Y)$ に対して

$$x \in \mathrm{Im}(X) \to p_{X|Y}(x|y)$$

は確率分布である. これを $Y = y$ の下での X の**条件付き分布**と言う. $Y = y$ の下での X の**条件付き期待値**は, (3.33) より

$$E[X|Y = y] = \sum_{x \in \mathrm{Im}(X)} x p_{X|Y}(x|y) \tag{4.9}$$

である. (3.18) と同様, 任意の関数 ϕ に対し以下の右辺が絶対収束するとき

$$E[\phi(X)|Y = y] = \sum_{x \in \mathrm{Im}(X)} \phi(x) p_{X|Y}(x|y)$$

が成り立つ. 同様に $P(\cdot | Y = y)$ に対する分散として**条件付き分散** $V[X|Y = y]$ を定める.

―― 例題 4.4 ――――――――――――――――――――――――――――

例題 4.1 の X, Y に対し $Y = 0$ の下での X の条件付き分布 $k \to p(\cdot|0)$ を求めよ. また条件付き期待値 $E[X|Y = 0]$ を求めよ.

解 $P(Y = 0) = \frac{1}{20} + \frac{3}{20} + \frac{3}{20} = \frac{7}{20}$ より

k	0	1	2
$p(\cdot|0)$	$\frac{1}{7}$	$\frac{3}{7}$	$\frac{3}{7}$

である. よって

$$E[X|Y = 0] = 0 \times \frac{1}{7} + 1 \times \frac{3}{7} + 2 \times \frac{3}{7} = \frac{9}{7}$$

である. □

4.2 確率変数列の独立性

2.2 節において事象の列の独立性を定義した. ここでは確率変数列の独立性を定義する.

> **定義 4.1** 離散確率変数列 $X_1, X_2, \cdots, X_n$ が独立であるとは, すべての $x_k \in \mathrm{Im}(X_k)$, $k = 1, 2, \ldots, n$ に対して
>
> $$P(X_1 = x_1, X_2 = x_2, \ldots, X_n = x_n) = P(X_1 = x_1)P(X_2 = x_2)\cdots P(X_n = x_n) \tag{4.10}$$
>
> が成り立つことである.

特に2つの確率変数 X と Y が独立であるとは

$$p(x, y) = p_X(x)p_Y(y), \qquad \forall(x, y) \in \mathrm{Im}(X) \times \mathrm{Im}(Y) \tag{4.11}$$

が成り立つことである. 例えば, 例 4.1 の X と Y は独立ではない. 実際,

$$P(X = 0, Y = -2) = \frac{2}{20} \neq \frac{4}{20} \cdot \frac{5}{20} = P(X = 0)P(Y = -2)$$

であるから (4.11) は成立しない.

問 4.2　2 つの離散確率変数 X と Y が独立かつ同分布であるとき, (4.11) よりその同時分布 $p(x,y)$ は任意の $x, y \in \mathrm{Im}(X)$ に対し $p(x,y) = p(y,x)$ である. X と Y が同分布であっても独立性を仮定しないときこの等式は必ずしも成立しない. そのような (X,Y) の同時分布の例を示せ.

問 4.3　2 つの事象 A と B が独立であることと, その定義関数 (指示関数)1_A と 1_B が独立であることが同値であることを示せ.

X と Y が独立な離散確率変数であるとする. そのとき, 任意の $A, B \subset \mathbf{R}$ に対して確率の加法性および (4.10) より

$$P(X \in A,\ Y \in B) = \sum_{\substack{x_i \in A, \\ y_j \in B}} P(X = x_i,\ Y = y_j) = \sum_{\substack{x_i \in A, \\ y_j \in B}} P(X = x_i) P(Y = y_j)$$

$$= \Big(\sum_{x_i \in A} P(X = x_i) \Big) \Big(\sum_{y_j \in B} P(Y = y_j) \Big) = P(X \in A) P(Y \in B)$$

が成り立つ. これを一般化して, $X_1, X_2, \cdots, X_n$ が独立な確率変数列であるとするとき, 任意の $A_1 \subset \mathbf{R}, \ldots, A_n \subset \mathbf{R}$ に対して

$$P(X_1 \in A_1, \ldots, X_n \in A_n) = P(X_1 \in A_1) \cdots P(X_n \in A_n) \tag{4.12}$$

が成り立つ. 逆に, (4.12) において各 $A_k = \{x_k\}$, ただし $x_k \in \mathrm{Im}(X_k)$ とすると (4.10) を得る. 以上より, $X_1, X_2, \cdots, X_n$ が独立な確率変数列であることと任意の $A_k,\ k = 1, \ldots, n$ に対して (4.12) が成り立つことが同値である.

命題 4.1　$X_1, \ldots, X_n$ が独立であるとき, 任意の関数 $f_1, \ldots, f_n$ に対して $f_1(X_1), \ldots, f_n(X_n)$ も独立である.

証明　関数 f および $A \subset \mathbf{R}$ に対して $f^{-1}(A) = \{x \in \mathbf{R}; f(x) \in A\}$ とする. (1) より

$$P(f_k(X_k) \in A_k,\ \forall k = 1, \ldots n) = P(X_k \in f_k^{-1}(A_k),\ \forall k = 1, \ldots n)$$

$$= \prod_{k=1}^{n} P(X_k \in f_k^{-1}(A_k)) = \prod_{k=1}^{n} P(f_k(X_k) \in A_k)$$

が成り立つ. (4.12) と独立性の同値性から命題を得る.　　　　　　□

命題 4.2　$X_1, X_2, \cdots, X_n$ が独立な確率変数列であるとする. このとき,

$$E[X_1 X_2 \cdots X_n] = E[X_1] \cdot E[X_2] \cdots E[X_n] \tag{4.13}$$

が成り立つ. すなわち, 独立な確率変数の積の期待値はそれぞれの期待値の積である.

証明　2 個の独立な確率変数 X と Y に対して命題を示す. X と Y が独立であるとき (4.11) より

$$E[XY] = \sum_{\substack{x \in \mathrm{Im}(X), \\ y \in \mathrm{Im}(Y)}} xy\, p_X(x) p_Y(y) = \Big(\sum_{x \in \mathrm{Im}(X)} x p_X(x) \Big) \Big(\sum_{y \in \mathrm{Im}(Y)} y p_Y(y) \Big) = E[X] E[Y]$$

が成り立つ.　　　　　　□

　公式 (4.13) は，確率母関数を用いた独立確率変数の和の分布の考察において重要な役割を果たす．4.4.3 節を参照のこと．

── 例題 4.5 ──

　$X_1, X_2, \ldots, X_{10}$ は独立かつ同分布であり，それぞれ分布

X_i	-1	0	1	2
p	$\frac{1}{10}$	$\frac{2}{10}$	$\frac{5}{10}$	$\frac{2}{10}$

に従うとする．$S = \sum_{i=1}^{10} X_i$ とする．このとき $E[2^S]$ を求めよ．

解　(3.18) において $\phi(x) = 2^x$ を適用して，各 $k = 1, \ldots, 10$ に対して

$$E[2^{X_k}] = 2^{-1} \cdot \frac{1}{10} + 2^0 \cdot \frac{2}{10} + 2^1 \cdot \frac{5}{10} + 2^2 \cdot \frac{2}{10} = \frac{41}{20}$$

である．命題 4.1 より $2^{X_1}, \ldots 2^{X_{10}}$ は独立であるから命題 4.2 より

$$E[2^S] = \prod_{k=1}^{10} E[2^{X_k}] = \left(\frac{41}{20}\right)^{10}$$

である．　　　　　　　　　　　　　　　　　　　　　　　　　　　　　　　　□

── 例題 4.6 ──

　X と Y はともに幾何分布 $Ge(p)$ に従う独立な確率変数とする．このとき $Z = X \wedge Y$ の確率分布を以下の手順で求めよ．

(1) $q = 1 - p$ とする．各 $n \geq 0$ に対して $P(X \geq n) = q^n$ を示せ．

(2) X と Y の独立性から $P(Z \geq n)$ を求めよ．

(3) $P(Z = n)$ を求めよ．

解　(1) (3.27) より $P(X \geq n) = q^n$ である．

(2)「$Z \geq n \iff X \geq n$ かつ $Y \geq n$」であるから X と Y の独立性から

$$P(Z \geq n) = P(X \geq n, Y \geq n) = P(X \geq n)P(Y \geq n) = q^n \cdot q^n = q^{2n}.$$

(3) $\{Z = n\} = \{Z \geq n\} \setminus \{Z \geq n+1\}$ であるから

$$P(Z = n) = P(Z \geq n) - P(Z \geq n+1) = q^{2n} - q^{2n+2} = (1 - q^2)(q^2)^n$$

である．したがって Z は幾何分布 $Ge(1 - q^2)$ に従うことがわかる．　　　　　□

　二人が同時に繰り返しコインを投げて，どちらかが先に表が出るまでに裏が出る回数が再び幾何分布に従うことをこの例題の結果は示している．

4.3　共分散と相関係数

　有限確率空間 Ω 上の確率変数に対する素朴な期待値の定義 (3.6) に立ち返ると，X および Y に対し $E[XY] = \sum_{\omega \in \Omega} X(\omega)Y(\omega)P(\omega)$ であるから，(1.35) より

$$|E[XY]| \leq \sqrt{\left(\sum_{\omega \in \Omega} X(\omega)^2 P(\omega)\right)\left(\sum_{\omega \in \Omega} Y(\omega)^2 P(\omega)\right)} = \sqrt{E[X^2]E[Y^2]}$$

が成り立つ．次の不等式が一般に成立する．

> **命題 4.3**（シュワルツの不等式）2 つの確率変数 X および Y に対して
> $$|E[XY]| \leq \sqrt{E[X^2]E[Y^2]} \tag{4.14}$$
> が成り立つ．$t \in \mathbf{R}$ が存在して $Y(\omega) = tX(\omega),\ \forall \omega$ が成り立つときには等号が成立する．

(4.14) において X として $|X|$, Y として $Y = 1$ を代入すると，問 3.4 の結論

$$E[|X|] \leq \sqrt{E[X^2]} \tag{4.15}$$

を再び得る．式 (4.15) から，$E[X^2]$ が存在するならば $E[X]$ が存在することがわかる．

> **定義 4.2**　2 つの確率変数 X, Y がそれぞれ平均 m_X, m_Y を持つとする．このとき，X, Y の共分散 $\mathrm{Cov}(X, Y)$ を
> $$\mathrm{Cov}(X, Y) = E[(X - m_X)(Y - m_Y)] \tag{4.16}$$
> により定める．

定義よりただちに以下がわかる．

$$\begin{cases} \mathrm{Cov}(X, Y) = \mathrm{Cov}(Y, X). \\ \mathrm{Cov}(X_1 + X_2, Y) = \mathrm{Cov}(X_1, Y) + \mathrm{Cov}(X_2, Y). \\ a \in \mathbf{R} \text{ に対し } \mathrm{Cov}(aX, Y) = a\mathrm{Cov}(X, Y). \\ \mathrm{Cov}(X, X) = V[X] \geq 0. \end{cases} \tag{4.17}$$

これらはベクトルの内積と共通する性質である．また分散のときと同様

$$\mathrm{Cov}(X, Y) = E[XY] - m_X m_Y \tag{4.18}$$

が成り立つ．

▎**問 4.4**　$\mathrm{Cov}(aX + b, cY + d) = ac \cdot \mathrm{Cov}(X, Y)$ を確かめよ．

—— **例題 4.7** ——

(X, Y) の同時確率分布表が

$X \backslash Y$	0	1
0	$\frac{4}{10}$	$\frac{1}{10}$
1	$\frac{2}{10}$	$\frac{3}{10}$

で与えられるとき $\mathrm{Cov}(X, Y)$ を求めよ．

解　$E[X] = \dfrac{1}{2}$, $E[Y] = \dfrac{2}{5}$ である．また $E[XY] = 1 \times 1 \times \dfrac{3}{10}$. したがって (4.18) より

$$\mathrm{Cov}(X, Y) = E[XY] - E[X]E[Y] = \frac{3}{10} - \frac{1}{2}\frac{2}{5} = \frac{1}{10}.$$

□

X と Y が独立であるとき命題 4.2 および (4.18) より次がわかる．

命題 4.4 X と Y が独立ならば $\mathrm{Cov}(X, Y) = 0$ である.

2 個の確率変数の共分散が 0 であることは独立であることよりも弱い条件である. 実際, 共分散が 0 であるが独立ではない例を容易に見出すことができる. また, X と Y が独立であれば $f(X)$ と $g(Y)$ も独立であるが, 次の問で見るように $\mathrm{Cov}(X, Y) = 0$ であっても $\mathrm{Cov}(f(X), g(Y)) = 0$ は必ずしも成立しない.

問 4.5 X と Y の同時分布表が

$X \backslash Y$	-1	0	1
0	$\frac{1}{5}$	0	$\frac{1}{5}$
1	$\frac{1}{5}$	$\frac{1}{5}$	$\frac{1}{5}$

で与えられるとする. このとき

(1) X と Y は独立か.
(2) $\mathrm{Cov}(X, Y)$ を求めよ.
(3) $\mathrm{Cov}(X, Y^2)$ を求めよ.

共分散の定義より, 例えば $\mathrm{Cov}(X, Y) > 0$ は $X - m_X$ と $Y - m_Y$ が同じ符号に「なりやすい」ことを示す. すなわち, $\mathrm{Cov}(X, Y) > 0$ は X が Y に影響を与える関係性, 互いの従属性に関連した値である. ただし, 任意の定数 a, b に対して aX と bY の従属の度合いは X と Y のそれと変わらないはずであるが $\mathrm{Cov}(aX, bY) = ab\mathrm{Cov}(X, Y)$ より共分散は変わってしまう. すなわち共分散を従属の度合いを測る尺度とは言えない. そこで以下を導入する.

2 つの確率変数 X, Y の**相関係数** $\rho(X, Y)$ を
$$\rho(X, Y) = \frac{\mathrm{Cov}(X, Y)}{\sqrt{V[X]V[Y]}}$$
により定める.

相関係数は以下の性質を持つ.

命題 4.5   相関係数 $\rho(X, Y)$ について以下が成立.
(1) $ac > 0 \Rightarrow \rho(aX + b, cY + d) = \rho(X, Y)$,
    $ac < 0 \Rightarrow \rho(aX + b, cY + d) = -\rho(X, Y)$.
(2) X と Y が独立ならば $\rho(X, Y) = 0$.
(3) 任意の X, Y に対し $-1 \leq \rho(X, Y) \leq 1$.
(4) $\rho(X, Y) = \pm 1$ のとき, X と Y は次の意味で互いに完全に従属している.

$$\rho(X, Y) = -1 \iff \exists a < 0,\ b \in \mathbf{R},\ Y(\omega) = aX(\omega) + b,\ \forall \omega \in \Omega$$
$$\rho(X, Y) = 1 \iff \exists a > 0,\ b \in \mathbf{R},\ Y(\omega) = aX(\omega) + b,\ \forall \omega \in \Omega$$

証明   問 4.4 より,

$$\rho(aX + b, cY + d) = \frac{ac \cdot \mathrm{Cov}(X, Y)}{\sqrt{a^2 V[X] c^2 V[Y]}} = \frac{ac}{|ac|} \cdot \rho(X, Y)$$

である. これより (1) を得る. また命題 4.4 より (2) を得る. シュワルツの不等式 (4.14) から 2 つの確率変数 X, Y に対して

$$|\mathrm{Cov}(X,Y)| \leq \sqrt{V[X]V[Y]}$$

が成り立ち, 等号成立は $^{\exists}a \neq 0$, $Y - m_Y = a(X - m_X)$ となるときに限ることがわかる. 特に $a > 0$ であるとき $\mathrm{Cov}(X,Y) = \sqrt{V[X]V[Y]}$, $a < 0$ のとき $\mathrm{Cov}(X,Y) = -\sqrt{V[X]V[Y]}$ である. 以上より (3), (4) も示される. □

問 4.6 表が出る確率が p のコインを 2 回投げる. X を表が出る回数とし, Y を 1 回目に表が出るときに $Y = 1$, その他の場合に $Y = 0$ とする. その時, X と Y の相関係数 $\rho(X,Y)$ を求めよ.

問 4.7 サイコロを 2 回投げる. 1 の目が出る回数を X, 6 の目が出る回数を Y とする. X と Y の同時分布表を書き, $\rho(X,Y)$ を求めよ.

問 4.8 男子 3 人女子 2 人の計 5 人の中から 3 人を選ぶ時, その中に含まれる男子の数を X, 女子の数を Y とする. X と Y の相関係数を求めよ.

4.4 独立確率変数列の和

4.4.1 独立確率変数列の和の分散

n 次元確率変数 $\mathbf{X} = (X_1, X_2, \ldots, X_n)$ の**共分散行列**とは, その (i,j) 成分が $\mathrm{Cov}(X_i, X_j)$ によって与えられる n 次対称行列 V のことである. $m_i = E[X_i]$, $i = 1, \ldots, n$ とすると $\mathbf{a} = (a_1, a_2, \ldots, a_n) \in \mathbf{R}^n$ に対して $E[a_1 X_1 + \cdots + a_n X_n] = a_1 m_1 + \cdots + a_n m_n$ であるから

$$
\begin{aligned}
V[a_1 X_1 + \cdots + a_n X_n] &= E[\{(a_1 X_1 + \cdots + a_n X_n) - (a_1 m_1 + \cdots + a_n m_n)\}^2] \\
&= E[\{a_1(X_1 - m_1) + \cdots + a_n(X_n - m_n)\}^2] \\
&= E[\sum_{i,j=1}^{n} a_i a_j (X_i - m_i)(X_j - m_j)] \\
&= \sum_{i,j=1}^{n} a_i a_j \mathrm{Cov}(X_i, X_j) = \langle \mathbf{a}, V\mathbf{a} \rangle
\end{aligned}
\tag{4.19}
$$

である. 左辺は分散であるから任意の $\mathbf{a}$ に対して非負である. すなわち V は半正定値対称行列 (注意 1.1 参照) である.

―― **例題 4.8** ――

$\mathbf{X} = (X, Y)$ の同時分布が例題 4.7 のものとするとき, $\mathbf{X}$ の共分散行列を求めよ. V が正定値行列であることを確かめよ.

解 X, Y の分布がそれぞれ $Ber(\frac{1}{2})$, $Ber(\frac{2}{5})$ であったから $V[X] = \frac{1}{4}$, $V[Y] = \frac{6}{25}$ である. したがって, 例題 4.7 の結果と併せて

$$V = \begin{pmatrix} \frac{1}{4} & \frac{1}{10} \\ \frac{1}{10} & \frac{6}{25} \end{pmatrix}$$

である. V の 2 個の固有値は 2 次方程式 $100\lambda^2 - 49\lambda + 5 = 0$ の解であり, 共に正値であることがわかる. よって V は正定値である ((1.42) 参照). □

(4.19) において特に $a_i = 1, \ \forall i = 1, \ldots, n$ として

$$V[X_1 + \cdots + X_n] = \sum_{i=1}^{n} V[X_i] + \sum_{i \neq j} \mathrm{Cov}(X_i, X_j) \tag{4.20}$$

が成り立つ. したがって, 命題 4.4 より, 次を得る.

命題 4.6 $X_1, X_2, \cdots, X_n$ が独立であるとき,

$$V[X_1 + \cdots + X_n] = V[X_1] + \cdots + V[X_n] \tag{4.21}$$

が成り立つ.

問 4.9 確率変数 X および Y は独立であり $E[X] = 5$, $V[X] = 2$, $E[Y] = 6$, $V[Y] = 3$ であるとする. $Z = 2X - 3Y + 4$ とするとき $E[Z]$ および $V[Z]$ を求めよ.

独立かつ同分布 (independent and identically distributed) の確率変数列 (以後 **i.i.d.列** と呼ぶ) の和によって表現される確率変数が応用上頻繁に現れる. (4.21) より以下を得る.

命題 4.7 $X_1, X_2, \ldots, X_n$ を i.i.d.列とする. 各 $n = 1, 2, \cdots$ ごとに $S_n = X_1 + X_2 + \cdots + X_n$ とすると

$$V[S_n] = nV[X_1] \tag{4.22}$$

である.

例題 3.9 において, 二項分布 $B(n, p)$ に従う X の分散が npq であることを示す際に, すでに本質的にこの命題を用いている. すなわち, n 回ベルヌーイ試行において k 回目の値が 1 である事象を A_k とすると X は i.i.d.列の和 $1_{A_1} + 1_{A_2} + \cdots + 1_{A_n}$ で表すことができ, かつ $V[1_{A_k}] = pq$ であるから, (4.22) よりこの結論が得られるのである.

例題 4.9

$X_1, X_2, \ldots, X_{10}$ が独立かつ同分布であり, それぞれ分布

X_i	-1	0	1	2
p	$\frac{1}{10}$	$\frac{2}{10}$	$\frac{5}{10}$	$\frac{2}{10}$

に従うとし, $S = \sum_{k=1}^{10} X_k$, $\hat{S} = \frac{S}{10}$ とする. このとき $V[\hat{S}]$ を求めよ.

解 $V[X_k] = \frac{19}{25}$ であるから, (3.21) および命題 4.6 より

$$V[\hat{S}] = \frac{1}{100} V\Big[\sum_{k=1}^{10} X_k \Big] = \frac{1}{100} \sum_{k=1}^{10} V[X_k] = \frac{19}{250}$$

である. □

—— 例題 4.10 —————————————————————

命題 4.7 を適用して負の二項分布 $NB(n,p)$ に従う確率変数の期待値と分散を求めよ.

解　コインを投げ続けて初めて表が出るまでに裏の出る回数を X_1, 1 回目の表が出てから 2 回目の表が出るまでに裏の出る回数を X_2, 以下同様に $k-1$ 回目の表が出てから k 回目の表が出るまでに裏の出る回数を X_k とする. このとき負の二項分布 $NB(n,p)$ に従う確率変数 Y は $Y = X_1 + X_2 + \cdots + X_n$ と表すことができる. ここで $X_1, X_2, \cdots, X_n$ は幾何分布 $Ge(p)$ に従う i.i.d. 列である. したがって期待値の線型性および例題 3.15, また (4.22) および問 3.11 より

$$E[Y] = nE[X_1] = \frac{nq}{p}, \quad V[Y] = nV[X_1] = \frac{nq}{p^2}$$

である. □

4.4.2　独立な離散確率変数列の和の分布

2 つの確率変数 X と Y は独立であり, ともに整数値をとるものとする. $Z = X + Y$ とするとき, 任意の $z \in \mathbf{Z}$ に対し

$$\{Z = z\} = \bigcup_{x \in \mathbf{Z}} \{X = x, \, Y = z - x\}$$

であり, 右辺の各事象は排反であること, および X と Y の独立性より

$$P(Z = z) = \sum_{x \in \mathbf{Z}} P(X = x, \, Y = z - x) = \sum_{x \in \mathbf{Z}} P(X = x)P(Y = z - x),$$

が成り立つ. さらにもし X も Y も非負整数値であるとき, $x < 0$ あるいは $z - x < 0$ である場合には右辺の確率の積は 0 であることに注意すると, 和は $x = 0$ から $x = z$ までに限られる. 以上をまとめると次の公式を得る.

命題 4.8　X と Y が独立で, ともに整数値をとるとき $Z = X + Y$ の分布は X の分布と Y の分布の**たたみ込み**によって与えられる, すなわち

$$P(Z = z) = \sum_{x=-\infty}^{\infty} P(X = x)P(Y = z - x), \qquad z \in \mathbf{Z} \qquad (4.23)$$

さらに X と Y がともに非負整数値をとるとき,

$$P(Z = z) = \sum_{x=0}^{z} P(X = x)P(Y = z - x), \qquad z = 0, 1, 2, \cdots, \qquad (4.24)$$

によって与えられる.

—— 例題 4.11 —————————————————————

X と Y は独立な確率変数とし, ともに分布

X	-1	0	1	2
p	$\frac{1}{10}$	$\frac{2}{10}$	$\frac{5}{10}$	$\frac{2}{10}$

に従うとする. このとき $P(X + Y = 1)$ を求めよ.

解 (4.24) より

$$P(X + Y = 1) = \sum_{k=-1}^{2} P(X = k)P(Y = 1 - k) = 2\left(\frac{1}{10}\frac{2}{10} + \frac{2}{10}\frac{5}{10}\right) = \frac{6}{25}$$

である.　　　　　　　　　　　　　　　　　　　　　　　　　　　　　　□

── 例題 4.12 ──────────────────────────────────

2 つの独立な確率変数 X と Y がそれぞれ $Po(\lambda)$, $Po(\mu)$ に従うとき $X + Y$ は $Po(\lambda + \mu)$ に従うことを示せ. この事実をポアソン分布の**再生性**という.

──

解 公式 (4.24) および二項定理より

$$P(X + Y = n) = \sum_{k=0}^{n} \frac{\lambda^k}{k!}\frac{\mu^{n-k}}{(n-k)!}e^{-(\lambda+\mu)}$$

$$= \frac{e^{-(\lambda+\mu)}}{n!}\sum_{k=0}^{n}\frac{n!}{k!(n-k)!}\lambda^k\mu^{n-k} = \frac{(\lambda+\mu)^n}{n!}e^{-(\lambda+\mu)}$$

である.　　　　　　　　　　　　　　　　　　　　　　　　　　　　　　□

> **問 4.10** 2 つの独立な確率変数 X と Y がそれぞれ $Po(\lambda)$, $Po(\mu)$ に従うとき
>
> $$P(X = k \mid X + Y = n) = \binom{n}{k}\left(\frac{\lambda}{\lambda+\mu}\right)^k\left(\frac{\mu}{\lambda+\mu}\right)^{n-k}, \quad 0 \le k \le n.$$
>
> が成り立つことを示せ.
>
> **問 4.11** 2 つの独立な確率変数 X と Y がともに $Ge(p)$ に従うとき
>
> $$P(X = k \mid X + Y = n) = \frac{1}{n+1}, \quad 0 \le k \le n$$
>
> が成り立つことを示せ.

4.4.3　独立確率変数の和に対する母関数の応用

3.4 節で論じた確率母関数は独立な確率変数の和と相性が良い. X と Y は独立であるとする. このとき命題 4.1 より s^X と s^Y も独立である. したがって (4.13) より

$$G_{X+Y}(s) = E[s^{X+Y}] = E[s^X s^Y] = E[s^X]E[s^Y] = G_X(s)G_Y(s)$$

である. 一般化して次を得る.

──

命題 4.9 非負整数値の独立確率変数列 $X_1, X_2, \cdots, X_n$ の和

$$S_n = X_1 + X_2 + \cdots + X_n$$

の確率母関数 G_{S_n} は

$$G_{S_n}(s) = G_{X_1}(s)G_{X_2}(s)\cdots G_{X_n}(s)$$

である.

──

命題 4.9 を確率母関数に関する一意性定理 (命題 3.4) と組み合わせることにより，独立な確率変数列の和によって定まる確率変数の分布を定めることができる.

―― 例題 4.13 ――

例題 4.12 で示したポアソン分布の再生性を命題 3.4 を用いて示せ.

解　X を $Po(\lambda)$, Y を $Po(\mu)$ に従うとする. (3.32) および命題 4.9 より $X+Y$ の確率母関数 $G_Z(s)$ は
$$G_Z(s) = G_X(s)G_Y(s) = e^{\lambda(s-1)}e^{\mu(s-1)} = e^{(\lambda+\mu)(s-1)}$$
である. 右辺は $Po(\lambda+\mu)$ に従う確率変数の確率母関数である. したがって命題 3.4 より Z は $Po(\lambda+\mu)$ に従うことがわかる. □

4.4.4　カプリングの方法

4.1 節で述べたように 2 次元確率変数 $\mathbf{X} = (X, Y)$ の同時分布 $f_{X,Y}$ から周辺分布 f_X, f_Y が定まる. 逆に周辺分布 f_X, f_Y が与えられているとき，それを周辺分布とする同時分布は一般に唯一つではない. 例えば 2 個の異なる同時分布

$X\backslash Y$	1	0
1	$\frac{1}{2}$	0
0	0	$\frac{1}{2}$

$X\backslash Y$	1	0
1	$\frac{1}{4}$	$\frac{1}{4}$
0	$\frac{1}{4}$	$\frac{1}{4}$

は同じ周辺分布をもつ. 与えられた周辺分布をもつ同時分布が唯一つではないことを次のような問題に応用してみる.

―― 例題 4.14 ――

2 個のコインがあり，それぞれ 1 回投げて表が出る確率は p_1 および p_2 であるとする. ただし，p_1, p_2 は $0 < p_1 < p_2 < 1$ を満たすとする. これらのコインをそれぞれ n 回投げて表が出る回数を $S_n^{(1)}$ および $S_n^{(2)}$ とする. $r \leq n$ に対して
$$\alpha_i = P(S_n^{(i)} \geq r), \quad i = 1, 2$$
とすると，n や r の取り方によらず $\alpha_1 < \alpha_2$ が成り立つことを示せ.

解　$Ber(p_1)$ に従う i.i.d.列 $X_1^{(1)}, X_2^{(1)}, \ldots, X_n^{(1)}$ および $Ber(p_2)$ に従う i.i.d.列 $X_1^{(2)}, X_2^{(2)}, \ldots, X_n^{(2)}$ をとると
$$S_n^{(i)} = \sum_{k=1}^{n} X_k^{(i)}, \quad i = 1, 2$$
と表すことができる. ここで，各 $k = 1, \ldots, n$ の $(X_k^{(1)}, X_k^{(2)})$ に対して $\mathbf{Y} = (Y_k^{(1)}, Y_k^{(2)})$ を，その同時分布が

$Y_k^{(1)}\backslash Y_k^{(2)}$	1	0
1	p_1	0
0	$p_2 - p_1$	$1 - p_2$

で与えられる i.i.d.列とする. すなわち,

(1) 各 $(Y_k^{(1)}, Y_k^{(2)})$ の周辺分布は $(X_k^{(1)}, X_k^{(2)})$ のそれと同じである.

(2) $P(Y_k^{(2)} = 1 | Y_k^{(1)} = 1) = 1$ である. すなわち, $(Y_k^{(1)}, Y_k^{(2)})$ が表すコイン投げにおいて2枚のコインのふるまいは独立ではなく, 「p_1 のコイン」が表が出るとき「p_2 のコイン」は必ず表が出る.

$$T_n^{(i)} = \sum_{k=1}^{n} Y_k^{(i)}, \quad i = 1, 2$$

とすると, (2) より $P(T_n^{(2)} \geq T_n^{(1)}) = 1$. したがって

$$P(T_n^{(2)} \geq r) \geq P(T_n^{(2)} \geq T_n^{(1)} \geq r) = P(T_n^{(1)} \geq r) \tag{4.25}$$

が成り立つ. ところが, (1) より $S_n^{(i)}$ と $T_n^{(i)}$ の分布は一致するので $\alpha_1 \leq \alpha_2$ がわかる. □

　ここで述べたように, 2個以上の確率変数に対して, もとの周辺分布を保ちながら都合のよい同時分布に従う多次元確率変数を選ぶ手法を**カプリングの方法**という.

章 末 問 題

4-1　2つの確率変数 X と Y は独立で, ともに幾何分布 $Ge(p)$ に従うとする. このとき $P(X = Y)$ を求めよ. また $P(X < Y)$ を求めよ.

4-2　X と Y が独立な確率変数とするとき, $V[XY]$ を $E[X]$, $E[Y]$, $V[X]$, $V[Y]$ を用いて表せ.

4-3　3つの確率変数 X, Y, Z の分散が等しく, $\rho(X,Y) = \rho(X,Z) = 0$, $\rho(Y,Z) = \frac{1}{2}$ であるとき $\rho(X, X+Y+Z)$ を求めよ.

4-4　赤玉1個, 青玉1個, 白玉2個が入っている袋から同時に2個の玉を取り出す. X を取り出す赤玉の個数, Y を取り出す青玉の個数とする. X と Y の共分散 $\text{Cov}(X,Y)$ および相関係数 $\rho(X,Y)$ を求めよ.

4-5　X, Y, Z は独立で, それぞれ $Po(\lambda)$, $Po(\mu)$, $Po(\nu)$ に従うとき $P(XYZ = 0)$ を求めよ.

4-6　$\Lambda = \{a, b\}$ に値をとる独立な確率変数 X と Y に対し $P(X = Y) = 1$ が成り立つとき, $P(X = Y = a) = 1$ または $P(X = Y = b) = 1$ が成り立つことを示せ.

4-7　i.i.d.列 $X_1, X_2, \ldots, X_n$ に対して $\hat{S}_n = \dfrac{S_n}{n}$ とする. $E[X_i] = m$, $V[X_i] = v$ とする. $E[(X_i - \hat{S}_n)^2]$ を求めよ.

4-8　1から r まで番号のついた r 枚のカードから1枚取り出して番号を確認してから元に戻す試行を n 回繰り返す. 番号1のカードを取り出す回数を X_1, 番号2のカードを取り出す回数を X_2 とする. そのとき $\rho(X_1, X_2)$ を求めよ.

ヒント: 例題3.9と同様, 独立性を活用する計算手法を示す. 事象の列 $A_k^{(1)}, k = 1, 2, \cdots, n$ および $A_k^{(2)}, k = 1, 2, \cdots, n$ を

$$A_k^{(1)} = \{\ k \text{ 番目の試行で番号1のカードを取り出す.}\ \},$$

$$A_k^{(2)} = \{\ k \text{ 番目の試行で番号2のカードを取り出す.}\ \}$$

とする. そのとき確率変数列 $1_{A_1^{(1)}}, \cdots, 1_{A_n^{(1)}}$ および $1_{A_1^{(2)}}, \cdots, 1_{A_n^{(2)}}$ はそれぞれ独立な確率変数列であり, $X_1 = 1_{A_1^{(1)}} + \cdots + 1_{A_n^{(1)}}$, $X_2 = 1_{A_1^{(2)}} + \cdots + 1_{A_n^{(2)}}$ である.

4-9　$p \in (0, 1)$ とする. S を二項分布 $B(n, p)$ に従う確率変数とする. また, X_k, $k = 1, \ldots, n$ を $P(X_k \geq 1) = p$ であるような $\mathbf{Z}_+$-値 i.i.d.列であるとして, $T = \sum_{k=1}^{n} X_k$ とする. このとき, カプリングの方法を用いて任意の $r > 0$ に対して $P(S \geq r) \leq P(T \geq r)$ を示せ.

第 5 章

連続確率変数

本章では様々な分野で重要な役割を果たす連続確率分布の中でも最も代表的なものだけを取り上げている．指数分布は幾何分布の連続版であり，幾何分布と同様に「記憶を失う」性質を持つ．それゆえ，第 6 章，問 6.15 および注意 6.5 で述べているように，ポアソン過程という各瞬間ごとに過去を忘れていく確率モデルと指数分布とは不可分である．

高等学校の教科書 (数 B) では二項分布の正規分布による近似公式が事実のみ述べられている．5.4 節において，スターリングの公式を用いてこの近似公式を導出する．ここで現れる関数 H は第 7 章の大偏差の確率を調べる際にも現れる．

5.5 節では，確率変数 X と関数 ϕ が与えられたとき，$Y = \phi(X)$ の確率分布を求める問題を論じる．第 10 章において，与えられた分布に従う乱数を生成する際にこの考察を利用する．

5.1 確率変数の分布関数

今まで離散確率変数のみを考察してきたが，値域 $\mathrm{Im}(X)$ が離散な集合であるという仮定は極めて限定的な仮定である．実際，ランダムな時刻や位置，時間など離散の枠組みに収まらない確率論的に興味深い対象は限りなくある．この章では確率変数の値域が実数全体あるいは区間である場合を考えよう．このようなとき，その確率分布を確率分布表を用いて表すことはできないので，より一般的な枠組みを準備する．

定義 5.1 確率変数 X に対して

$$F(x) = F_X(x) = P(X \leq x) \tag{5.1}$$

によって定義される $\mathbf{R}$ 上の関数 $F(x)$ を X の **累積分布関数**，あるいは単に **分布関数** という．

分布関数は確率変数の値域が離散であるか否かにかかわらず定義され，以下の性質を持つ．

命題 5.1 確率変数 X の分布関数 F_X は以下の性質を持つ．

(1) F_X は右連続かつ単調増大である．

(2) $\displaystyle \lim_{x \to -\infty} F_X(x) = 0, \quad \lim_{x \to \infty} F_X(x) = 1.$

また任意の $a < b$ に対して $P(a < X \leq b) = P(X \leq b) - P(X \leq a)$ であるから

$$P(a < X \leq b) = F_X(b) - F_X(a) \tag{5.2}$$

が成り立つ.

5.1.1 離散確率変数の分布関数

離散確率変数 X の確率分布が (3.1) で定まるとき, (3.3) から分布関数は

$$F_X(x) = \sum_{x_k \leq x} p(x_k) \tag{5.3}$$

で与えられる.

—— 例題 5.1 ————————————————

二項分布 $B(3, \frac{1}{2})$ に従う X の分布関数 F_X を求めよ.

解　X が $B(3, \frac{1}{2})$ に従うとする. 確率分布表は

x	0	1	2	3
$p_X(x)$	$\frac{1}{8}$	$\frac{3}{8}$	$\frac{3}{8}$	$\frac{1}{8}$

であったから

$$F_X(x) = \begin{cases} 0, & x < 0 \\ \frac{1}{8}, & 0 \leq x < 1 \\ \frac{4}{8}, & 1 \leq x < 2 \\ \frac{7}{8}, & 2 \leq x < 3 \\ 1, & x \geq 1 \end{cases}$$

である.　　　　　　　　　　　　　　　　　　　　　　　　　　□

離散確率変数 X の確率分布からその分布関数が定まることがわかった. 逆に X の分布関数 F_X から X の確率分布 $x_k \to p_k = P(X = x_k)$ が

$$p_k = F_X(x_k) - F_X(x_k-) \tag{5.4}$$

によって定まる.

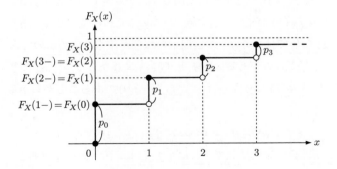

図 5.1　離散確率変数の分布関数

5.1.2　連続確率変数の分布関数と密度関数

確率変数 X の値域 $\mathrm{Im}(X)$ が実数全体，あるいは区間であるような確率変数に対して分布関数を用いてその確率分布を表現することを考える．

定義 5.2　分布関数 F が連続であるような確率変数を**連続確率変数**という．さらに，

$$\int_{-\infty}^{\infty} f_X(x)dx = 1 \tag{5.5}$$

を満たす非負値の高々有限個の不連続点を持つ関数 f_X が存在して，任意の $x \in \mathbf{R}$ に対して

$$F_X(x) = \int_{-\infty}^{x} f_X(y)dy \tag{5.6}$$

であるとき X は絶対連続な確率変数であるといい，f_X を X の**密度関数**という．

命題 5.1 の条件を満たしかつ連続関数であるような分布関数は (5.6) の形で表されるものだけではないが，この本では絶対連続な確率変数のみを扱う．以後絶対連続な確率変数を連続確率変数と呼ぶことにする．

連続確率変数 X に対して $P(X < x) = P(X \leq x)$，すなわち

$$P(X = x) = 0 \tag{5.7}$$

がすべての $x \in \mathbf{R}$ に対して成り立つ．なぜなら任意の $n \in \mathbf{N}$ に対して $F(x - \frac{1}{n}) \leq P(X < x) \leq P(X \leq x) = F(x)$ であるが，F の連続性からこの左辺は $n \to \infty$ とするとき $F(x)$ に収束するからである．

X が密度関数 f_X を持つとき，(5.2)，(5.6) および (5.7) より，任意の $a < b$ に対して

$$P(a \leq X \leq b) = P(a < X \leq b) = F_X(b) - F_X(a) = \int_a^b f_X(x)dx \tag{5.8}$$

が成り立つ．この式は X の確率分布が密度関数 f_X から定まることを表す．

なお，密度関数の値 $f_X(x)$ が確率を示す値ではないことに注意が必要である．実際 $f_X(x) > 1$ となり得る．$f_X(x)$ の値ではなく f_X の区間上の積分が確率を定めるのである．また，もし連続確率変数 X の密度関数 f_X がある区間 I 上 $f_X(x) = 0$ ならば，(5.8) より $P(X \in I) = 0$ である．逆に，もし $P(X \in I) = 0$ ならば I 上 $f_X(x) = 0$ であることがわかる．まとめると，区間 I に対して

$$P(X \in I) = 0 \iff f_X(x) = 0,\ \forall x \in I \tag{5.9}$$

である．特に，X が非負値確率変数であれば，$f_X(x) = 0,\ \forall x < 0$ である．

—— 例題 5.2 ——

X は次の密度関数

$$f(x) = \begin{cases} cx, & x \in [0,1] \\ 0, & \text{その他} \end{cases}$$

によって定まる確率分布に従う連続確率変数であるとする. このとき定数 c を定め, X の分布関数 F_X を定めよ.

解 $\displaystyle\int_{-\infty}^{\infty} f(x)dx = c\int_0^1 x dx = \frac{c}{2} = 1$ であるから $c = 2$ である. したがって, $0 \leq x \leq 1$ のとき $F_X(x) = 2\displaystyle\int_0^x y dy = x^2$ である. 以上より

$$F_X(x) = \begin{cases} 0, & x < 0 \\ x^2, & 0 \leq x \leq 1 \\ 1, & x > 1 \end{cases}$$

である. □

> **問 5.1** X の確率密度関数が
>
> $$f(x) = \begin{cases} c|x|, & (-1 \leq x \leq 1) \\ 0, & (\text{それ以外}) \end{cases}$$
>
> で与えられているとする. 定数 c を定め, 分布関数 $F_X(x)$ を定めよ.

5.1.3 連続確率変数の期待値と分散

離散確率変数の期待値が, 級数 $\displaystyle\sum_x x p_x$ が絶対収束するときにのみ定義されるように (定義 3.2), 連続確率変数の期待値も広義積分 $\int_{-\infty}^{\infty} x f(x)dx$ が絶対収束するときのみ定義される.

定義 5.3 連続確率変数 X が密度関数 f によって定まる確率分布に従うとする. $\displaystyle\int_{-\infty}^{\infty} |x|f(x)dx < \infty$ を満たすとき, X の期待値 $m = E[X]$ を

$$E[X] = \int_{-\infty}^{\infty} x f(x)dx \tag{5.10}$$

により定める.

期待値は離散確率変数の場合と同様以下の性質を持つ.

- $E[aX + bY] = aE[X] + bE[Y]$.
- $E[a] = a$.
- X が非負確率変数であれば $E[X] \geq 0$.
- $|E[X]| \leq E[|X|]$.

- 関数 ϕ が $\displaystyle\int_{-\infty}^{\infty}|\phi(x)|f(x)dx < \infty$ を満たすとき

$$E[\phi(X)] = \int_{-\infty}^{\infty}\phi(x)f(x)dx. \tag{5.11}$$

X の分散

$$V[X] = E[(X-m)^2], \quad \text{ただし } E[X] = m$$

が存在するとき，以下の性質を持つのも離散確率変数の場合 (3.3) と同様である．

- $V[X] \geq 0$.
- 任意の定数 a, b に対して $V[aX + b] = a^2 V[X]$.

分散の定義に (5.11) を適用して以下の公式を得る．

$$V[X] = E[X^2] - m^2 \tag{5.12}$$

$$= \int_{-\infty}^{\infty}x^2 f_X(x)dx - \left(\int_{-\infty}^{\infty}xf_X(x)dx\right)^2.$$

問 5.2 X の確率密度関数が

$$f(x) = \begin{cases} c|x|, & (-1 \leq x \leq 1) \\ 0, & (それ以外) \end{cases}$$

で与えられているとする．定数 c を定めよ．また，$E[X]$ および $V[X]$ を求めよ．

5.2 具体的な連続確率分布

この節では応用上頻繁に登場するいくつかの連続確率変数の分布を取り上げる．

5.2.1 一様分布

$-\infty < a < b < \infty$ とする．連続確率変数 X の分布の密度関数が

$$f(x) = \begin{cases} \dfrac{1}{b-a}, & x \in [a, b] \\ 0, & x \notin [a, b] \end{cases}$$

のとき，X は一様分布 $U(a, b)$ に従うという．この f が (5.5) を満たすことは明らかである．もし X が一様分布 $U(a, b)$ に従うならば，(5.9) より X が区間 (a, b) 以外の値をとる確率は 0 である．また，区間 $[a, b]$ 内の長さを固定した小さい区間 I が $[a, b]$ 内のどの位置にあっても X が I に入る確率は一定であり，

$$P(X \in I) = \frac{|I|}{b-a}$$

である．すなわち，一様分布に従うとは，偏りなく $[a, b]$ 内の値をとることを表す．一般に，一様分布に従うとき**ランダムに分布**していると言う．

—— 例題 5.3 ——

一様分布 $U(0,1)$ に従う確率変数の分布関数を求め，そのグラフの概形を書け．

解　X が $U(0,1)$ に従うとする．$x<0$ のとき $f(x)=0$ であるから $F(x)=0$ である．$0 \leq x \leq 1$ のとき

$$F(x) = \int_0^x 1 dy = x,$$

$x>1$ のとき $f(x)=0$ であるから $F(x)=F(1)=1$ である．
　まとめると

$$F(x) = \begin{cases} 0, & x<0 \\ x, & 0 \leq x \leq 1 \\ 1, & x>1 \end{cases}$$

である．グラフは右図の通り．　　　　　□

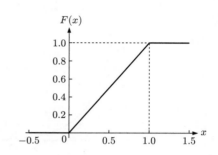

問 5.3　一様分布 $U(a,b)$ に従う X の期待値が $\frac{a+b}{2}$，分散が $\frac{(b-a)^2}{12}$ であることを示せ．

5.2.2　ベータ分布

$\alpha>0$, $\beta>0$ とする．連続確率変数 X の分布の密度関数が

$$f(x) = \begin{cases} \dfrac{1}{B(\alpha,\beta)} x^{\alpha-1}(1-x)^{\beta-1}, & x \in [0,1] \\ 0, & x \notin [0,1] \end{cases}$$

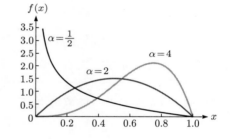

のとき，X はベータ分布 $Beta(\alpha,\beta)$ に従うという．
ベータ関数の定義 (1.6) よりこの f は (5.5) を満たす．$Beta(1,1)$ は一様分布 $U(0,1)$ である．
右図は $\beta=2$ かつ $\alpha=\frac{1}{2}$, 2, 4 の場合のベータ分布の密度関数 f のグラフである．

5.2.3　指数分布

$\lambda>0$ とする．連続確率変数 X の分布の密度関数が

$$f(x) = \begin{cases} \lambda e^{-\lambda x}, & x \geq 0 \\ 0, & x<0. \end{cases}$$

のとき，X はパラメーター λ の指数分布 $Exp(\lambda)$ に従うという．

—— 例題 5.4 ——

指数分布 $Exp(\lambda)$ に従う確率変数の分布関数を求め，そのグラフの概形を書け．

解　X が $Exp(\lambda)$ に従うとする．$x<0$ のとき $f(x)=0$ であるから $F(x)=0$ である．$x \geq 0$ のとき

$$F(x) = \int_0^x \lambda e^{-\lambda y} dy = \left[-e^{-\lambda y} \right]_0^x = 1 - e^{-\lambda x}$$

である. まとめると

$$F(x) = \begin{cases} 0, & x < 0 \\ 1 - e^{-\lambda x}, & x \geq 0 \end{cases}$$

である.   □

以下は $Exp(1)$ の密度関数と分布関数のグラフである.

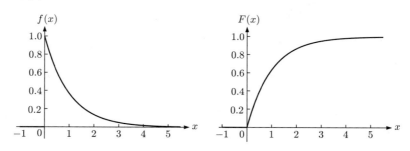

問 5.4　指数分布 $Exp(\lambda)$ の平均が $\frac{1}{\lambda}$, 分散が $\frac{1}{\lambda^2}$ であることを示せ.

─── 例題 5.5 ─────────────────────────

X が $Exp(\lambda)$ に従う時

$$P(X \geq s + t \mid X \geq s) = P(X \geq t), \quad \forall s \geq 0, \forall t \geq 0 \tag{5.13}$$

を満たすことを示せ.

─────────────────────────────────

解　X が $Exp(\lambda)$ に従う時 (5.8) より

$$P(X \geq t) = \int_t^\infty \lambda e^{-\lambda x} dx = \left[-e^{-\lambda x} \right]_t^\infty = e^{-\lambda t} \tag{5.14}$$

である. したがって, $\{X \geq s + t\} \cap \{X \geq s\} = \{X \geq s + t\}$ であるから

$$P(X \geq s + t \mid X \geq s) = \frac{P(X \geq s + t)}{P(X \geq s)} = \frac{e^{-\lambda(s+t)}}{e^{-\lambda s}} = P(X \geq t)$$

である.   □

注意 5.1　式 (5.13) が示す X の性質, すなわち「すでに s 分待っている ($X > s$) 下で, さらに t 分待つ ($X > s + t$) 確率は, すでに s 分待っていることとは無関係に最初から t 分待つ ($X > t$) 確率と等しい.」という性質を**無記憶性**と呼ぶ. これは

　現在までどれだけの期間待ったことと, 将来どれだけの期間待つかは独立である.

と言うこともできる. 例題 5.5 で示したように指数分布に従う確率変数は無記憶性を持つ. 逆に無記憶性を持つ確率変数の分布は指数分布に限られることを示すことができる. 流れ星を一度観測して次に観測するまでの時間, あるいは著者のような下手な釣り人が 1 回釣り上げてから次に釣り上げるまでの時間などはこのような性質を持つものとして定式化できそうである.

問 5.5 非負値確率変数 X が (5.13) を満たすとき X は指数分布に従うことを示せ.

5.2.4 ガンマ分布

$\alpha > 0$, $\beta > 0$ とする. $\alpha > 0$, $\beta > 0$ とする. 密度
関数が

$$f(x) = \begin{cases} \frac{\beta^\alpha}{\Gamma(\alpha)} x^{\alpha-1} e^{-\beta x}, & x \geq 0 \\ 0, & x < 0 \end{cases}$$

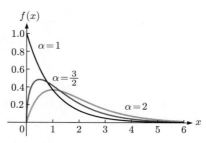

であるような確率分布をパラメーター (α, β) のガンマ
分布 $Gam(\alpha, \beta)$ という. ガンマ関数の定義より (5.5) を確かめることができる. $\alpha = 1$ のと
き, $Gam(1, \beta)$ は指数分布 $Exp(\beta)$ である. 上の図は $Gam(1, 1)$, $Gam(\frac{3}{2}, 1)$, $Gam(2, 1)$ の
密度関数 f のグラフである.

5.2.5 コーシー分布

$m \in \mathbf{R}$, $\gamma > 0$ とする. 密度関数が

$$f(x) = \frac{1}{\pi} \frac{\gamma}{\gamma^2 + (x - m)^2}, \quad x \in \mathbf{R}$$

であるような確率分布を**コーシー分布**という. $\frac{1}{1+x^2}$ の原始関数が $\arctan x$ であることから
(5.5) を確かめることができる. $|x| \to \infty$ のとき $|x| f(x) = O(\frac{1}{|x|})$ であるから $\int_{-\infty}^{\infty} x f(x) dx$
は絶対収束しない. したがってコーシー分布に従う確率変数に対して期待値は存在しない.

5.2.6 標準正規分布

密度関数が

$$f(x) = \frac{1}{\sqrt{2\pi}} e^{-\frac{x^2}{2}}, \quad x \in \mathbf{R}$$

であるような確率分布を標準正規分布といい $N(0, 1)$
と表す.

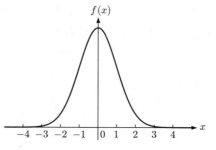

明らかに $f(x) \geq 0$, $\forall x \in \mathbf{R}$, また (1.13) より
(5.5) が確かめられる. $f(x)$ は偶関数であるから,
特に

$$P(-a \leq X \leq 0) = P(0 \leq X \leq a), \; \forall a > 0 \tag{5.15}$$

である. また, 例題 1.1 より

> 標準正規分布 $N(0, 1)$ の平均が 0, 分散が 1 である.

X が標準正規分布に従うとき, 巻末にある**標準正規分布表**を用いて任意の $a < b$ に対して

$P(a \leq X \leq b)$ を近似的に求めることができる. 標準正規分布表は, 小数点以下 2 桁で表される各 $a > 0$ に対して $\int_0^a f(x)dx$ の近似値を与える. f が偶関数であることを利用して一般の $a < b$ に対し $\int_a^b f(x)dx$ の近似値を求めることができる.

—— 例題 5.6 ——

X が $N(0,1)$ に従うとき $P(-2 \leq X \leq 2)$ および $P(-0.12 \leq X \leq 1.21)$ を標準正規分布表から求めよ.

解　標準正規分布の密度関数 f が偶関数であること $(f(-x) = f(x), \forall x > 0)$ より

$$P(-2 \leq X \leq 2) = 2P(0 < X \leq 2) = 0.9544$$

である. また (5.15) に注意して

$$P(-0.12 \leq X \leq 1.21) = P(-0.12 \leq X < 0) + P(0 \leq X \leq 1.21)$$
$$= P(0 < X \leq 0.12) + P(0 \leq X \leq 1.21)$$
$$= 0.0478 + 0.3869 = 0.4347$$

である.　　　　　　　　　　　　　　　　　　　　　　　　　　　　　□

> **問 5.6**　X が $N(0,1)$ に従うとき
>
> $$E[X^n] = \begin{cases} (n-1)(n-3)\dots 3 \cdot 1, & n \text{ は偶数} \\ 0, & n \text{ は奇数} \end{cases}$$
>
> を示せ.

5.2.7　正規分布

$m \in \mathbf{R}, v > 0$ とする.

$$f_{m,v}(x) = \frac{1}{\sqrt{2\pi v}} \exp\left\{-\frac{1}{2v}(x-m)^2\right\}$$

であるような確率分布を平均 m 分散 v の正規分布といい, $N(m,v)$ と表す. 明らかに $f_{m,v}(x) \geq 0, \forall x \in \mathbf{R}$ であり, また変数変換

$$z = \frac{x-m}{\sqrt{v}}$$

を行うことにより

$$\int_{-\infty}^{\infty} f_{m,v}(x) = \int_{-\infty}^{\infty} \frac{1}{\sqrt{2\pi}} e^{-\frac{z^2}{2}} dz = 1 \tag{5.16}$$

であることがわかる.

> **問 5.7**　右のグラフは, それぞれ,
>
> $$(m,v) = (-1, \sqrt{2}), (0,1), \left(1, \frac{1}{\sqrt{2}}\right)$$
>
> の場合の $y = f_{m,v}(x)$ のグラフである. それぞれの (m,v) にどのグラフが対応するか確認せよ.

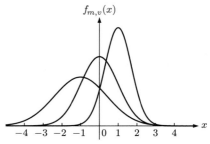

正規分布に対する確率の評価は標準正規分布のそれに帰着することができる.（5.16）と同様

$$E[\phi(X)] = \int_{-\infty}^{\infty} \phi(x)\frac{1}{\sqrt{2\pi v}}e^{-\frac{(x-m)^2}{2v}}\,dx = \int_{-\infty}^{\infty} \phi(m+\sqrt{v}z)\frac{1}{\sqrt{2\pi}}e^{-\frac{z^2}{2}}\,dz$$

が右辺の積分が存在するような任意の ϕ に対して成り立つ. この右辺は, 標準正規分布 $N(0,1)$ に従う Z に対して $\phi(m+\sqrt{v}Z)$ の期待値を表す式である. すなわち

$$E[\phi(X)] = E[\phi(m+\sqrt{v}Z)], \quad Z は N(0,1) に従う確率変数 \qquad (5.17)$$

である. 同様に, 任意の $a < b$ に対して

$$P(a \leq X \leq b) = P\left(\frac{a-m}{\sqrt{v}} \leq Z \leq \frac{b-m}{\sqrt{v}}\right), \qquad (5.18)$$

であるから一般の正規分布に関する確率も標準正規分布表を用いて知ることができる.

―― 例題 5.7 ――

正規分布 $N(m,v)$ に従う X に対して $E[X] = m$, $V[X] = v$ であることを示せ.

解　（5.17）において $E[Z] = 0$, $E[Z^2] = V[Z] = 1$ であるから

$$E[X] = E[m+\sqrt{v}Z] = m + \sqrt{v}E[Z] = m,$$
$$V[X] = E[(X-m)^2] = E[(\sqrt{v}Z)^2] = vE[Z^2] = v$$

である. □

―― 例題 5.8 ――

X が $N(m,v)$ に従うとき, $P(m-\sigma \leq X \leq m+\sigma)$ および $P(m-2\sigma \leq X \leq m+2\sigma)$ を求めよ. ただし $\sigma = \sqrt{v}$（X の標準偏差）とする.

解　（5.18）より, Z が $N(0,1)$ に従うものとすると

$$P(m-\sigma \leq X \leq m+\sigma) = P(-1 \leq Z \leq 1) = 0.683$$

同様に $P(m-2\sigma \leq X \leq m+2\sigma) = P(-2 \leq Z \leq 2) = 0.954$ である. □

したがって, 標準偏差が σ であるような正規分布に従う確率変数は, 95%より大きい確率で平均からの差が $\pm2\sigma$ 以内の値に分布していることがわかる. 例えばある模擬試験の点数の分布が $N(560, 900)$ であるとき, 500点以上 620点以下の人の割合が約95%であることがわかる.

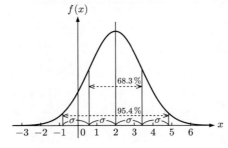

問 5.8 X が $N(10, 100)$ に従うとき $P(-1 \le X \le 18)$ を求めよ.

問 5.9 10000 人が受験したある試験の得点は正規分布 $N(560, 60^2)$ に従っているという. そのとき, 標準正規分布表を用いて, 以下の問いに答えよ.

(1) 660 点とった受験生の順位はおよそ何位か.
(2) 上位 2% 以内に入るには何点以上必要か.

問 5.10 ある 1000 人の体重 Xkg は $N(61.4, 6.2^2)$ に従うとする. このとき体重が 65 kg 以上の人が何人いると考えられるか. また, 重い方から 100 番目の人の体重はおよそ何 kg か.

5.3 モーメント母関数

3.4 節において述べた確率母関数が, 離散確率変数の平均・分散を計算したり複合分布を特徴づけたりするのに有用であることを見た. しかし, 確率母関数は非負確率変数に対して定義される. 密度関数を持つ連続確率変数に対して確率母関数の代わりの役割を果たすものとしてモーメント母関数を導入する.

定義 5.4 X が密度関数 f を持つ連続確率変数とする. このとき

$$M_X(t) = E[e^{tX}] = \int_{-\infty}^{\infty} e^{tx} f(x) dx \tag{5.19}$$

により定まる関数 M_X を X の**モーメント母関数**という.

問 5.11 一様分布 $U(0, \alpha)$, 正規分布 $N(m, v)$, ガンマ分布 $Gam(\alpha, \lambda)$ およびコーシー分布に従う確率変数のモーメント母関数がそれぞれ以下で定まることを示せ.

$U(0, \alpha)$	$\begin{cases} \frac{e^{\alpha t} - 1}{\alpha t} & t \ne 0 \\ 1 & t = 0 \end{cases}$
$N(m, v)$	$e^{mt + \frac{1}{2} v t^2}$
$Gam(\alpha, \lambda)$	$\begin{cases} \left(\frac{\lambda}{\lambda - t} \right)^{\alpha}, & t < \lambda \\ \infty, & t \ge \lambda \end{cases}$
コーシー	$\begin{cases} 1, & t = 0 \\ \infty, & t \ne 0 \end{cases}$

明らかにすべての X に対して $M_X(0) = 1$ であるが, コーシー分布の例からもわかるように $t \ne 0$ に対して $M_X(t)$ が定義されるとは限らない. もし $t = 0$ のある $\delta > 0$ があって, 少なくとも $(-\delta, \delta)$ において M_X が定義されるならば, その定義域において

$$M_X(t) = \sum_{k=0}^{\infty} \frac{t^k}{k!} \int_{-\infty}^{\infty} x^k f(x) dx = \sum_{k=0}^{\infty} \frac{E[X^k]}{k!} t^k, \tag{5.20}$$

すなわち, M_X は $t = 0$ のまわりで正の収束半径を持つべき級数として表すことができる. し

たがって，(1.29) より $M_X^{(k)}(0) = E[X^k]$, $k = 0, 1, \ldots$ である．特に

$$E[X] = M_X'(0), \quad V[X] = M_X''(0) - M_X'(0)^2 \tag{5.21}$$

が成り立つ．

問 5.12 (5.21) を用いて問 5.11 の各分布 (ただしコーシー分布を除く) の平均・分散を求めよ．

また，もし 2 個の確率変数 X, Y のモーメント母関数 M_X および M_Y がある $\delta > 0$ が存在して

$$M_X(t) = M_Y(t) < \infty, \quad \forall t \in (-\delta, \delta)$$

ならば X と Y の分布は一致する，すなわち，異なる 2 つの確率分布から同じモーメント母関数が定まることはない．以上の意味でモーメント母関数は分布を特徴づける．これを確率母関数の場合と同様**一意性定理**という．この定理の活用例を 6.4 節で示す．

5.4 2項分布の正規近似

3.3.4 節では，コインを投げる回数 n が大きくなるに応じて表が出る確率 p が小さいと見なせる場合に二項分布 $B(n, p)$ をポアソン分布で近似が可能であることを示した．この節では $p \in (0, 1)$ を固定したまま n を大きくするとき，np の周辺にある k に対して

$$p_k = \binom{n}{k} p^k q^{n-k}$$

の近似公式を考える．

任意の $a < b$ に対して $A_n = [np + a\sqrt{npq}, np + b\sqrt{npq}] \cap \mathbf{Z}$ とする．$n \to \infty$ とするとき $k \in A_n$ に対して $k \to \infty$, $n - k \to \infty$ であるから，二項係数 $\binom{n}{k} = \dfrac{n!}{k!(n-k)!}$ に現れる 3 つの階乗にスターリングの公式 (命題 1.1) を適用すると，$\binom{n}{k}$ は

$$\frac{\sqrt{2\pi n}e^{-n}n^n}{\sqrt{2\pi k \cdot 2\pi(n-k)}e^{-k}k^k e^{-(n-k)}(n-k)^{n-k}} = \frac{1}{\sqrt{2\pi n \frac{k}{n}\left(1 - \frac{k}{n}\right)}} \cdot \frac{1}{\left(\frac{k}{n}\right)^k \left(1 - \frac{k}{n}\right)^{n-k}}$$

によって近似される．よって，$q = 1 - p$, $\hat{p} = \frac{k}{n}$, $\hat{q} = 1 - \hat{p}$ とおくと，p_k は

$$\begin{aligned}
\frac{1}{\sqrt{2\pi n\hat{p}\hat{q}}} \left(\frac{p}{\hat{p}}\right)^k \left(\frac{q}{\hat{q}}\right)^{n-k} &= \frac{1}{\sqrt{2\pi n\hat{p}\hat{q}}} \exp\left\{k \log \frac{p}{\hat{p}} + (n-k) \log \frac{q}{\hat{q}}\right\} \\
&= \frac{1}{\sqrt{2\pi n\hat{p}\hat{q}}} \exp\left\{-n\left(\hat{p} \log \frac{\hat{p}}{p} + \hat{q} \log \frac{\hat{q}}{q}\right)\right\} \\
&= \frac{1}{\sqrt{2\pi n\hat{p}\hat{q}}} \exp\left\{-nH(\hat{p})\right\},
\end{aligned} \tag{5.22}$$

によって近似される．ただし

$$H(x) = x \log \frac{x}{p} + (1 - x) \log \frac{1-x}{q} \tag{5.23}$$

である．

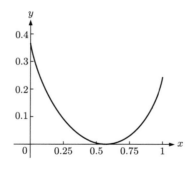

図 **5.2** $p = 0.57$ のときの $y = H(x)$ のグラフ

$$H'(x) = \log \frac{x}{p} - \log \frac{1-x}{q}, \quad H''(x) = \frac{1}{x} + \frac{1}{1-x},$$

$$H^{(3)}(x) = -\frac{1}{x^2} + \frac{1}{(1-x)^2}$$

であるから $H(p) = H'(p) = 0$, $H''(p) = \frac{1}{pq}$ である. テイラーの定理より

$$nH(\hat{p}) = \frac{n}{2pq}(\hat{p} - p)^2 + nL_{n,k} = \frac{(k-np)^2}{2npq} + nL_{n,k}$$

である. ここで $L_{n,k}$ はある p と $\hat{p}$ の間の値 $\xi_{n,k}$ があって $L_{n,k} = \frac{1}{6} H^{(3)}(\xi_{n,k})(\hat{p} - p)^3$ と表される. $|\hat{p} - p| = O\left(\frac{1}{\sqrt{n}}\right)$, かつ $H^{(3)}$ は p の近傍で有界な関数であるから $\displaystyle\lim_{n\to\infty} n \sup_{k\in A_n} |L_{n,k}| = 0$ が成り立つ. 以上の議論より次の命題を得る.

命題 5.2（ドモアブル-ラプラスの定理）$0 < p < 1$ とする. 任意の $a < b$ に対して $A_n = [np + a\sqrt{npq}, np + b\sqrt{npq}] \cap \mathbf{Z}$ とする. このとき,

$$\binom{n}{k} p^k (1-p)^{n-k} = \frac{1}{\sqrt{2\pi npq}} \exp\left\{ -\frac{(k-np)^2}{2npq} \right\} (1 + R_{n,k}), \tag{5.24}$$

ただし

$$\lim_{n\to\infty} \sup_{k\in A_n} |R_{n,k}| = 0$$

が成り立つ.

命題 5.2 から, n が大きいとき, 二項分布 $B(n,p)$ に従う確率変数 S_n の標準化の分布が $N(0,1)$ によって近似できることがわかる. 実際, 任意の $a < b$ に対して A_n を命題 5.2 で定めたものとする. (5.24) より

$$
\begin{aligned}
P\left(a \le \frac{S_n - np}{\sqrt{npq}} \le b \right) &= \sum_{k\in A_n} P(S_n = k) \\
&= \sum_{k\in A_n} \frac{1}{\sqrt{2\pi npq}} \exp\left\{ -\frac{(k-np)^2}{2npq} \right\} (1 + R_{n,k})
\end{aligned}
\tag{5.25}
$$

が成り立つ. 各 $k \in A_n$ に対し

$$x_k = \frac{k - np}{\sqrt{npq}},$$

とすると $\{x_k, k \in A_n\}$ は区間 $[a, b]$ 内の $\Delta = x_{k+1} - x_k = \frac{1}{\sqrt{npq}}$ の間隔をもつ数列であり, (5.25) の右辺は

$$\sum_{k \in A_n} \frac{1}{\sqrt{2\pi}} e^{-\frac{1}{2}x_k^2} \cdot \Delta (1 + R_{n,k})$$

であるから, 区分求積法より, $n \to \infty$ とするとき $\int_a^b \frac{1}{\sqrt{2\pi}} e^{-\frac{1}{2}x^2} dx$ に近づく. 以上より次の命題が成り立つ.

命題 **5.3** 各 $n \geq 1$ に対して S_n は二項分布 $B(n, p)$ に従う確率変数とする. このとき, 任意の $a < b$ に対して

$$\lim_{n \to \infty} P\left(a \leq \frac{S_n - np}{\sqrt{npq}} \leq b \right) = \int_a^b \frac{1}{\sqrt{2\pi}} e^{-\frac{1}{2}x^2} dx \tag{5.26}$$

が成り立つ.

命題 5.3 を用いて, n が大きい時の $B(n, p)$ に従う X がある区間に入る確率を近似的に求めることができる. 例えば $B(1000, \frac{1}{2})$ に従う $X = S_{1000}$ に対して $P(475 \leq X \leq 515)$ は $\sqrt{10} = 3.16$ として

$$P(475 \leq X \leq 515) = P\left(\frac{-25}{\sqrt{250}} \leq \frac{X - 500}{\sqrt{250}} \leq \frac{15}{\sqrt{250}} \right) \sim P(-1.58 \leq Z \leq 0.95)$$

と近似できる (Z は $N(0, 1)$ に従うもの). 標準正規分布表を利用して右辺は約 0.77 とわかる.

問 5.13 投げたときに表がでる確率が $\frac{9}{19}$ である硬貨を 1600 回投げる. このとき, 命題 5.3 を用いて表のでる回数が 800 回以上である事象の確率の近似値を求めよ.

問 5.14 1 個のコインを n 回投げて表のでる頻度を R とする.

$$P\left(\left| R - \frac{1}{2} \right| \leq 0.1 \right) \geq 0.95$$

であるような n の最小値を命題 5.3 を用いて求めよ.

5.5　確率変数の変換とその分布

この節では, 連続確率変数 X から Y が $Y = \phi(X)$ の形で表されるとき, X の分布から Y の分布を求める問題を考える. (5.6) から, 確率変数の分布関数 F と密度関数 f の間には

$$f(x) = F'(x) \tag{5.27}$$

が成り立つ. したがって, Y の密度関数 f_Y を求めるためにはその分布関数 F_Y を求めればよい. それは ϕ を用いて X の分布関数 F_X と関係づけられる.

—— 例題 5.9 ——

ϕ を微分可能な単調増大関数とする. Y が $Y = \phi(X)$ によって定まるとき Y の密度関数 f_Y を X の密度関数 f_X を用いて表せ.

解　ϕ が単調増大関数であるから

$$F_Y(y) = P(Y \leq y) = P(X \leq \phi^{-1}(y)) = F_X\left(\phi^{-1}(y)\right)$$

である. よって X が連続確率変数であるとき (5.27) より

$$f_Y(y) = \frac{d}{dy} F_X\left(\phi^{-1}(y)\right) = f_X(\phi^{-1}(y))(\phi^{-1})'(y) \tag{5.28}$$

である.　　　　　　　　　　　　　　　　　　　　　　　　　　　　　　□

　なお, 第 10 章において, 与えられた分布に従う乱数を一様分布に従う乱数から生成する際に, この例題の結論を利用する (例題 10.1).

問 5.15　$\lambda > 0$ とする. $Exp(1)$ に従う X に対して $Y = \frac{X}{\lambda}$ は $Exp(\lambda)$ に従うことを示せ.

問 5.16　標準正規分布 $N(0,1)$ に従う確率変数 X に対して $Y = X^2$ の分布の密度関数を求めよ. Y の分布を自由度 1 の χ^2 (カイ二乗) 分布という.

問 5.17　指数分布 $Exp(\frac{1}{2})$ に従う確率変数 X に対して $R = \sqrt{X}$ の分布の密度関数は

$$f_R(r) = \begin{cases} re^{-\frac{1}{2}r^2}, & r \geq 0 \\ 0, & r < 0 \end{cases} \tag{5.29}$$

であることを示せ. 密度関数が (5.29) で与えられる確率分布を**レイリー分布**という.

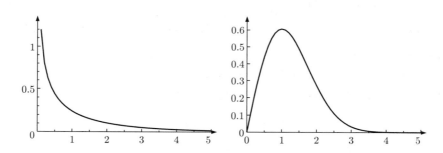

図 5.3　自由度 1 の χ^2 分布 (左) とレイリー分布 (右) の密度関数のグラフ

章 末 問 題

5-1　X が非負連続確率変数であり, $F_X(x)$ をその分布関数とする. もし $E[X]$ が存在するならば広義積分 $\int_0^\infty (1 - F_X(x))dx$ も存在し,

$$E[X] = \int_0^\infty (1 - F_X(x))dx \tag{5.30}$$

が成り立つことを示せ.

5-2　$X_1, X_2, \ldots, X_n$ を一様分布 $U\left(-\frac{1}{2}, \frac{1}{2}\right)$ に従う i.i.d.列とする. それらの和 S_n に対して $E[S_n^4]$ を求めよ.

第 6 章

多次元連続確率変数

本章では第 4 章で考えた $\mathbf{R}^n$ 値確率変数の考察を続ける．この章では第 5 章で述べた $\mathbf{R}$ 値の場合と同様，確率分布が密度関数を用いて表される場合を扱う．その結果，確率や期待値の計算において，第 4 章では和 (級数) であったものが積分 (広義積分) に変わる．離散確率変数に対して成り立つ公式と，それに対応する連続確率変数に対して成り立つ公式をセットで捉えることが，それらの公式を理解し活用する上で重要である．

数学のみならず自然科学や社会科学において最も多く現れ，活用される確率分布が正規分布である．1 次元正規分布が平均 $m \in \mathbf{R}$ および分散 $v \in \mathbf{R}_+$ によってパラメーターづけされるように，d 次元正規分布は $m \in \mathbf{R}^d$ および $d \times d$ 正定値対称行列 $V \in M_+(\mathbf{R}^d)$ によってパラメーターづけされる．第 7 章において適合度検定，また第 8 章において回帰分析のベイズ推定において多次元正規分布を用いたモデルが現れる．

6.1　2 次元連続確率変数の同時密度関数

6.1.1　同時密度関数と周辺密度関数

$n = 1$ の場合における (5.8) を一般化して $\mathbf{R}^n$ 値連続確率変数の密度関数を定義する．ただし，記述の簡明さを優先して主に $n = 2$ の場合を述べる．一般次元への拡張は容易である．

定義 6.1 $\mathbf{R}^2$ 値確率変数 (X, Y) に対して $\mathbf{R}^2$ 上の非負値関数 $f_{X,Y}(x, y)$ で

$$\int_{\mathbf{R}^2} f_{X,Y}(x, y) dx dy = 1 \tag{6.1}$$

を満たすものが存在し，平面上の任意の領域 $A \subset \mathbf{R}^2$ に対して

$$P((X, Y) \in A) = \int_A f_{X,Y}(x, y) dx dy \tag{6.2}$$

であるとき (X, Y) を 2 次元連続確率変数といい $f_{X,Y}(x, y)$ を (X, Y) の**同時密度関数**，または**結合密度関数**という．

式 (6.1) は (5.5) の，また (6.2) は (5.8) の 2 次元版である．

$(x, y) \in \mathbf{R}^2$ に対して $A_{x,y} = \{(z, w); z \le x, w \le y\}$ として，

$$F_{X,Y}(x, y) = P((X, Y) \in A_{x,y}) = P(X \le x, Y \le y) \tag{6.3}$$

を (X, Y) の同時分布関数という.

$$F_{X,Y}(x, y) = \int_{A_{x,y}} f_{X,Y}(z, w)dzdw = \int_{-\infty}^{x} dz \int_{-\infty}^{y} f_{X,Y}(z, w)dw \tag{6.4}$$

であるから

$$\frac{\partial^2}{\partial_x \partial_y} F_{X,Y}(x, y) = f_{X,Y}(x, y) \tag{6.5}$$

が成り立つ. これは 1 次元における (5.27) に対応する式である.

　2 次元離散確率変数の場合に, (4.3) で示したように同時分布の一方の変数についての和はもう一方の変数についての分布を与える. 連続確率変数の場合はどうだろうか. $x \in \mathbf{R}$ に対して $D_x = \{(z, y) \in \mathbf{R}^2; z \leq x\}$ とすると, X の分布関数 F_X は (6.2) より

$$F_X(x) = P(X \leq x) = P((X, Y) \in D_x) = \int_{D_x} f_{X,Y}(z, y)dzdy$$

である. 右辺の重積分は (1.8) より

$$\int_{-\infty}^{x} dz \int_{-\infty}^{\infty} f_{X,Y}(z, y)dy$$

である. したがって X の密度関数 $f_X(x)$ は

$$f_X(x) = F'_X(x) = \int_{-\infty}^{\infty} f_{X,Y}(x, y)dy$$

である. これを $f_{X,Y}$ から定まる**周辺密度関数**という. f_Y についても同様である.

命題 6.1 同時密度関数 $f_{X,Y}$ から X および Y の密度関数 f_X, f_Y が以下により定まる.

$$\begin{cases} f_X(x) = \displaystyle\int_{-\infty}^{\infty} f_{X,Y}(x, y)dy \\[3mm] f_Y(y) = \displaystyle\int_{-\infty}^{\infty} f_{X,Y}(x, y)dx \end{cases} \tag{6.6}$$

6.1.2　多次元連続確率変数の期待値, 共分散, 相関係数

　次の公式は (4.7) の連続確率変数版である.

右辺が絶対収束するとき

$$E[\phi(X, Y)] = \int_{\mathbf{R}^2} \phi(x, y) f_{X,Y}(x, y)dxdy. \tag{6.7}$$

である.

特に,

$$E[X] = \int_{\mathbf{R}^2} x f_{X,Y}(x, y)dxdy, \quad E[XY] = \int_{\mathbf{R}^2} xy f_{X,Y}(x, y)dxdy \tag{6.8}$$

である.

多次元連続確率変数についても離散確率変数と同様に共分散および相関係数が

$$\mathrm{Cov}(X,Y) = E[(X - m_X)(Y - m_Y)], \qquad \rho(X,Y) = \frac{\mathrm{Cov}(X,Y)}{\sqrt{V[X]V[Y]}}$$

により定義される．(4.18) および (6.8) より，これらは $f_{X,Y}$ を用いて表すことができる．シュワルツの不等式 (命題 4.3) や共分散の性質 (式 (4.17))，相関係数の性質 (命題 4.5) はすべて連続確率変数についても成立する．

例 6.1　D を平面上の有界な領域とし，$\mathbf{R}^2$ 上の関数 f を

$$f(x,y) = \frac{1}{|D|}1_D(x,y) = \begin{cases} \frac{1}{|D|}, & (x,y) \in D \\ 0, & (x,y) \notin D \end{cases} \tag{6.9}$$

($|D|$ は D の面積を表す) によって与えられているとする．このとき，(6.2) より任意の D の部分領域 A に対して

$$P(\,(X,Y) \in A\,) = \frac{1}{|D|}\int_A 1 dxdy = \frac{|A|}{|D|}$$

である．(X,Y) が (6.9) で定まる f を同時密度関数として持つとき，(X,Y) は D 上の**一様分布**に従うという．

── 例題 6.1 ───────────────────

平面上の領域 D を $D = \{(x,y);\ x^2 + y^2 \le 4\}$ とする．このとき：

(1) D 上一様分布に従う (X,Y) に対して $P(|Y| \le X)$ を求めよ．

(2) $E[X]$ を求めよ．$V[X]$ を求めよ．

(3) $\mathrm{Cov}(X,Y)$ を求めよ．$\rho(X,Y)$ を求めよ．

解　(1) (X,Y) の同時密度関数は $f(x,y) = \dfrac{1}{4\pi}1_D(x,y)$ である．よって $A = \{(x,y) \in D;\ |y| \le x\}$ とすると $P(|Y| \le X) = P((X,Y) \in A) = \frac{|A|}{|D|} = \frac{1}{4}$，　である．

(2) X の密度関数 $f_X(x)$ は (6.6) より $|x| \le 2$ のとき

$$f_X(x) = \frac{1}{4\pi}\int_{-\sqrt{4-x^2}}^{\sqrt{4-x^2}} 1 dy = \frac{\sqrt{4-x^2}}{2\pi}$$

であり $|x| > 2$ のとき 0 である．したがって

$$E[X] = \frac{1}{2\pi}\int_{-2}^{2} x\sqrt{4-x^2}dx = 0, \quad V[X] = \frac{1}{2\pi}\int_{-2}^{2} x^2\sqrt{4-x^2}dx = 1$$

である．この計算は $x = 2\cos\theta$ とおいて置換積分すればよい．

(3) $E[X] = 0$ であるから

$$\mathrm{Cov}(X,Y) = E[XY] = \frac{1}{4\pi}\int_D xydxdy$$

である．極座標変換 (1.11) すると右辺の重積分は

$$\int_0^{2\pi} d\theta \int_0^2 r\cos\theta r\sin\theta r dr = \int_0^{2\pi} \cos\theta\sin\theta d\theta \int_0^2 r^3 dr,$$

すなわち回転方向 θ と動径方向 r の積分の積に分けることができる．前者 $= 0$ が確かめられるから $\mathrm{Cov}(X,Y) = \rho(X,Y) = 0$ である．　　　　　　　　　　　　　□

問 6.1 (X, Y) は $D = \{(x, y); 0 \le x \le y \le 1\}$ 上の一様分布に従うとする.すなわち密度関数

$$f(x, y) = \begin{cases} c, & 0 \le x \le y \le 1 \\ 0, & \text{それ以外} \end{cases}$$

を持つとする.このとき定数 c を求め,X の密度関数 $f_X(x)$ を求めよ.また,$\mathrm{Cov}(X, Y)$ を求めよ.

6.1.3 条件付き確率と条件付き期待値

離散確率変数の場合に条件付き確率分布を (4.8) により定義した.連続確率変数の場合を考えよう.X, Y の同時密度関数を $f(x, y)$,Y の周辺密度関数を $f_Y(y)$ とする.$f_Y(y) > 0$ である y に対して

$$f_{X|Y}(x|y) = \frac{f(x, y)}{f_Y(y)} \tag{6.10}$$

とすると (6.6) より $\int_{-\infty}^{\infty} f_{X|Y}(x|y) dx = 1$ である.$x \to f_{X|Y}(x|y)$ を $Y = y$ の下での X の**条件付き密度関数**という.

定義 6.2 $Y = y$ の下での X の条件付き確率を

$$P(X \in A | Y = y) = \int_A f_{X|Y}(x|y) dx$$

により定める.また,$Y = y$ の下での X の条件付き期待値を

$$E[X | Y = y] = \int_{-\infty}^{\infty} x f_{X|Y}(x|y) dx \tag{6.11}$$

と定める.$Y = y$ の下での条件付き分散 $V[X|Y = y]$ も同様に定める.

問 6.2 分割公式

$$E[X] = \int_{-\infty}^{\infty} E[X | Y = y] f_Y(y) dy \tag{6.12}$$

を確かめよ.

6.2 連続確率変数列の独立性

連続確率変数列 $X_1, X_2, \cdots, X_n$ の独立性を以下によって定める.

定義 6.3 $\mathbf{X} = (X_1, X_2, \cdots, X_n)$ の同時密度関数を $f(x_1, x_2, \cdots, x_n)$,また各 X_k の密度関数を $f_k(x)$ とする.このとき,$X_1, X_2, \cdots, X_n$ が独立であるとは

$$f(x_1, x_2, \cdots, x_n) = f_1(x_1) \cdot f_2(x_2) \cdot \cdots \cdot f_n(x_n) \tag{6.13}$$

がすべての $(x_1, x_2, \cdots, x_n) \in \mathbf{R}^n$ に対して成り立つことである.

したがって,$X_1, X_2, \cdots, X_n$ が独立な連続確率変数ならば (6.7) より

$$E[\phi(X_1, X_2, \cdots, X_n)] = \int_{\mathbf{R}^n} \phi(x_1, x_2, \cdots, x_n) f_1(x_1) f_2(x_2) \cdots f_n(x_n) dx_1 \ldots dx_n$$

(6.14)

である．また，独立な離散確率変数列について成り立つ以下の性質 (命題 4.2，命題 4.4，命題 4.6，命題 4.7) は連続確率変数列に対しても同様に成り立つ：

$X_1, X_2, \cdots, X_n$ が独立な確率変数列であるとき

$$\begin{cases} E[X_1 X_2 \cdots X_n] = E[X_1] \cdot E[X_2] \cdots E[X_n]. \\ V[X_1 + \cdots + X_n] = V[X_1] + \cdots + V[X_n]. \\ \text{特に i.i.d.列のとき } V[S_n] = nV[X_1]. \end{cases}$$

(6.15)

── 例題 6.2 ──

例題 6.1 の続き．(X, Y) を円 $C = \{(x, y);\ x^2 + y^2 \leq 4\}$ 上の一様分布に従う 2 次元確率変数とする．このとき X と Y は独立か．

解 (6.6) で求めたように $x \in [-2, 2]$ である x に対し $f_X(x) = \frac{\sqrt{4-x^2}}{2\pi}$，同様に $y \in [-2, 2]$ である y に対し $f_Y(y) = \frac{\sqrt{4-y^2}}{2\pi}$ であるから (6.13) は成立しない，すなわち X と Y は独立ではない． □

注意 6.1 例題 6.1 およびこの例題の結果は「X と Y が独立 $\Rightarrow \rho(X, Y) = 0$」(命題 4.4) の逆「$\rho(X, Y) = 0 \Rightarrow X$ と Y が独立」が必ずしも成立しないことを示している．

── 例題 6.3 ──

$\sigma, \tau \in \mathbf{R}$，$|\rho| < 1$ とする．以下の問に答えよ．

(1) $\mathbf{R}^2$ 上の非負値関数

$$f_{X,Y}(x, y) = \frac{1}{2\pi\sigma\tau\sqrt{1-\rho^2}} \cdot \exp\left\{-\frac{1}{2(1-\rho^2)}\left(\frac{x^2}{\sigma^2} - \frac{2\rho xy}{\sigma\tau} + \frac{y^2}{\tau^2}\right)\right\}$$

(6.16)

がある 2 次元確率変数 (X, Y) の密度関数であって，X および Y はそれぞれ $N(0, \sigma^2)$，$N(0, \tau^2)$ に従うことを示せ．

(2) X と Y の相関係数 $\rho(X, Y)$ は $\rho(X, Y) = \rho$ であることを示せ．

(3) $\rho = 0$ であるとき，X と Y は独立であることを確認せよ．

解 $\sigma = \tau = 1$ の場合に示す．$x^2 - 2\rho xy + y^2 = (x - \rho y)^2 + (1 - \rho^2)y^2$（変数 x についての平方完成）より

$$f_{X,Y}(x, y) = \frac{1}{\sqrt{2\pi}} \exp\left(-\frac{1}{2}y^2\right) \frac{1}{\sqrt{2\pi(1-\rho^2)}} \exp\left\{-\frac{1}{2(1-\rho^2)}(x - \rho y)^2\right\}$$

(6.17)

である. (1.14) より

$$\int_{-\infty}^{\infty} \frac{1}{\sqrt{2\pi(1-\rho^2)}} \exp\left\{-\frac{1}{2(1-\rho^2)}(x-\rho y)^2\right\} dx = 1, \quad \forall y \in \mathbf{R}$$

であるから (6.17) より $f_Y(y) = \int_{-\infty}^{\infty} f_{X,Y}(x,y)dx = \frac{1}{\sqrt{2\pi}} e^{-\frac{1}{2}y^2}$ である. f_X についても同様であり, X, Y がともに $N(0,1)$ に従うことがわかる. さらに, 問 1.1 より

$$\int_{-\infty}^{\infty} \frac{x}{\sqrt{2\pi(1-\rho^2)}} \exp\left\{-\frac{1}{2(1-\rho^2)}(x-\rho y)^2\right\} dx = \rho y, \quad \forall y \in \mathbf{R}$$

であるから再び (6.17) より

$$E[XY] = \int_{-\infty}^{\infty}\int_{-\infty}^{\infty} xy f_{X,Y}(x,y)dxdy = \rho \int_{-\infty}^{\infty} \frac{y^2}{\sqrt{2\pi}} e^{-\frac{1}{2}y^2} dy = \rho$$

である. したがって, $V[X] = V[Y] = 1$ より $\rho(X,Y) = \rho$ が成り立つ. 最後に, 以上の考察により $\rho = 0$ であるとき, $f(x,y) = f_X(x)f_Y(y)$ が成り立ち, X と Y が独立であることがわかる. 　□

注意 6.2　密度関数が (6.16) で与えられる分布を 2 次元正規分布という. 一般の n 次元正規分布を 6.5 節で論じる. 以下の問 6.5 を参照のこと. 注意 6.1 で述べたように, $\rho(X,Y) = 0$ は必ずしも X と Y が独立であることを意味しない. しかし, 正規分布に関しては $\rho(X,Y) = 0$ が X と Y の独立性を導くことがわかる.

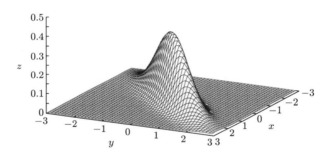

図 6.1　$\sigma = \tau = 1$, $\rho = 0.9$ のときの密度関数

問 6.3　例題 6.3 の解答を一般の σ, τ の場合に書け.

問 6.4　2 次元確率変数 (X,Y) の密度関数が $f(x,y) = \frac{1}{\sqrt{2\pi}} \exp\{-(x^2 + \sqrt{2}xy + y^2)\}$ であるとき, 相関係数 $\rho(X,Y)$ を求めよ.

問 6.5　$\sigma, \tau \in \mathbf{R}$, $|\rho| < 1$ とする. 行列 V を $V = \begin{pmatrix} \sigma^2 & \rho\sigma\tau \\ \rho\sigma\tau & \tau^2 \end{pmatrix}$ と定めると, V は正定値 (注意 1.1 参照) であることを示せ. また (6.16) の f は

$$f(x,y) = \frac{1}{2\pi\sqrt{\det V}} \exp\left\{-\frac{1}{2}\langle \mathbf{x}, V^{-1}\mathbf{x}\rangle\right\}, \quad \mathbf{x} = (x,y) \tag{6.18}$$

と一致することを示せ.

問 6.6　例題 6.3 において

$$E[X|Y=y] = \frac{\sigma\rho}{\tau} y, \quad V[X|Y=y] = \sigma^2(1-\rho^2)$$

であることを示せ.

6.3　確率変数の変換とその分布

5.5 節での議論の多次元版として，この節では 2 次元連続確率変数 $\mathbf{X} = (X, Y)$ から $Z = \phi(X, Y)$ の分布を求める問題を考える．(6.2) および (6.13) より各 $z \in \mathbf{R}$ に対して $A_z = \{(x, y);\ \phi(x, y) \leq z\}$ とすると Z の分布関数 F_Z は，

$$F_Z(z) = P(\phi(X, Y) \leq z) = \int_{A_z} f_{X,Y}(x, y)dxdy \tag{6.19}$$

であるから，(5.27) より密度関数 f_Z を求めることができる．

―― 例題 6.4 ――――――――――――――――――――――――――――

X, Y を一様分布 $U(0, 1)$ に従う独立な確率変数であるとする．このとき $Z = X \wedge Y$ の分布の $[0, 1]$ 上の密度関数 $f_Z(z)$ を求めよ．

――――――――――――――――――――――――――――――――――――

解　$0 \leq Z \leq 1$ であるから $z < 0$ または $z > 1$ であるとき $f_Z(z) = 0$ である．$0 \leq z \leq 1$ とする．この問題では $\{Z < z\}$ の余事象である $\{Z \geq z\} = \{X \wedge Y \geq z\} = \{X \geq z$ かつ $Y \geq z\}$ を考える．$A_z = \{(x, y) \in [0, 1]^2;\ x \geq z,\ y \geq z\}$ (辺の長さ $1 - z$ の正方形) とすると

$$P(Z \geq z) = P((X, Y) \in A_z) = \int_{A_z} dxdy = (1 - z)^2$$

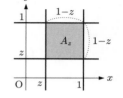

である．あるいは，X と Y の独立性からも $P(Z \geq z) = P(X \geq z)P(Y \geq z) = (1 - z)^2$ と導くことができる．

したがって，Z の分布関数 $F_Z(z) = P(Z \leq z)$ は

$$F_Z(z) = P(Z \leq z) = 1 - P(Z \geq z) = 1 - (1 - z)^2,$$

よって $f_Z(z) = F_Z'(z) = 2(1 - z)$ である．以上より

$$f_Z(z) = \begin{cases} 2(1 - z), & 0 \leq z \leq 1, \\ 0, & z < 0,\ z > 1 \end{cases}$$

である．　　　　　　　　　　　　　　　　　　　　　　　　　　　　　　　　□

> **問 6.7**　X と Y は互いに独立で，それぞれ正規分布 $N(2, 1)$ および $N(3, 4)$ に従う．このとき
> $$P(X \wedge Y \geq 2.5), \quad P(X \vee Y \geq 2.5)$$
> を求めよ．

> **問 6.8**　X, Y をそれぞれ指数分布 $Exp(\lambda)$, $Exp(\mu)$ に従う独立な確率変数であるとする．
> (1) $P(X \leq Y)$ を求めよ．
> (2) $Z = X \wedge Y$ が $Exp(\lambda + \mu)$ に従うことを示せ．

> **問 6.9**　X, Y をともに $N(0, 1)$ に従う独立な確率変数であるとする．$Z = X^2 + Y^2$ の密度関数を求めよ．

この節の後半では $\mathbf{X} = (X, Y)$ に対して $U = \phi(X, Y)$, $V = \psi(X, Y)$ と表される $\mathbf{U} = (U, V)$ の同時分布を求めよう．$(u, v) \in \mathbf{R}^2$ に対して $A_{u,v} = \{(x, y);\ \phi(x, y) \leq u,\ \psi(x, y) \leq v\}$ とすると，(U, V) の同時分布関数 $F_{U,V}(u, v)$ が

$$F_{U,V}(u, v) = \int_{A_{u,v}} f_{X,Y}(x, y)dxdy$$

であるから (6.5) より $\mathbf{U}$ の同時密度関数が得られる．

$T(x,y) = (u,v) = (\phi(x,y), \psi(x,y))$ が $\mathbf{R}^2$ から $\mathbf{R}^2$(の部分集合) への 1 対 1 かつ全射である場合には $f_{X,Y}$ から $f_{U,V}$ を定める直接的な公式を得ることができる. 実際, このとき T の逆写像 $T^{-1}(u,v) = (x(u,v), y(u,v))$ が定まる. $B \subset \mathbf{R}^2$ に対して, (1.10) より

$$P((U,V) \in B) = P(\mathbf{X} \in T^{-1}B) = \int_{T^{-1}B} f_{X,Y}(x,y) dxdy$$

$$= \int_B f_{X,Y}(x(u,v), y(u,v))|J(u,v)| dudv$$

である. ここで $J(u,v)$ は変換 $T^{-1} : (u,v) \to (x,y)$ のヤコビアンである. したがって, $\mathbf{U} = (U,V)$ の同時密度関数 $f_{U,V}$ は

$$f_{U,V}(u,v) = f_{X,Y}(x(u,v), y(u,v))|J(u,v)| \tag{6.20}$$

により与えられる. この公式は (5.28) の 2 次元版である.

── 例題 6.5 ──

X, Y が独立かつともに標準正規分布 $N(0,1)$ に従うものとする. 平面上原点 O と点 $A(X,Y)$ との距離を R とし, 線分 OA の偏角を Θ とする. すなわち

$$R = \sqrt{X^2 + Y^2}, \qquad \Theta = \arctan \frac{Y}{X}$$

このとき R と Θ は独立であり, R はレイリー分布 (密度関数が (5.29) により定まる分布), Θ は一様分布 $U(0, 2\pi)$ に従うことを示せ.

解　X と Y の独立性より

$$f_{X,Y}(x,y) = \frac{1}{2\pi} e^{-\frac{x^2+y^2}{2}}$$

である. 変換

$$T : \mathbf{R}^2 \setminus \{0\} \to (0, \infty) \times [0, 2\pi)$$
$$(x,y) \to (r, \theta) = (\sqrt{x^2+y^2}, \arctan \frac{y}{x}) \tag{6.21}$$

の逆変換は $T^{-1}(r, \theta) = (r \cos \theta, r \sin \theta)$ であるから (1.12) より

$$J(r, \theta) = r$$

である. (6.20) に代入して

$$f_{R,\Theta}(r, \theta) = \frac{1}{2\pi} e^{-\frac{r^2}{2}} r$$

である. 周辺分布を求める公式 (6.6) より $f_\Theta(\theta) = \frac{1}{2\pi}$, $f_R(r) = e^{-\frac{r^2}{2}} r$ であるから, $[0, \infty) \times [0, 2\pi)$ 上

$$f_{R,\Theta}(r, \theta) = f_\Theta(\theta) f_R(r),$$

が成り立つ. すなわち R と Θ は独立であり, Θ は一様分布 $U(0, 2\pi)$, R はレイリー分布に従う. ☐

注意 6.3　この問題の結論の逆も成立する. すなわち, レイリー分布 (問 5.17 参照) に従う R および一様分布 $U(0, 2\pi)$ に従う Θ を独立にとり,

$$X = R \cos \Theta, \quad Y = R \cos \Theta$$

ととると X および Y は独立かつともに $N(0,1)$ に従う. さらに, 問 5.17 や後述する例題 10.1 から, R も一様分布に従う確率変数から生成することができる. このようにして, 一様分布に

従う確率変数から正規分布に従う確率変数を生成することができる．これを**ボックス-ミューラー法**という．

> **問 6.10** $\mathbf{X} = (X, Y)$ に対して $\mathbf{U} = (U, V)$ がある定数 $a_{11}, a_{12}, a_{21}, a_{22}$ に対して
> $$U = a_{11}X + a_{12}Y, \quad V = a_{21}X + a_{22}Y$$
> により定まるとする．
> (1) $A = \begin{pmatrix} a_{11} & a_{12} \\ a_{21} & a_{22} \end{pmatrix}$ が $\det A \neq 0$ を満たすとき，(6.20) より
> $$f_{U,V}(u,v) = \frac{1}{|\det A|} f_{X,Y}(x,y), \ ただし \begin{pmatrix} x \\ y \end{pmatrix} = A^{-1} \begin{pmatrix} u \\ v \end{pmatrix} \tag{6.22}$$
> であることを確かめよ．
> (2) A が直交行列であるとき，ともに $N(0,1)$ に従う独立な確率変数 X, Y に対して U, V ともに $N(0,1)$ に従う独立な確率変数であることを示せ．

6.4 連続確率変数の和の分布

前節において $\phi(x,y) = x + y$ である場合，すなわち $Z = X + Y$ の分布を考えよう．$A_z = \{(x,y); x + y \leq z\}$ とおくと (6.19) および (1.8) より

$$F_Z(z) = \int_{A_z} f_{X,Y}(x,y)dxdy = \int_{-\infty}^{\infty} dx \int_{-\infty}^{z-x} f_{X,Y}(x,y)dy$$

であるから (図 6.2 参照)

$$f_Z(z) = \int_{-\infty}^{\infty} f_{X,Y}(x, z-x)dx \tag{6.23}$$

である．

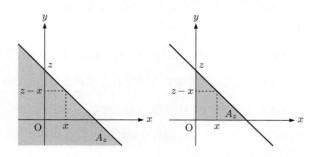

図 6.2 一般の A_z(左) と X, Y が非負の場合の A_z(右)

> **問 6.11** 例題 6.3 の 2 次元正規分布に従う (X,Y) に対して $Z = X + Y$ の分布の密度関数を求めよ．

特に，X と Y が独立であるときは，(6.23) において (6.13) を代入して以下の公式 (6.24) を得る．ただし，X, Y がともに非負確率変数であるときには $f(x,y)$ は第 1 象限以外では 0 であることに注意して積分範囲を (6.25) のようにあらかじめ限定して考えるほうが応用上便利である．これらはそれぞれ独立な離散確率変数に対する公式 (4.23) および (4.24) の連続版である．

命題 6.2　X と Y は独立で，それぞれ密度関数 f_X, f_Y を持つ連続確率変数とする．そのとき，$Z = X + Y$ の密度関数 f_Z は f_X と f_Y のたたみ込み

$$f_Z(z) = \int_{-\infty}^{\infty} f_X(x) f_Y(z-x) dx = \int_{-\infty}^{\infty} f_X(z-y) f_Y(y) dy \qquad (6.24)$$

によって与えられる．特に X, Y がともに非負確率変数であるとき

$$f_Z(z) = \int_0^z f_X(x) f_Y(z-x) dx = \int_0^z f_X(z-y) f_Y(y) dy \qquad (6.25)$$

によって与えられる．

──── **例題 6.6** ────

X と Y は独立で，X は正規分布 $N(m_1, v_1)$, Y は $N(m_2, v_2)$ に従うとするとき，$X + Y$ は $N(m_1 + m_2, v_1 + v_2)$ に従うことを示せ．

──────────────────────

解　X, Y がともに $N(0, 1)$ に従う場合を示す．(6.24) より

$$f_{X+Y}(z) = \frac{1}{2\pi} \int_{-\infty}^{\infty} e^{-\frac{x^2}{2}} e^{-\frac{(z-x)^2}{2}} dx = \frac{1}{2\pi} e^{-\frac{z^2}{4}} \int_{-\infty}^{\infty} e^{-(x-\frac{z}{2})^2} dx = \frac{1}{\sqrt{4\pi}} e^{-\frac{z^2}{4}}$$

である．最後の等式は (1.14) より得られる．したがって，$X + Y$ は $N(0, 2)$ に従う．　□

問 6.12　X, Y を区間 $[0, 1]$ 上の一様分布 $U(0, 1)$ に従う独立な確率変数列であるとする．このとき，$Z = X + Y$ の密度関数 f_Z および，Z の標準化の密度関数 g_Z を求めよ．

4.4.3 節において，独立な離散確率変数の和の分布と確率母関数の相性が良いことを見た．連続確率変数に対して 5.3 節で導入したモーメント母関数が確率母関数と同様の役割を果たす．$X_1, X_2, \cdots, X_n$ が独立な確率変数列であるとき，命題 4.1 より $e^{tX_1}, e^{tX_2}, \cdots, e^{tX_n}$ も独立であるから，(6.15) より

$$M_{X_1 + X_2, \cdots + X_n}(t) = M_{X_1}(t) M_{X_2}(t) \cdots M_{X_n}(t) \qquad (6.26)$$

である．これと一意性定理から独立確率変数の和の分布を求めることができる．

問 6.13　例題 6.6 の結果をモーメント母関数を用いて検証せよ．

この節の最後に，命題 6.2 の応用として，指数分布に従う i.i.d.列がポアソン過程と呼ばれる重要な確率モデルを導くことを見る．

──── **例題 6.7** ────

$X_1, X_2, \cdots$ が $Exp(\lambda)$ に従う i.i.d.列とする．$S_n = X_1 + \cdots + X_n$ の密度関数は

$$f_n(x) = \begin{cases} \frac{\lambda^n}{(n-1)!} x^{n-1} e^{-\lambda x}, & x \geq 0 \\ 0, & x < 0 \end{cases}$$

であることを示せ．

──────────────────────

注意 6.4 $\Gamma(n) = (n-1)!$ であるから f_n はガンマ分布 $Gam(n, \lambda)$ (5.2.4 節) である.

解　$n = 2$ の場合に示す. X, Y は非負確率変数であることに注意すると, $z \geq 0$ のとき (6.25) より

$$f_Z(z) = \int_0^z \lambda e^{-\lambda(z-y)} \lambda e^{-\lambda y} dy = \lambda^2 \int_0^z e^{-\lambda z} dy = \lambda^2 z e^{-\lambda z}$$

である. 一方 $z < 0$ のとき明らかに $f_Z(z) = 0$ であるから

$$f_Z(z) = \begin{cases} \lambda^2 z e^{-\lambda z}, & z \geq 0 \\ 0, z < 0 \end{cases}$$

を得る. 一般の $n \in \mathbf{N}$ の場合を次の演習問題とする.　　　　□

問 6.14 例題 6.7 の解答を一般の $n \in \mathbf{N}$ の場合に完成させよ.

問 6.15 $\{S_n\}$ を例題 6.7 で定義したものとする. 任意の $t > 0$ に対して

$$N(t) = \max\{n; S_n \leq t\}$$

とする. このとき各 $t > 0$ に対し $N(t)$ はポアソン分布 $Po(\lambda t)$ に従うことを示せ. $N(t)$ の定義より

$$\{N(t) = k\} = \{S_k \leq t < S_{k+1}\} = \{S_k \leq t\} \setminus \{S_{k+1} \leq t\}$$

であることに注意.

注意 6.5 $t \to N(t)$ は**ポアソン過程**と呼ばれる重要な確率過程である. 例題 5.5 の注意における喩えを再び用いると, 各 X_k は $k - 1$ 回目の流れ星の観測から次の観測までの時間であり, S_n は n 回目の流れ星を観測するまでの時間である. したがって, $N(t)$ は「時刻 t までに観測する流れ星の回数」を表す確率変数である. ひとつの標本ごとに $t \to N(t)$ は流れ星を観測するたびに値が 1 増える階段関数である. 指数分布の無記憶性の反映として, 各時刻 t ごとに, 現在の値 $N(t)$ の下で, 過去の $N(\cdot)$ の増え方と, 未来の増え方は独立である. この性質を $\{N(t)\}$ の**マルコフ性**という.

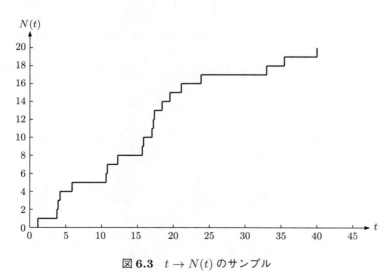

図 6.3 $t \to N(t)$ のサンプル

6.5 多次元正規分布

例題 6.3 およびそれに引き続いての問において，2 次元正規分布を扱った．この節ではそこで得られた結果を一般次元の正規分布について論じる．V を $d \times d$ 正定値対称行列であるとする (注意 1.1 参照)．また $\mathbf{m} = (m_1, \ldots, m_d) \in \mathbf{R}^d$ とする．このとき d-次元確率変数 $\mathbf{X} = (X_1, X_2, \ldots, X_d)$ の分布が $\mathbf{R}^d$ 上の密度関数

$$f(\mathbf{x}) = \frac{1}{(2\pi)^{d/2}\sqrt{\det V}} \exp\left(-\frac{1}{2}\langle \mathbf{x} - \mathbf{m}, V^{-1}(\mathbf{x} - \mathbf{m})\rangle\right) \tag{6.27}$$

を持つとき，$\mathbf{X}$ を平均ベクトル $\mathbf{m}$，共分散行列 V を持つ d-次元正規分布 (ガウス分布) $N(\mathbf{m}, V)$ に従うという．実際，次を示すことができる．

$$\begin{cases} \displaystyle\int_{\mathbf{R}^d} f(\mathbf{x})d\mathbf{x} = \int_{\mathbf{R}^d} f(\mathbf{x})dx_1 \ldots dx_d = 1, \\[2mm] \mathbf{X} \text{ の平均ベクトルは } \mathbf{m}, \text{ すなわち } E[X_k] = m_k, \ k = 1, \ldots, d, \\[2mm] \mathbf{X} \text{ の共分散行列は } V, \text{ すなわち } \mathrm{Cov}(X_i, X_j) = V_{ij}, \ i, j = 1, \ldots, d. \end{cases} \tag{6.28}$$

以下，(6.28) を確かめよう．直交行列 $T = (t_{ij})$ をとり V を

$$T^{-1}VT = \Lambda = \begin{pmatrix} \lambda_1 & & \\ & \ddots & \\ & & \lambda_d \end{pmatrix} \tag{6.29}$$

と対角化する (命題 1.3 参照)．V の正定値性よりすべての k に対して $\lambda_k > 0$ である．$\det V = \det \Lambda = \lambda_1 \lambda_2 \cdots \lambda_d$ である．$\mathbf{z} = \begin{pmatrix} z_1 \\ \vdots \\ z_d \end{pmatrix} = T^{-1}(\mathbf{x} - \mathbf{m}) = T^{-1}\begin{pmatrix} x_1 - m_1 \\ \vdots \\ x_d - m_d \end{pmatrix}$ とする．このとき $\mathbf{x} - \mathbf{m} = T\mathbf{z}$ であるから，$d\mathbf{x} = |\det T|d\mathbf{z} = d\mathbf{z}$ かつ (6.29) より

$$\langle \mathbf{x} - \mathbf{m}, V^{-1}(\mathbf{x} - \mathbf{m})\rangle = \langle \mathbf{z}, T^{\top}V^{-1}T\mathbf{z}\rangle = \langle \mathbf{z}, (T^{-1}VT)^{-1}\mathbf{z}\rangle = \sum_{k=1}^{d} \frac{z_k^2}{\lambda_k}$$

である．よって

$$\int_{\mathbf{R}^d} f(\mathbf{x})d\mathbf{x} = \int_{\mathbf{R}^d} \frac{1}{\sqrt{(2\pi)^d \lambda_1 \cdots \lambda_d}} \exp\left(-\sum_{k=1}^{d} \frac{z_k^2}{2\lambda_k}\right)d\mathbf{z}$$

$$= \prod_{k=1}^{d} \int_{-\infty}^{\infty} \frac{1}{\sqrt{2\pi\lambda_k}} \exp\left(-\frac{z_k^2}{2\lambda_k}\right)dz_k = 1 \tag{6.30}$$

である．また

$$x_i - m_i = \sum_{j=1}^{d} t_{ij}z_j, \quad i = 1, 2, \ldots, d \tag{6.31}$$

であるから，$C = \sqrt{(2\pi)^d \lambda_1 \cdots \lambda_d}$ とすると

$$
\begin{aligned}
E[X_i - m_i] &= \int_{\mathbf{R}^d} (x_i - m_i) f(\mathbf{x}) d\mathbf{x} \\
&= \frac{1}{C} \int_{\mathbf{R}^d} \Big(\sum_{\ell=1}^d t_{i\ell} z_\ell \Big) \exp\Big(-\sum_{k=1}^d \frac{z_k^2}{2\lambda_k} \Big) d\mathbf{z} \\
&= \frac{1}{C} \sum_{\ell=1}^d t_{i\ell} \left(\prod_{k \neq \ell} \int_{-\infty}^{\infty} \exp\Big(-\frac{z_k^2}{2\lambda_k} \Big) dz_k \right) \int_{-\infty}^{\infty} z_\ell \exp\Big(-\frac{z_\ell^2}{2\lambda_\ell} \Big) dz_\ell,
\end{aligned}
\tag{6.32}
$$

が成り立つ．ここで最後の積分は 0 であるから $E[X_i] = m_i$ である．最後に，

$$
\frac{1}{C} \int_{\mathbf{R}^d} z_\ell z_h \exp\Big(-\sum_{k=1}^d \frac{z_k^2}{2\lambda_k} \Big) d\mathbf{z} = \begin{cases} \lambda_\ell, & \ell = h \\ 0, & \ell \neq h \end{cases}
$$

であるから，再び (6.31) より

$$
\begin{aligned}
E[(X_i - m_i)(X_j - m_j)] &= \frac{1}{C} \int_{\mathbf{R}^d} \Big(\sum_{\ell=1}^d t_{i\ell} z_\ell \Big) \Big(\sum_{h=1}^d t_{jh} z_h \Big) \exp\Big(-\sum_{k=1}^d \frac{z_k^2}{2\lambda_k} \Big) d\mathbf{z} \\
&= \frac{1}{C} \sum_{\ell, h=1}^d t_{i\ell} t_{jh} \int_{\mathbf{R}^d} z_\ell z_h \exp\Big(-\sum_{k=1}^d \frac{z_k^2}{2\lambda_k} \Big) d\mathbf{z} \\
&= \sum_{\ell=1}^d t_{i\ell} t_{j\ell} \lambda_\ell = (T\Lambda T^\top)_{ij} = V_{ij}
\end{aligned}
\tag{6.33}
$$

である．(6.30)，(6.32)，(6.33) より (6.28) を確認できた．

章 末 問 題

6-1　(X, Y) が $D = \{(x, y) \in \mathbf{R}^2; \ 0 \leq x \leq 2, \ 0 \leq y \leq x^2\}$ 上の一様分布に従うとする．$\mathrm{Cov}(X, Y)$ を求めよ．

6-2　X, Y をともに指数分布 $Exp(\lambda)$ に従う独立な確率変数であるとする．確率変数 $X_{(1)}, X_{(2)}$ を $X_{(1)} = X \wedge Y$, $X_{(2)} = X \vee Y$ とする．その時 $X_{(1)}$ および $X_{(2)} - X_{(1)}$ はそれぞれ $Exp(2\lambda)$ および $Exp(\lambda)$ に従う独立な確率変数であることを示せ．

6-3　X, Y をともに $Exp(\lambda)$ に従う独立な確率変数であるとする．$Z = \frac{Y}{X}$ の密度関数を求めよ．

6-4　$X_1, \ldots, X_n$ を $N(0, 1)$ に従う i.i.d.列であるとする．このとき，$Z_n = X_1^2 + \cdots + X_n^2$ の密度関数 $f_n(x)$ は

$$
f_n(x) = \begin{cases} \dfrac{1}{2^{\frac{n}{2}} \Gamma(\frac{n}{2})} x^{\frac{n}{2}-1} e^{-\frac{x}{2}}, & x > 0 \\ 0, & x \leq 0 \end{cases}
\tag{6.34}
$$

となることを n に関する帰納法を用いて示せ．これを**自由度 n の χ^2(カイ二乗) 分布**という．

6-5　$\mathbf{X} = (X_1, \ldots, X_n)$ が正規分布 $N(0, V)$ に従う (ただし V はある n 次対称正定値行列) とするとき，$\langle \mathbf{X}, V^{-1}\mathbf{X} \rangle$ は自由度 n の χ^2 分布に従うことを示せ．

第 7 章

極限定理

本章では，i.i.d.列の算術平均に対する大数の法則と中心極限定理，最後に大偏差の確率に対するクラメルの定理を論じる．大数の強法則は i.i.d.列 $\{X_k\}_{k=1,2,\ldots}$ の n 個までの算術平均 $\hat{S}_n$ は $n \to \infty$ とするとき確率 1 でひとつの値 $m = E[X_k]$ に収束することを主張する．その収束の様子をより精密に見るものが中心極限定理である．すなわち，$\hat{S}_n$ の分布の標準化は標準正規分布に近づくことを主張する．これらの命題は X_k が，平均や分散が存在する限り，どのような分布に従っていても成立する．

二項分布 $B(n,p)$ に従う確率変数は，(3.25) によりベルヌーイ試行列の n 個の和で表されるものであるから，それが正規分布で近似されるというドモアブル-ラプラスの定理 (命題 5.2) は中心極限定理の特別な例である．本章では，中心極限定理の応用として，区間推定と適合度検定という二つの統計学への応用を取り上げる．

一方，大数の法則により算術平均が m に収束しない確率 (大偏差の確率) は 0 に近づく．その 0 への収束の速さを記述する法則がクラメルの定理である．その証明に大数の強法則を用いる．

7.1 大数の法則

ひとつのコインを繰り返し投げる．何回か投げた後に，それまでに表の出た回数を投げた回数で割った値 (表の出る**頻度**) は確率変数であるが，投げる回数を増やしていくにつれて偶然に左右される度合いが減っていき，確実にひとつの決まった値に近づく．このような現象を**大数の法則**と呼ぶ．大数の法則は偶然性が支配する世界においても，独立な偶然性が大量に積み上がれば予測が可能になることを示している．大数の法則は投資家にとっての基本原理であり，カジノが商売として成立するのも大数の法則のおかげである．また，科学技術の世界で広く用いられる計算手法であるモンテカルロ法も，大数の強法則の重要な応用として挙げることができる．これについては後述する．

ベルヌーイ試行列を考える．すなわち，ひとつのコインを繰り返し投げる．n 回投げたとき表の出る回数を S_n とする．S_n は $B(n,p)$ に従う．表の出る頻度は

$$\hat{S}_n = \frac{S_n}{n}$$

によって定義される. もしこのコインの1回ごとに表の出る確率を p とすると

$$E[\hat{S}_n] = \frac{E[S_n]}{n} = \frac{np}{n} = p$$

である. この設定の下で, 上に述べた法則は, 確率1で

$$\lim_{n\to\infty} \hat{S}_n = p \tag{7.1}$$

が成り立つということである. 我々は日常生活において大数の法則を前提として生活している. 実際, あるゆがんだコインを1回投げて表が出る確率を知りたいとき, そのコインを繰り返し投げると表の出る頻度がある値に近づいていくので, その極限値 $\lim_{n\to\infty} \hat{S}_n$ を表の出る確率と解釈する.

この法則は頻度に対してのみ成り立つ法則ではない. ベルヌーイ試行において S_n は, 事象 A_k を k 回目に1が出るという事象としたときベルヌーイ分布に従う i.i.d.列の和

$$S_n = 1_{A_1} + \cdots + 1_{A_n} \tag{7.2}$$

の形に書けることを思い出そう (式 (3.25)). $E[1_{A_1}] = P(A_1) = p$ であることに注意すると, (7.1) は以下に述べる定理の特別な場合であることがわかる.

定理 7.1 大数の強法則. $X_1, X_2, \cdots$ は $m = E[X_1]$ が存在するような i.i.d.列とする. 各 $n = 1, 2, \cdots$ に対し $S_n = \sum_{k=1}^n X_k$, $\hat{S}_n = \frac{S_n}{n}$ とする. そのとき確率1で

$$\lim_{n\to\infty} \hat{S}_n = m$$

が成り立つ.

この定理の証明を本書では提示しない. [13] などより本格的な書籍を参照してほしい. ここでは, より弱い主張である以下を示す. (4.15) より, $V[X]$ が存在するとき $E[X]$ も存在する.

定理 7.2 大数の弱法則. $X_1, X_2, \cdots$ を $v = V[X_1]$ が存在するような i.i.d.列とする. $m = E[X_1]$ とする. そのとき任意の $\varepsilon > 0$ に対し

$$\lim_{n\to\infty} P(|\hat{S}_n - m| > \varepsilon) = 0 \tag{7.3}$$

が成り立つ.

7.2 大数の弱法則の証明

大数の弱法則を証明するために次の一般的に成り立つ不等式を準備する.

マルコフの不等式：X を非負確率変数とする. このとき, 任意の $a > 0$ に対し

$$P(X \geq a) \leq \frac{E[X]}{a} \tag{7.4}$$

が成り立つ.

注意 7.1　この不等式は $E[X]$ が存在する場合にのみ意味を持つ.

証明　X が非負であるとき任意の事象 A に対し $X \geq X \cdot 1_A$ である. 特に, $A = \{\omega;\, X(\omega) \geq a\}$ とすると $X(\omega) \geq a,\ \forall \omega \in A$ であるから

$$X \geq X \cdot 1_{\{X \geq a\}} \geq a \cdot 1_{\{X \geq a\}}$$

が成り立つ. したがって, (3.16) より

$$E[X] \geq aE[1_{\{X \geq a\}}] = aP(X \geq a)$$

である.　□

── 例題 7.1 ──

$N(0,1)$ に従う X に対して

$$P(X \geq a) \leq e^{-\frac{1}{2}a^2}, \qquad \forall a > 0 \tag{7.5}$$

が成り立つことを以下のヒントを参考にして示せ.

ヒント：任意の $t > 0$ に対して事象 $\{X \geq a\}$ は $\{e^{tX} \geq e^{ta}\}$ と同値である. 後者の事象に対してマルコフの不等式を適用し, t についての最適化を考えよ.

解　正規分布のモーメント母関数の結果 (問 5.11) に注意して, 任意の $t > 0$ に対して

$$P(X \geq a) = P(e^{tX} \geq e^{ta}) \leq \frac{E[e^{tX}]}{e^{ta}} = e^{\frac{1}{2}t^2 - at}$$

である. 左辺は t に依存しない値であるから

$$P(X \geq a) \leq \inf_{t > 0} e^{\frac{1}{2}t^2 - at} = e^{-\frac{a^2}{2}}$$

である.　□

> **チェビシェフの不等式**：X を分散 $V[X]$ が存在するような確率変数とする. $m = E[X]$ とする. このとき, 任意の $a > 0$ に対し
>
> $$P(\,|X - m| \geq a) \leq \frac{V[X]}{a^2} \tag{7.6}$$
>
> が成り立つ.

証明　マルコフの不等式より

$$P(\,|X - m| \geq a) = P(\,|X - m|^2 \geq a^2) \leq \frac{E[\,|X - m|^2]}{a^2},$$

よって (7.6) を得る.　□

注意 7.2　(7.6) において $a = 2\sigma = 2\sqrt{V[X]}$ をとると

$$P(\,|X - m| \leq 2\sigma) \geq \frac{3}{4} \tag{7.7}$$

が得られる. この不等式は, 例題 5.8 の結果と比較すると, X が $N(0,1)$ に従う場合には良い評価とは言えない. しかし, (7.7) の意味は, 正規分布に限らず分散が存在するすべての分布に対して成り立つことにある.

以上の準備の下で弱法則 (定理 7.2) を証明する.

証明 $E[\hat{S}_n] = m$ であるからチェビシェフの不等式 (7.6) より

$$P(|\hat{S}_n - m| > \varepsilon) \leq \frac{V[\hat{S}_n]}{\varepsilon^2}$$

である. ここで (4.22), (6.15) より $V[\hat{S}_n] = \frac{V[S_n]}{n^2} = \frac{v}{n}$ であるから

$$P(|\hat{S}_n - m| > \varepsilon) \leq \frac{v}{n\varepsilon^2},$$

よって (7.3) が成り立つ.   □

> **問 7.1** $X_1, X_2, \cdots$ を $N(0,1)$ に従う i.i.d.列とする. このとき $x > 0$ に対して
> $$P(\hat{S}_n > x) \leq e^{-\frac{n}{2}x^2}$$
> が成り立つことを示せ.

7.3   経験分布に対する大数の法則とモンテカルロ法

$X_1, X_2, \ldots$ が有限集合 $S = \{x_1, x_2, \ldots, x_r\}$ に値をとる離散 i.i.d.列であるとする. 各 $x \in S$ および各 $n \geq 1$ に対して $\left\{0, \frac{1}{n}, \ldots, \frac{n-1}{n}, 1\right\}$-値確率変数 $N_x(n)$ を

$$N_x(n) = N_x(n)(\omega) = \frac{1}{n}\sum_{k=1}^{n} 1_{\{X_k(\omega)=x\}}, \quad x \in S \tag{7.8}$$

とする. $1_{\{X_k(\omega)=x\}}$ は事象 $\{X_k = x\}$ の定義関数 (例3.1 参照) である. 明らかに各 $k = 1, \ldots, n$ および $\omega \in \Omega$ に対して $\sum_{x \in S} 1_{\{X_k(\omega)=x\}} = 1$, よって

$$N_x(n) \geq 0, \qquad \sum_{x \in S} N_x(n) = 1$$

であるから $N(n) = (N_x(n), \ x \in S)$ はランダムな (ω ごとに定まる) S 上の確率分布である. これを $\{X_k(\omega), \ 1 \leq k \leq n\}$ の**経験分布**という. より身近な言葉で言えば, 経験分布とはサンプルの度数分布, ヒストグラムである. すなわち, $N(n)$ はヒストグラム値確率変数である. ここで,

$$p_x = P(X_1 = x), \quad x \in S$$

とする. このとき, 各 $x \in S$ に対して $1_{\{X_1=x\}}, 1_{\{X_2=x\}}, \cdots$ は $\{1, 0\}$-値 i.i.d.列であり,

$$E[1_{\{X_1=x\}}] = P(X_1 = x) = p_x$$

であるから, 大数の強法則より確率 1 で

$$\lim_{n \to \infty} N_x(n) = \lim_{n \to \infty} \frac{1}{n}\sum_{k=1}^{n} 1_{\{X_k=x\}} = p_x, \quad x \in S \tag{7.9}$$

が成り立つ. これは, 試行回数を増やしていくと, ヒストグラムは常に一定の形に近づいていくことを示している. これを**経験分布に対する大数の強法則**という.

例 7.1 コインを 3 回投げる試行を n 回繰り返す. k 回目の試行において表が出る回数 X_k は $S = \{0, 1, 2, 3\}$-値確率変数であり, その分布は $p_0 = \frac{1}{8}$, $p_1 = \frac{3}{8}$, $p_2 = \frac{3}{8}$, $p_3 = \frac{1}{8}$ である. $\{X_1, X_2, \ldots, X_n\}$ の経験分布 $\mathbf{N}(n)$ は S 上のランダムな確率分布であり, 確率 1 で

$$N(n) \to \left(\frac{1}{8}, \frac{3}{8}, \frac{3}{8}, \frac{1}{8} \right), \quad n \to \infty$$

が成り立つ.

$X_1, X_2, \ldots$ が密度関数 f を持つ連続確率変数の i.i.d.列である場合にも任意の $s < t$ に対し $1_{\{X_k \in [s,t]\}}$, $k = 1, 2, \ldots$ は $\{1, 0\}$-値 i.i.d.列であり,

$$E[1_{\{X_k \in [s,t]\}}] = P(X_k \in [s,t]) = \int_s^t f(u)du$$

であるから, 大数の強法則より, 確率 1 で

$$\lim_{n \to \infty} \frac{1}{n} \sum_{k=1}^n 1_{\{X_k \in [s,t]\}} = \int_s^t f(u)du, \quad \forall s < \forall t \tag{7.10}$$

が成り立つ. (7.10) も, (7.9) の場合と同様, 経験分布に対する大数の法則である.

以上, i.i.d.列がある区間に入る頻度を見ることにより分布を推定できることを見た. 同様に, 2 次元の i.i.d.列がある領域に入る頻度を調べることにより, 1 次元の関数の積分の値を求めることができる. $[0, M]$ 上正値の連続関数 G に対して $N = \max_{x \in [0,M]} G(x)$ とし,

$$I = \int_0^M G(x)dx$$

とする. $\mathbf{R}^2$ の領域 A および B を $A = [0, M] \times [0, N]$, $B = \{(x, y) \in A;\ y \leq G(x)\}$ とする. このとき $\mathbf{X}_1 = (X_1, Y_1), \mathbf{X}_2 = (X_2, Y_2), \ldots$ を A 上の一様分布に従う i.i.d.列とすると $1_{\{\mathbf{X}_k \in B\}}$, $k = 1, 2, \ldots$ も i.i.d.列, かつ $E[1_{\{\mathbf{X}_k \in B\}}] = \frac{|B|}{|A|}$ であるから, 大数の強法則により

$$\lim_{n \to \infty} \frac{1}{n} \sum_{k=1}^n 1_{\{\mathbf{X}_k \in B\}} = \frac{|B|}{|A|} = \frac{I}{MN}$$

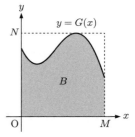

が確率 1 で成り立つ. つまり, $\mathbf{X}_k$ が B に入る頻度を見ることより $I = \int_0^M G(x)dx$ を求めることができる. このように大数の法則を利用して積分値を求める手法を**モンテカルロ法**という.

例 7.2 $[0, 1]$ 上 $G(x) = \sqrt{1 - x^2}$ として I をモンテカルロ法で求めてみよう. 第 10 章で詳細を述べる **Scilab** というソフトウェアを用いて $A = [0, 1] \times [0, 1]$ 上の $n = 1000000$ 個の一様乱数を発生させて $1_{\{\mathbf{X}_k \in B\}}$ の平均を求めるコードは以下の通りである.

```
n=1000000;
x=rand(2,n);
p=sum(bool2s(x(1,:)^2+x(2,:)^2<=1.0 ))/n
```

試しに 5 回実行してみると p として 0.7853, 0.7847, 0.7855, 0.7855, 0.7851 を得た.
$I = \int_0^1 G(x)dx$ は四分円の面積であるから $I = \frac{\pi}{4} \sim 0.7854$ である.

7.4 中心極限定理

命題 5.3(ドモアブル-ラプラスの定理) に戻ろう. この命題は, ベルヌーイ試行列から (7.2)
より定まる S_n の標準化の分布が標準正規分布に近似できることを主張する. S_n の標準化を

$$\frac{S_n - np}{\sqrt{npq}} = \sqrt{\frac{n}{pq}} \cdot (\hat{S}_n - p)$$

と変形すると, この命題と大数の強法則 (定理 7.1) との関連が見えてくる. すなわち $\hat{S}_n$ の p
周辺の**偏差** $\hat{S}_n - p$ は大数の法則により $n \to \infty$ とするとき確率 1 で 0 に近づく. 命題 5.3 は,
$\hat{S}_n - p$ に $\sqrt{n}$ を掛けるものが正規分布に近づくこと, すなわち, 偏差は典型的には $O(\frac{1}{\sqrt{n}})$ で
あることを示している.

では, 一般の分布に従う i.i.d.列に対して命題 5.3 と同様の結論が成り立つだろうか. この場
合, S_n は必ずしも二項分布に従うわけではないので, スターリングの公式に頼ることはでき
ない. ここでは次の補題を利用する.

補題 7.1 確率変数列 $W_1, W_2, \cdots$ のモーメント母関数 $M_n = M_{W_n}$, $n = 1, 2, \ldots$ が 0 の
近傍 $(-b, b)$ 上で定義され, ある $0 < a < b$ に対して

$$M_n(t) \to e^{\frac{1}{2}t^2}, \quad n \to \infty \quad \forall t \in [-a, a]$$

が成り立つとする. このとき, W_n の分布関数は標準正規分布の分布関数に収束する.

そこで $\frac{S_n - nm}{\sqrt{nv}}$ のモーメント母関数を $M_n(t)$ とする.

$$\frac{S_n - nm}{\sqrt{nv}} = \frac{1}{\sqrt{nv}} \sum_{k=1}^{n} (X_k - m)$$

の右辺は独立確率変数の和であるから, $M(t)$ を $X_k - m$ のモーメント母関数とすると, (6.26)
より

$$M_n(t) = E[\prod_{k=1}^{n} e^{\frac{t}{\sqrt{nv}}(X_k - m)}] = \left(E[e^{\frac{t}{\sqrt{nv}}(X_1 - m)}] \right)^n = \left(M\left(\frac{t}{\sqrt{nv}}\right) \right)^n,$$

である. ここで (5.20) より

$$M\left(\frac{t}{\sqrt{nv}}\right) = 1 + \frac{t}{\sqrt{nv}}E[X_1 - m] + \frac{t^2}{2nv}E[(X_1 - m)^2] + o\left(\frac{1}{n}\right)$$

$$= 1 + \frac{t^2}{2n} + o\left(\frac{1}{n}\right), \quad n \to \infty$$

であるから, (1.17) より, $n \to \infty$ とするとき $M_n(t) \to e^{\frac{t^2}{2}}$, すなわち $M_n(t)$ は $N(0, 1)$ の
モーメント母関数に収束する. したがって, 補題 7.1 より, 次の定理を示すことができる.

定理 7.3 中心極限定理. i.i.d.列 $X_1, X_2, \cdots$ の $E[X_i] = m$, $V[X_i] = v > 0$ が存在し，またそのモーメント母関数 M_{X_i} が 0 の近傍において定義されるとする．このとき任意の $a < b$ に対して

$$\lim_{n \to \infty} P\left(a \le \frac{S_n - nm}{\sqrt{nv}} \le b\right) = \int_a^b \frac{1}{\sqrt{2\pi}} e^{-\frac{1}{2}x^2} dx \tag{7.11}$$

が成り立つ．

注意： ここではモーメント母関数の存在を仮定したが，本来この仮定は不要である．また (7.11) から容易に

$$\lim_{n \to \infty} P\left(a \le \sqrt{n}\left(\frac{S_n}{n} - m\right) \le b\right) = \int_a^b \frac{1}{\sqrt{2\pi v}} e^{-\frac{1}{2v}x^2} dx$$

が得られる．すなわち，定理 7.3 の結論を

$$\sqrt{n}\left(\frac{S_n}{n} - m\right) \text{ の分布は } n \to \infty \text{ とするとき正規分布 } N(0, v) \text{ に近づく} \tag{7.12}$$

と言うこともできる．

> **問 7.2** 区間 $[0, 2]$ 上の一様分布 $U(0, 2)$ に従う独立同分布な確率変数列 $U_1, U_2, \cdots, U_{24}$ に対して $X = U_1 + U_2 + \cdots + U_{24}$ とする．このとき定理 7.3 を用いて $P(X \ge 26)$ を近似的に求めよ．

> **問 7.3** 区間 $[0, 5]$ から 30000 個の実数を無作為かつ独立に選び出し得られる実数の和を S とし，それぞれの実数の小数点以下を四捨五入して得られる整数の和を T とする．定理 7.3 を用いて $P(|T - S| \le 50)$ を求めよ．

> **問 7.4** パラメーター 1 のポアソン分布 $Po(1)$ に従う i.i.d.列に対して定理 7.3 を適用して
>
> $$\lim_{n \to \infty} e^{-n} \sum_{k=0}^{n} \frac{n^k}{k!} = \frac{1}{2}$$
>
> を示せ．ポアソン分布の再生性 (例題 4.12) に注意．

7.5 区間推定

この節と次節において中心極限定理の統計学への応用を述べる．この節では，全体から見たら一部にすぎないが，十分に大きいと見なせるデータから全体の平均を推測する問題を考える．

例 7.3 ある地域の何万人といる有権者から 400 人を無作為に選んで A 政党の支持者を調べたところ 156 人であった．このデータからこの地域のこの政党の支持率 p について何が言えるだろうか．

ここで次のような確率モデルを仮定する：有権者のひとりひとりが A 政党を支持している／支持していないことは独立であり，支持する確率は p であるとする．するとこの中の $n = 400$ 人のうち支持者の人数 S は二項分布 $B(n, p)$ に従う確率変数である．したがって，$\hat{p}$ を n 人中の支持の割合，すなわち $\hat{p} = \frac{S}{n}$ とすると定理 7.3 より

$$\frac{S - np}{\sqrt{n \cdot pq}} = \frac{\hat{p} - p}{\sqrt{\frac{pq}{n}}}$$

の分布は標準正規分布 $N(0,1)$ によって近似される．よって $N(0,1)$ に従うものと見なすと標準正規分布表より $z = 1.960$ として

$$P\left(-z \le \frac{\hat{p} - p}{\sqrt{\frac{pq}{n}}} \le z\right) = 0.95,$$

すなわち

$$P\left(\hat{p} - z\sqrt{\frac{pq}{n}} \le p \le \hat{p} + z\sqrt{\frac{pq}{n}}\right) = 0.95$$

が成り立つ．n が十分大きいときには，この不等式の右辺および左辺に現れる値は

$$\hat{p} \pm z\sqrt{\frac{pq}{n}} \sim \hat{p} \pm z\sqrt{\frac{\hat{p}\hat{q}}{n}}$$

と置き換えることができるだろう．よって

$$P\left(\hat{p} - z\sqrt{\frac{\hat{p}\hat{q}}{n}} \le p \le \hat{p} + z\sqrt{\frac{\hat{p}\hat{q}}{n}}\right) \sim 0.95$$

である．ここで，事象を定める p についての区間

$$\left[\hat{p} - z\sqrt{\frac{\hat{p}\hat{q}}{n}}, \hat{p} + z\sqrt{\frac{\hat{p}\hat{q}}{n}}\right] \tag{7.13}$$

を信頼度 95% の信頼区間という．例 7.3 において $\hat{p} = \frac{156}{400} = 0.39$ を代入して信頼区間

$$\left[0.39 - 1.96\sqrt{\frac{0.39 \times 0.61}{400}}, 0.39 + 1.96\sqrt{\frac{0.39 \times 0.61}{400}}\right] = [0.34, 0.44]$$

を得る．すなわち，もしこの地域において 400 人を無作為に選んで支持者の人数を調べて，そのデータから (7.13) によって定まる信頼区間を作れば，支持率 p が区間に含まれる可能性は約 95% である．

> **問 7.5** 正規母集団 $N(m, 12^2)$ から抽出した大きさ 40 の標本の平均が 65 であった．m の信頼度 95% の信頼区間を求めよ．

7.6 適合度検定

前節に引き続いて中心極限定理の統計学への応用を述べる．ただし，ここでは以下の $\mathbf{R}^d$-値 i.i.d.列に対する中心極限定理が必要である．これは (7.12) の多次元版である．

定理 7.4 $X_1, X_2, \cdots$ を $\mathbf{R}^d$ 値 i.i.d.列とし，X_i の平均ベクトルを $\mathbf{m}$，共分散行列を V とする．このとき，$S_n = \displaystyle\sum_{i=1}^{d} X_i$ に対して $\sqrt{n}\left(\dfrac{S_n}{n} - \mathbf{m}\right)$ の分布は $n \to \infty$ とするとき正規分布 $N(\mathbf{0}, V)$ に近づく．

---

1 回の試行において r 通りの結果 $a_1, a_2, \cdots, a_r$ が起こる可能性があり，それぞれの結果 a_i が起こる確率を p_i とする．ただし $p_1 + p_2 + \cdots + p_r = 1$ である．この試行を n 回行い，各回

の結果を $X_k,\ k=1,\ldots,n$ とする．各 a_i が起こる回数を Y_i とする．すなわち，Y_i を i.i.d.の和 $Y_i = \sum_{k=1}^{n} 1_{\{X_k=a_i\}}$ とする．例題 4.2 において論じたように $(Y_1,\ldots,Y_r)$ は多項分布に従う．

ここで確率変数

$$Q_n = n \sum_{i=1}^{r} \frac{1}{p_i} \left(\frac{Y_i}{n} - p_i \right)^2 = \sum_{i=1}^{r} \frac{(Y_i - np_i)^2}{np_i} \tag{7.14}$$

を考える．定理 7.4 から以下の命題が得られる．χ^2-分布については章末問題 6-4 を思い出そう．

命題 7.1 $n \to \infty$ とするとき Q_n の分布は自由度 $r-1$ の χ^2-分布に近づく．

証明 $Y_1 + \cdots + Y_r = n$ かつ $p_1 + \cdots + p_r = 1$ より

$$\frac{Y_r}{n} - p_r = -\sum_{i=1}^{r-1} \left(\frac{Y_i}{n} - p_i \right)$$

であるから

$$\begin{aligned}
Q_n &= n \sum_{i=1}^{r-1} \frac{1}{p_i} \left(\frac{Y_i}{n} - p_i \right)^2 + \frac{n}{p_r} \left(\sum_{i=1}^{r-1} \left(\frac{Y_i}{n} - p_i \right) \right)^2 \\
&= n \sum_{i=1}^{r-1} \frac{1}{p_i} \left(\frac{Y_i}{n} - p_i \right)^2 + \frac{n}{p_r} \sum_{i,j=1}^{r-1} \left(\frac{Y_i}{n} - p_i \right) \left(\frac{Y_j}{n} - p_j \right) \\
&= \sum_{i,j=1}^{r-1} A_{i,j} \sqrt{n} \left(\frac{Y_i}{n} - p_i \right) \sqrt{n} \left(\frac{Y_j}{n} - p_j \right) = \langle \mathbf{U}^{(n)}, A\mathbf{U}^{(n)} \rangle,
\end{aligned} \tag{7.15}$$

ただし

$$\mathbf{U}^{(n)} = \sqrt{n} \left(\frac{Y_1}{n} - p_1, \ldots, \frac{Y_{r-1}}{n} - p_{r-1} \right), \quad A_{i,j} = \begin{cases} \dfrac{1}{p_i} + \dfrac{1}{p_r}, & i=j \\ \dfrac{1}{p_r}, & i \neq j, \end{cases} \tag{7.16}$$

である．ここで，$(\Xi_k)_{k=1,2,\ldots}$ を

$$\Xi_k = \left(1_{\{X_k=a_1\}}, \ldots, 1_{\{X_k=a_{r-1}\}} \right)$$

によって定まる平均ベクトル $(p_1,\ldots,p_{r-1})$ の $\{0,1\}^{r-1}$-値 i.i.d.列とすると，$\mathbf{Y} = (Y_1,\ldots,Y_{r-1})$ は $\mathbf{Y} = \sum_{k=1}^{n} \Xi_k$ と表されるから，定理 7.4 より

$$\mathbf{U}^{(n)} \text{ の分布} \to N(0,V), \quad n \to \infty \tag{7.17}$$

ただし，$V = (V_{i,j})$ は Ξ_k の共分散行列

$$V_{i,j} = E[1_{\{X_k=a_i\}} 1_{\{X_k=a_j\}}] - p_i p_j = \begin{cases} p_i q_i, & i=j \\ -p_i p_j, & i \neq j \end{cases}$$

である（$q_i = 1 - p_i$ とする）．ここで，V は (7.16) によって定まる $A = (A_{i,j})_{i,j=1,\ldots,r-1}$ に対して

$$V = A^{-1} \tag{7.18}$$

が成り立つ（確かめよ）．(7.15), (7.17), (7.18) より，$n \to \infty$ とするとき，$\mathbf{U}$ を $N(0,V)$ に従う $\mathbf{R}^{r-1}$ 値確率変数として，Q_n の分布は $\langle \mathbf{U}, V^{-1}\mathbf{U} \rangle$ の分布に近づく．したがって，章末問題 6-5 の結果と併せて結論を得る． □

命題 7.1 を仮説検定に応用しよう. 例えば, ある手作りのサイコロを 120 回投げたとき, 1 の目から 6 の目までの出る回数が

目	1	2	3	4	5	6
回数	15	25	24	23	15	18

であるとする. このとき, このサイコロが正しく (それぞれの目の出る確率が $\frac{1}{6}$ であるように) 作られているかを検証したい. そこで, 正しく作られていると仮定する (それを仮説 (H) とする). すなわち, 命題 7.1 の設定において $p_i = \frac{1}{6}$, $i = 1, \ldots, 6$ であるとする. 命題 7.1 より,

$$Q = \sum_{i=1}^{6} \frac{(Y_i - \frac{n}{6})^2}{\frac{n}{6}}$$

の分布は近似的に自由度 5 の χ^2-分布に従うので, χ^2-分布表から, $P(Q \geq 11.07) = 0.05$ であることがわかる. もし試行のデータに対して $Q > 11.07$ ならば, 仮説 (H) の下では 5%以下の確率でしか起きないことが起きることになるので, この仮説を正しくないと判断し棄却する. 区間 $[11.07, \infty)$ を有意水準 5%の棄却域という.

さて, 上のデータの Y_i を当てはめて Q を求める. $np = 20$ であるから

$$Q = \frac{(15-20)^2 + (25-20)^2 + (24-20)^2 + (23-20)^2 + (15-20)^2 + (18-20)^2}{20} = 5.2$$

である. この値は有意水準 5%の棄却域に入らないので仮説 (H) は棄却されない. データから仮説の検証するこのような手続きを**適合度検定**という.

7.7 大偏差の確率

前節までに述べたように, 期待値が存在するような確率変数の i.i.d.列 $X_1, X_2, \ldots$ に対して $E[X_i] = m$ とすると, 大数の強法則より $n \to \infty$ のとき確率 1 で $\hat{S}_n \to m$ であり, 中心極限定理よりその偏差は典型的には $\frac{1}{\sqrt{n}}$ のオーダーである.

一方, n がいくら大きくなっても, 稀にではあるが, $\hat{S}_n$ が m から大きく揺らいでいることがある. そのような大きな揺らぎが起こる確率を**大偏差の確率**という. 例えば, $x > m$ であるような定数 x に対して, 事象 $\hat{S}_n \geq x$ となるような確率, あるいは $x < m$ であるような定数 x に対して事象 $\hat{S}_n \leq x$ となるような確率である. 大数の弱法則 (定理 7.3) より n が大きくなるにつれて大偏差の確率は 0 に近づくが, どのような条件の下で指数オーダーでこの確率が 0 に近づくのかという問題 (大偏差問題) を考えよう. この問題は, 「めったに起きないこと」が長い時間スケールでどの程度の影響をもたらすのかを評価する上で重要である.

実は, すでに問 7.1 に大偏差の確率を評価する例がある. そこではマルコフの不等式が役割をはたした. ここでも類似の議論を進める. X_i が従う分布 μ として今まで本書で出てきたベルヌーイ分布, ポアソン分布, 幾何分布, 指数分布, 正規分布などを想定しよう. $\hat{S}_n$ がとり得る値の範囲は X_i の分布ごとに異なる. 例えばベルヌーイ分布の場合には $\hat{S}_n \in [0, 1]$ である. より正確には $P(\hat{S}_n \notin [0, 1]) = 0$ である. 同様の意味でポアソン分布や幾何分布の場合には

$\hat{S}_n \in [0, \infty)$, 指数分布の場合には $\hat{S}_n \in (0, \infty)$, 正規分布の場合には $\hat{S}_n \in (-\infty, \infty)$ である. このことに注意して, それぞれの場合に区間 A を以下のように定めよう:

μ	$Ber(p)$	$Po(\lambda), Ge(p)$	$Exp(\lambda)$	$N(m, v)$
A	$[0, 1]$	$[0, \infty)$	$(0, \infty)$	$(-\infty, \infty)$

$$(7.19)$$

任意の $t > 0$ に対してマルコフの不等式より

$$P(\hat{S}_n \geq x) \leq P(e^{tS_n} \geq e^{tnx}) \leq \frac{E[e^{tS_n}]}{e^{tnx}} = \frac{(E[e^{tX_1}])^n}{e^{tnx}} \tag{7.20}$$

である. 最後の等式は (4.13) から得られる. ただし, 期待値 $E[e^{tX_1}]$ が存在しない (∞ に発散する) 場合には不等式としては何も言っていないが, その場合も含めて (7.20) は成立している. そこで $M(t)$ を X_i のモーメント母関数 (定義 5.19) とすると, (7.20) より

$$P(\hat{S}_n \geq x) \leq \exp\{n(\log M(t) - tx)\}, \ \forall t > 0$$

であるから

$$P(\hat{S}_n \geq x) \leq \inf_{t>0} \exp\{-(tx - \log M(t))\} = \exp\left(-\sup_{t>0}\{tx - \log M(t)\}\right) \tag{7.21}$$

が成り立つ. ここで, $x \in A$ かつ $x > m$ のとき

$$\sup_{t>0}\{tx - \log M(t)\} = \sup_{t \in \mathbf{R}}\{tx - \log M(t)\} \tag{7.22}$$

が成り立つ. この事実をひとまず認める (次頁の脚注を参照のこと).

$$H(x) = \sup_{t \in \mathbf{R}}\{tx - \log M(t)\} \tag{7.23}$$

とおくと, (7.21) および (7.22) より $P(\hat{S}_n \geq x) \leq e^{-nH(x)}$ が成り立つ. $x < m$ の場合も同様に示すことができる. 以上をまとめると問 7.1 の結果の一般化した次の結果が得られる.

---

i.i.d.列 $X_1, X_2, \ldots$ の平均を m とする. A 上の関数 H を (7.23) によって定義する. そのとき, 任意の $x \in A$ に対して

$$\begin{cases} P(\hat{S}_n \geq x) \leq e^{-nH(x)}, & x > m \text{ のとき} \\ P(\hat{S}_n \leq x) \leq e^{-nH(x)}, & x < m \text{ のとき} \end{cases} \tag{7.24}$$

が成り立つ.

問 7.6 (7.23) によって定義される関数 H は $H(x)$ は非負な凸関数であり, $H(m) = 0$ であることを示せ. ヒント:イェンセンの不等式 (3.20) を用いよ.

次に大偏差確率の下からの評価を考える. $x \in A$ とする. $\mathbf{R}$ 上の関数 ϕ を

$$\phi(t) = tx - \log M(t) \tag{7.25}$$

とおく. ここでは $X_1, X_2, \dots$ が密度関数 $f(y)$ を持つ i.i.d.列とする. このとき $M(t) = E[e^{tX_i}] = \int e^{ty} f(y) dy < \infty$ であるような $t \in \mathbf{R}$ に対して

$$g_t(y) = \frac{e^{ty} f(y)}{M(t)} \tag{7.26}$$

も密度関数である. すなわち $g_t(y) \geq 0$ かつ $\int_{-\infty}^{\infty} g_t(y) dy = 1$ である. g_t から定まる分布の平均を $m(t)$, 分散を $v(t)$ とする. $g_0 = f$ であるから, $m(0) = m$ であり, (7.25) より

$$\phi'(t) = x - \frac{M'(t)}{M(t)} = x - \frac{E[X_i e^{tX_i}]}{M(t)} = x - m(t) \tag{7.27}$$

および

$$\begin{aligned}
\phi''(t) = -m'(t) &= -\left(\frac{M''(t)}{M(t)} - \frac{M'(t)^2}{M(t)^2} \right) \\
&= -\left(\frac{E[X_i^2 e^{tX_i}]}{M(t)} - m(t)^2 \right) = -v(t)
\end{aligned} \tag{7.28}$$

である (確かめよ). したがって, すべての $t \in \mathbf{R}$ に対して $\phi''(t) < 0$, すなわち $m'(t) > 0$ である. また, (7.19) において定めた各分布に対する A に対して $A = \{m(t), t \in \mathbf{R}\}$ であることがわかる. よって各 $x \in A^\circ (A$ の内部$)$ に対して $m(t_x) = x$ となる $t = t_x$ がただ 1 つ存在する. (7.27) より $\phi'(t_x) = 0$ であり, $\phi(t)$ は $t = t_x$ で最大値をとる[1]. $f(y) = M(t_x) e^{-t_x y} g_{t_x}(y)$ であるから, 任意の小さな $\delta > 0$ に対して

$$\begin{aligned}
P(\hat{S}_n \in (x - \delta, x + \delta)) &= E[1_{(x-\delta, x+\delta)}(\hat{S}_n)] \\
&= \int 1_{(x-\delta, x+\delta)} \left(\frac{y_1 + \cdots + y_n}{n} \right) f(y_1) \dots f(y_n) dy_1 \dots dy_n \\
&= M(t_x)^n \int 1_{(x-\delta, x+\delta)} \left(\frac{y_1 + \cdots + y_n}{n} \right) \\
&\quad \cdot \exp\left(-n t_x \frac{y_1 + \cdots + y_n}{n} \right) g_{t_x}(y_1) \dots g_{t_x}(y_n) dy_1 \dots dy_n
\end{aligned} \tag{7.29}$$

である. ここで, $Y_1, Y_2, \dots$ を密度関数 g_{t_x} から定まる分布に従う i.i.d.列とし,

$$T_n = \sum_{k=1}^{n} Y_k, \quad \hat{T}_n = \frac{T_n}{n}$$

とすると, (7.29) より

$$\begin{aligned}
P(\hat{S}_n \in (x - \delta, x + \delta)) &= M(t_x)^n E[1_{(x-\delta, x+\delta)}(\hat{T}_n) e^{-n t_x \hat{T}_n}] \\
&\geq M(t_x)^n e^{-n t_x (x+\delta)} E[1_{(x-\delta, x+\delta)}(\hat{T}_n)]
\end{aligned} \tag{7.30}$$

である. ここで $E[Y_i] = m(t_x) = x$ であるから, 大数の強法則 (定理 7.1) より, 確率 1 で

---

[1] $m(t)$ は t についての増大関数であって $m(0) = m$ かつ $m(t_x) = x$ であるから, $m < x$ ならば $0 < t_x$ であり, $\phi(t)$ は $t > 0$ で最大値をとる. よって (7.22) がわかる.

$\hat{T}_n \to x$, 特に任意の $\delta > 0$ に対して $1_{(x-\delta, x+\delta)}(\hat{T}_n) \to 1$ であるから,

$$E[1_{(x-\delta, x+\delta)}(\hat{T}_n)] \to 1 \tag{7.31}$$

である[2]. したがって, (7.30) より

$$\liminf_{\delta \downarrow 0} \liminf_{n \to \infty} \frac{1}{n} \log P(\hat{T}_n \in (x-\delta, x+\delta)) \geq -(t_x x - \log M(t_x)) \tag{7.32}$$

が成り立つ. ここで $\phi(t)$ は $t = t_x$ で最大値をとること, および (7.23) より (7.32) の右辺は

$$-\sup_{t \in \mathbf{R}} \{tx - \log M(t)\} = -H(x)$$

である. 以上より

各 $x \in A$ に対して

$$\liminf_{\delta \downarrow 0} \liminf_{n \to \infty} \frac{1}{n} \log P(\hat{S}_n \in (x-\delta, x+\delta)) \geq -H(x) \tag{7.33}$$

が成り立つ.

以上, i.i.d.列が連続確率変数である場合に (7.33) を導いたが, 離散確率変数の場合にも同じ結論を示すことができる. すなわち (7.26) において, 連続確率変数の場合には密度関数 f に対して新しい密度関数 g_t を定めたように, 離散確率変数の場合には, その分布 $x \to p(x)$ に対して g_t に対応する分布を $x \to p_t(x) = \dfrac{e^{tx}p(x)}{M(t)} = \dfrac{e^{tx}p(x)}{\sum_y e^{ty}p(y)}$ と定めて議論を進めればよい.

それぞれ異なる議論から導いた (7.24) と (7.33) において大偏差の確率が同一の関数 H で制御されていることに注目されたい. 両者を併せて**クラメルの定理**といい, H を大偏差確率のレート関数という. 表 (7.19) で挙げた分布に対してレート関数は以下のようになる.

分布	A	H
$Ber(p)$	$[0,1]$	$\begin{cases} x\log\frac{x}{p} + (1-x)\log\frac{1-x}{q}, & x \in (0,1) \\ -\log p, & x = 1 \\ -\log q, & x = 0 \end{cases}$
$Po(\lambda)$	$[0,\infty)$	$\begin{cases} x\log\left(\frac{x}{\lambda}\right) - x + \lambda, & x \in (0,\infty) \\ \lambda, & x = 0 \end{cases}$
$Exp(\lambda)$	$(0,\infty)$	$\lambda x - \log(\lambda x) - 1$
$N(m,v)$	$(-\infty, \infty)$	$\frac{(x-m)^2}{2v}$

$$\tag{7.34}$$

---

[2] 優収束定理という測度論の定理を用いる. [13] を参照のこと.

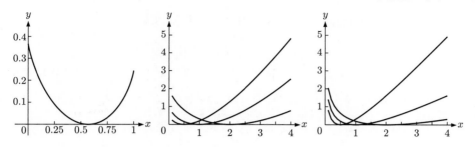

図 7.1 左から，$Ber(0.57)$，$Po(\lambda)$，$\lambda = \frac{1}{2}$，1，2，$Exp(\lambda)$，$\lambda = \frac{1}{2}$，1，2 の $y = H(x)$ のグラフ

例題 7.2

$Ber(p)$ に従う i.i.d.列に対する大偏差確率のレート関数 H について (7.34) を確かめよ．

解　$Ber(p)$ に従う X_i に対して $m = p$ である．

$$M(t) = \sum_{k=0}^{1} e^{tk} \cdot p(k) = pe^t + q, \quad q = 1 - p$$

であるから $m(t) = \frac{M'(t)}{M(t)} = \frac{pe^t}{pe^t+q}$．したがって $\lim_{t \to -\infty} m(t) = 0$，$\lim_{t \to \infty} m(t) = 1$ である．また

$$\phi(t) = tx - \log M(t) = tx - \log(pe^t + q)$$

である．t についての方程式 $\phi'(t) = 0$ は

$$e^t = \frac{xq}{(1-x)p}$$

と変形できる．これは $0 < x < 1$ の場合に解 $t_x = \log \frac{xq}{(1-x)p} = \log \frac{x}{p} - \log \frac{1-x}{q}$ を持ち，(7.23) の右辺はこの t_x において最大値をとる．したがって

$$H(x) = x\left(\log \frac{x}{p} - \log \frac{1-x}{q}\right) - \log(pe^t + q)$$

$$= x\left(\log \frac{x}{p} - \log \frac{1-x}{q}\right) - \log \frac{q}{1-x}$$

$$= x\log \frac{x}{p} + (1-x)\log \frac{1-x}{q}$$

である．また，$x = 1$ のとき $\phi(t) = t - \log(pe^t + q) = -\log(p + e^{-t}q)$ である．この $t > 0$ についての上限は $-\log p$ である．以上より，$Ber(p)$ の場合の (7.34) を得る．これは (5.23) で定めた H と一致している． □

例題 7.3

指数分布 $Exp(\lambda)$ に従う i.i.d.列に対する大偏差確率のレート関数 H について (7.34) を確かめよ．

解　$x > 0$ とする．$t \geq \lambda$ のとき $M(t) = \infty$ である．$t < \lambda$ とすると

$$M(t) = \int_0^\infty e^{ty}\lambda e^{-\lambda y}dy = \frac{\lambda}{\lambda - t}$$

より $m(t) = \frac{1}{\lambda - t}$, 特に $\lim_{t \to -\infty} m(t) = 0$, $\lim_{t \uparrow \lambda} m(t) = \infty$ である. また

$$\phi(t) = \begin{cases} tx - \log \frac{\lambda}{\lambda - t}, & t < \lambda \\ -\infty, & t \geq \lambda \end{cases}$$

である. $\phi'(t) = 0$ の解 $t_x = \lambda - \frac{1}{x}$ において $\phi(t)$ は最大値をとる. よって $H(x) = \phi(t_x)$ として $Exp(\lambda)$ の場合に (7.34) を得る.   □

問 7.7　$Po(\lambda)$ および $N(m, v)$ に従う i.i.d.列に対する大偏差確率のレート関数 H について (7.34) を確かめよ.

クラメルの定理の応用に触れよう. A 上の適当な関数 G に対して $E[e^{nG(\hat{S}_n)}]$ の漸近挙動を考える. $\hat{S}_n$ が密度関数 $f_n(x)$ を持つとすると, (7.24) および (7.33) は

$$f_n(x)dx \approx e^{-nH(x)}dx$$

であることを示唆している. したがって $n \to \infty$ とするとき

$$\frac{1}{n} \log E[e^{nG(\hat{S}_n)}] \approx \frac{1}{n} \log \int_A e^{n(G(x) - H(x))}dx$$

であるが, 右辺の積分の主要項は $G(x) - H(x)$ の最大値が決める, すなわち

$$\lim_{n \to \infty} \frac{1}{n} \log E[e^{nG(\hat{S}_n)}] = \sup_{x \in A}(G(x) - H(x)) \tag{7.35}$$

が成り立つのではないかと推察できる. このような積分の漸近挙動の考察はスターリングの公式 (命題 1.1) の場合と同様, **ラプラスの方法**と呼ばれる考え方である. 以上述べた発見的考察を正当化できることが知られている (**ヴァラダンの定理**). この定理を含め, 大偏差確率の漸近評価に関する現代的理論が**大偏差原理の理論**として様々な分野に応用されている.

問 7.8　X_i を $Ber(p)$ に従う i.i.d.列とし, $G(x) = \xi x$, $x \in [0, 1]$ とする場合に (7.35) が成り立つことを示せ.
ヒント : $E[e^{nG(\hat{S}_n)}] = E[e^{\xi S_n}] = \left(E[e^{\xi X_1}]\right)^n = (e^\xi p + q)^n$ であるから, 示すべき式は

$$\log(e^\xi p + q) = \sup_{x \in [0,1]}(\xi x - H(x))$$

である.

第 8 章

ベイズ推定

本章では多次元確率変数・確率分布 (第 4 章, 第 6 章) のひとつの応用としてベイズ推定について論じる. 2 次元確率変数 (X, Y) において, X の分布 p_X と X の下での Y の条件付き分布 $p_{Y|X}$ から, (X, Y) の同時分布 $p(x, y)$ が

$$p(x, y) = p_{Y|X}(y|x)p_X(x)$$

によりわかり, そこから周辺分布 p_Y がわかり, これらの結果から Y の下での X の条件付き分布 $p_{X|Y}$ がわかる. この事実が次の節で述べるベイズの公式である. この章では, ベイズの公式を用いてデータからの予測問題を考察する. まず離散確率変数の場合, 後半に連続確率変数の場合を扱う. 最後に, 2 個の変量の間の関係を予測する回帰分析にベイズの公式を適用する.

8.1 ベイズの公式

2 つの事象 A および B に対してもちろん $A \cap B = B \cap A$ であるから $P(A \cap B) = P(B \cap A)$, したがって乗法定理より $P(A|B)P(B) = P(B|A)P(A)$, すなわち

$$P(A|B) = \frac{P(B|A)P(A)}{P(B)}$$

である. 分割公式 (命題 2.4) と併せて

$$P(A|B) = \frac{P(B|A)P(A)}{P(B|A)P(A) + P(B|A^c)P(A^c)}$$

が成り立つ. この計算を一般化して次を得る :

ベイズの公式: Ω が n 個の事象 $A_1, A_2, \cdots, A_n$ に分割されているとする. $P(B) > 0$ である任意の事象 B に対して

$$P(A_k|B) = \frac{P(B|A_k)P(A_k)}{\displaystyle\sum_{j=1}^{n} P(B|A_j)P(A_j)}$$

である.

8.2　ベイズ推定

ベイズの公式を応用してデータから分布を推定する方法を述べる．次のような問題を考える．

問題 T：2 個の袋 A, B があり，袋 A には赤玉 2 個と白玉 1 個，袋 B には赤玉 1 個と白玉 2 個が入っている．袋 A または袋 B を選び，一度選んだら同じ袋から n 回玉を取り出しては元に戻すことを繰り返す．その結果の下に選んだ袋が A であるか B であるかを推定せよ．また，さらに同じ選んだ袋から玉を 1 個取り出すとき，赤玉白玉の分布を求めよ．

この問はこのままでは確率論の問題として明確に定式化されていない．そこで「袋 A および袋 B をそれぞれ確率 $\frac{1}{2}$ で選び」として考えてみよう．これを**事前分布**という．

---- **例題 8.1** -------------------------------------

問題 **T** において $n = 1$ とする．上の事前分布に従って選ぶ袋を $M \in \{A, B\}$ とし，赤玉を取り出す回数を $X \in \{1, 0\}$ とする．

(1) M と X の同時分布を求めよ．

(2) $X = k$ の下での M の条件付き分布 $P_{M|X}(\cdot|k)$ を求めよ．

解　M の分布は $P(M = A) = P(M = B) = \frac{1}{2}$，かつ確率変数 X は $M = A$ の下で $Ber(\frac{2}{3})$，$M = B$ の下で $Ber(\frac{1}{3})$ に従うから，乗法定理より

$$P(M = A,\ X = 0) = P(X = 0|M = A)P(M = A) = \frac{1}{3} \cdot \frac{1}{2} = \frac{1}{6},$$

が成り立つ．その他の場合も同様に計算して同時分布表

$M \setminus X$	1	0	M の事前分布
A	$\frac{2}{6}$	$\frac{1}{6}$	$\frac{1}{2}$
B	$\frac{1}{6}$	$\frac{2}{6}$	$\frac{1}{2}$
X の分布	$\frac{1}{2}$	$\frac{1}{2}$	1

を得る．これから

$$P(M = A\ |X = 0) = \frac{P(M = A,\ X = 0)}{P(X = 0)} = \frac{\frac{1}{6}}{\frac{1}{6} + \frac{2}{6}} = \frac{1}{3}$$

であるから，

M	$P_{M|X}(\cdot|0)$
A	$\frac{1}{3}$
B	$\frac{2}{3}$

および

M	$P_{M|X}(\cdot|1)$
A	$\frac{2}{3}$
B	$\frac{1}{3}$

を得る (同時分布表に揃えて M の分布表をあえて縦に書いている)．　　　　□

$p_{M|X}(\cdot|x)$ を $X = x$ の下での M の**事後分布**という．次に，選んだ袋から 1 回玉を取り出した結果 (データ) に基づいて，再び同じ袋から玉を何回か取り出すときの赤玉を取り出す回数 Y の分布を考えよう．$X = x$ の下での事後分布から定まる Y の分布をデータ $X = x$ の下での Y の**予測分布**という．すなわち，予測分布 $p_{Y|X}(\cdot|x)$ を事後分布 $p_{M|X}(\cdot|x)$ から

$$p_{Y|X}(y|x) = \sum_{m \in M} p_{Y|M}(y|m)p_{M|X}(m|x) \tag{8.1}$$

により定義する. 例えば, 例題 8.1 において, 最初に選んだ袋からさらに 2 回玉を取り出すとする. $X = 1$ の下での $Y \in \{0, 1, 2\}$ の予測分布は

$$p_{Y|X}(0|1) = p_{Y|M}(0|A)p_{M|X}(A|1) + p_{Y|M}(0|B)p_{M|X}(B|1) = \frac{1}{9} \cdot \frac{2}{3} + \frac{4}{9} \cdot \frac{1}{3} = \frac{2}{9}$$

同様に

$$p_{Y|X}(1|1) = \frac{4}{9}, \quad p_{Y|X}(2|1) = \frac{3}{9}$$

である (下の表を参照).

$M \setminus Y$	0	1	2	$p_{M|X}(\cdot|1)$
A	$\frac{2}{27}$	$\frac{8}{27}$	$\frac{8}{27}$	$\frac{2}{3}$
B	$\frac{4}{27}$	$\frac{4}{27}$	$\frac{1}{27}$	$\frac{1}{3}$
$p_{Y|X}(\cdot|1)$	$\frac{2}{9}$	$\frac{4}{9}$	$\frac{3}{9}$	1

—— 例題 8.2 ——

問題 **T** において上の事前分布で選ぶ袋を M とし, 袋から赤玉を取り出す回数を $X \in \{0, 1, \ldots, n\}$ とする.

(1) $1 \le k \le n$ とする. $X = k$ の下での M の事後分布を求めよ.

(2) 選んだ袋からさらに玉を 1 回取り出す. $X = k$ の下で, 赤玉を取り出す回数 $Y \in \{1, 0\}$ の予測分布を求めよ.

解 (M, X) の同時分布は

$$p(A, k) = p_M(A)p(k|A) = \frac{1}{2}\binom{n}{k}\left(\frac{2}{3}\right)^k\left(\frac{1}{3}\right)^{n-k} = \frac{1}{2}\binom{n}{k}\frac{2^k}{3^n}, \quad p(B, k) = \frac{1}{2}\binom{n}{k}\frac{2^{n-k}}{3^n}$$

であるから

$$p_X(k) = p(A, k) + p(B, k) = \frac{1}{2}\binom{n}{k}\frac{2^k + 2^{n-k}}{3^n}$$

である. したがって, $X = k$ の下での M の事後分布は

$$p_{M|X}(A|k) = \frac{p(A, k)}{p_X(k)} = \frac{2^k}{2^k + 2^{n-k}}, \quad p_{M|X}(B|k) = \frac{p(B, k)}{p_X(k)} = \frac{2^{n-k}}{2^k + 2^{n-k}}$$

である. 次に, 予測分布の定義 (8.1) より

$$p_{Y|X}(1|k) = p_{Y|M}(1|A)p_{M|X}(A|k) + p_{Y|M}(1|B)p_{M|X}(B|k)$$

$$= \frac{2}{3}\frac{2^k}{2^k + 2^{n-k}} + \frac{1}{3}\frac{2^{n-k}}{2^k + 2^{n-k}} = \frac{2^{k+1} + 2^{n-k}}{3(2^k + 2^{n-k})},$$

同様

$$p_{Y|X}(0|k) = \frac{2^k + 2^{n-k+1}}{3(2^k + 2^{n-k})}$$

である. 例えば, $n = 4$, $k = 3$ のとき

$$p_{Y|X}(1|3) = \frac{3}{5}, \quad p_{Y|X}(0|3) = \frac{2}{5}$$

である. □

問 8.1　表が出る確率が異なる 2 枚のコイン A，B がある．A を投げて表が出る確率を α，B を投げて表が出る確率を β とする．A，B から無作為に 1 枚を選び，それを 2 回投げる．1 回目に表が出る事象を T_1，2 回目に表が出る事象を T_2 とする．

(1) $P(T_1)$，$P(T_2)$ を求めよ．

(2) 選んだコインが A である事象を A とする．$P(A|T_1)$ を求めよ．$\alpha > \beta$ であるとき，$P(A)$ と $P(A|T_1)$ との間の大小関係を求めよ．

(3) $P(T_2|T_1)$ を求めよ．$P(T_2|T_1) \geq P(T_2)$ を示せ．$P(T_2|T_1) = P(T_2)$ となるのはどのような場合か．

ヒント：最初にコイン A または B を選ぶ事前分布は $(\frac{1}{2}, \frac{1}{2})$ である．(2) はコインを 1 回投げて得るデータの下で事後分布を求める問題，(3) は予測分布を求める問題である．

　次に事後分布や予測分布を求める問題を連続確率変数の場合に考えてみる．この場合，事後分布 $f_{M|X}(m|x)$ を事前分布 $f_M(m)$ および条件付き密度関数 $f_{X|M}(x|m)$ （(6.10) 参照）から

$$f_{M|X}(m|x) = \frac{f_{X|M}(x|m)f_M(m)}{f_X(x)} = \frac{f(m,x)}{f_X(x)}, \tag{8.2}$$

により定める．ただし $f_X(x) = \int f(m,x)dm$ とする．また，$X = x$ の下での Y の予測分布 $f_{Y|X}(y|x)$ を，(8.1) 同様

$$f_{Y|X}(y|x) = \int_M f_{Y|M}(y|m)f_{M|X}(m|x)dm \tag{8.3}$$

により定義する．

====== 例題 8.3 ======

　確率変数 M は標準正規分布 $N(0,1)$ に従い，X,Y は $M = m$ の下で正規分布 $N(m,1)$ に従う条件付き独立な確率変数する．このとき，

(1) $f_X(x)$ を求めよ．

(2) $X = x$ の下での M の事後分布 $f_{M|X}(m|x)$ を求めよ．

(3) $X = x$ の下での Y の予測分布 $f_{Y|X}(y|x)$ を求めよ．

解　題意より，M の密度関数は

$$f_M(m) = \frac{1}{\sqrt{2\pi}}e^{-\frac{1}{2}m^2}$$

であり，X の $M = m$ の下での条件付き密度関数 $f_{X|M}(x|m)$ は

$$f_{X|M}(x|m) = \frac{1}{\sqrt{2\pi}}e^{-\frac{1}{2}(x-m)^2}$$

である．したがって (M, X) の同時密度関数は

$$f(m,x) = f_{X|M}(x|m)f_M(m) = \frac{1}{2\pi}e^{-\frac{1}{2}(2m^2-2xm+x^2)}$$

$$= \frac{1}{\sqrt{\pi}}e^{-(m-\frac{x}{2})^2}\frac{1}{\sqrt{4\pi}}e^{-\frac{x^2}{4}} \tag{8.4}$$

である．最後の変形より

$$f_X(x) = \int_{\mathbf{R}} f(m,x)dm = \frac{1}{\sqrt{4\pi}}e^{-\frac{x^2}{4}}, \quad f_{M|X}(m|x) = \frac{1}{\sqrt{\pi}}e^{-(m-\frac{x}{2})^2}$$

であることがわかる. 言い換えると,

(i) X は $N(0,2)$ に従う.

(ii) $X = x$ の下での M の事後分布は $N(\frac{x}{2}, \frac{1}{2})$ である.

$$f_{Y|M}(y|m)f_{M|X}(m|x) = \frac{1}{\sqrt{2\pi}}e^{-\frac{1}{2}(y-m)^2}\frac{1}{\sqrt{\pi}}e^{-(m-\frac{x}{2})^2}$$

$$= \frac{1}{\sqrt{2\pi}}e^{-\frac{1}{2}(3m^2-2(y+x)m+y^2+\frac{x^2}{2})}$$

$$= \sqrt{\frac{3}{2\pi}}e^{-\frac{3}{2}(m-\frac{y+x}{3})^2}\frac{1}{\sqrt{3\pi}}e^{-\frac{1}{3}(y-\frac{x}{2})^2}$$

であるから, (8.3) より Y の予測分布は

$$f_{Y|X}(y|x) = \frac{1}{\sqrt{3\pi}}e^{-\frac{1}{3}(y-\frac{x}{2})^2},$$

すなわち正規分布 $N(\frac{x}{2}, \frac{3}{2})$ であることがわかる. □

ひとつのデータを得た結果 M の分散が事前分布では 1 であるが事後分布では $\frac{1}{2}$ と小さくなり, その結果事前分布の下で 2 であった X の分散が, 事後分布の下では $\frac{3}{2}$ となっていることがわかる.

> **問 8.2** 確率変数 M は標準正規分布 $N(0,1)$ に従い, $\mathbf{X} = (X_1, X_2, \cdots, X_n)$ は M を平均とする正規分布 $N(M,1)$ に従う独立な確率変数列とする. このとき, $\mathbf{X} = \mathbf{x}$ の下での M の条件付き密度関数 $f_{M|\mathbf{X}}(m|\mathbf{x})$ を求めよ.

8.3 回帰分析

マンションなどの不動産の価格 y は間取りの広さ x_1, 築年数 x_2, 駅からの時間 x_3 などいくつかの要素に影響されて決まる. y と $\mathbf{x} = (x_1, x_2, \ldots, x_r)$ との関係を示す式

$$y = \Theta(\mathbf{x}) \tag{8.5}$$

を知ることができれば売る側も買う側もありがたい. 不動産価格に限らず, 実際のデータを観察して, いくつかの要素 $\mathbf{x}$(一般に**説明変数**という) と知りたい値 y(一般に**目的変数**という) との関係を与える $\Theta(\mathbf{x})$ を推定することは自然科学や社会科学の様々な局面において重要である. しかし, 実際には考えていない要素や誤差があるので, すべてのデータがこのような式から決まると想定することは不自然である. むしろ, 実際に観測されるデータは, (8.5) の右辺に誤差の項としてある分布に従う確率変数 X が加わったもの

$$Y = \Theta(\mathbf{x}) + X \tag{8.6}$$

の実現 (サンプル) として得られるものと捉えることが自然であろう. このようなモデルを回帰モデルといい, 観測データから $\Theta(\mathbf{x})$ を推定することを**回帰分析**という.

ここではモデルを以下のように限定する. $r = 1$ とする. また Θ としてあらかじめ与えられ

た関数系 $\phi(x) = (\phi_1(x), \phi_2(x), \ldots, \phi_M(x))$, および定数の列 $\xi = (\xi_1, \xi_2, \ldots, \xi_M)$ から

$$\Theta(x) = \sum_{m=1}^{M} \xi_m \phi_m(x) \tag{8.7}$$

と表されるものとする. Θ をあらかじめこのように限定するとき, Θ を推定することは $\xi = (\xi_m)_m$ を推定することである. $\xi_1, \xi_2, \ldots, \xi_M$ を**回帰係数**という. $\phi(x)$ の重要な例のひとつは

$$\phi_1(x) = 1, \quad \phi_2(x) = x, \quad \ldots \quad \phi_M(x) = x^{M-1}$$

である場合, すなわち Θ が x の多項式の場合である. $M = 2$ かつ $\phi_1(x) = 1$, $\phi_2(x) = x$ の場合, 推定して得られる $y = \Theta(x) = \xi_1 + \xi_2 x$ を**回帰直線**という. 最後に, 誤差項 X は正規分布 $N(0, \sigma^2)$ に従う確率変数とする.

以上の仮定の下で, 説明変数と目的変数の組の N 個のデータ

$$(x_1, y_1), \ (x_2, y_2), \ldots, (x_N, y_N) \tag{8.8}$$

は, $(X_n)_{n=1,\ldots,N}$ を $N(0, \sigma^2)$ に従う i.i.d.列として

$$Y_n = \sum_{m=1}^{M} \xi_m \phi_m(x_n) + X_n, \qquad n = 1, \ldots, N \tag{8.9}$$

によって定まる確率モデルのサンプルである. Y_n は $N(\sum_{m=1}^{M} \xi_m \phi_m(x_n), \sigma^2)$ に従うから $\mathbf{Y} = (Y_1, Y_2, \ldots, Y_N)$ の同時密度関数 $f(\mathbf{y})$ は

$$f(\mathbf{y}) = \frac{1}{(2\pi\sigma^2)^{N/2}} \exp\left\{ -\frac{1}{2\sigma^2} \sum_{n=1}^{N} \left(y_n - \sum_{m=1}^{M} \xi_m \phi_m(x_n) \right)^2 \right\} \tag{8.10}$$

である. これは $\xi = (\xi_1, \xi_2, \ldots, \xi_M)$ によってパラメーターづけられた $\mathbf{y}$ についての確率密度関数であるが, この右辺の (x_n, y_n) にデータ (8.8) を代入して (8.10) を $\xi = (\xi_1, \ldots, \xi_M)$ のみの関数と見なし, その最大値を与える ξ を**最尤 (さいゆう) 推定値**という.

明らかに最尤推定値は

$$g(\xi_1, \ldots, \xi_M) = \sum_{n=1}^{N} \left(y_n - \sum_{m=1}^{M} \xi_m \phi_m(x_n) \right)^2$$

の最小値を与えるもの, 言い換えると $\frac{\partial g}{\partial \xi_m}(\xi_1, \ldots, \xi_M) = 0$, $m = 1, \ldots, M$ の解, すなわち ξ についての方程式

$$\sum_{n=1}^{N} \phi_m(x_n) \left(y_n - \sum_{m'=1}^{M} \xi_{m'} \phi_{m'}(x_n) \right) = 0, \quad m = 1, \ldots, M$$

の解である. この方程式は

$$\sum_{n=1}^{N} y_n \phi_m(x_n) = \sum_{m'=1}^{M} \xi_{m'} \sum_{n=1}^{N} \phi_m(x_n) \phi_{m'}(x_n), \quad m = 1, \ldots, M \tag{8.11}$$

と書き直すことができる.ここで $\xi = (\xi_1, \ldots, \xi_M)^\top$,また $\mathbf{y}$ および Φ を

$$\mathbf{y} = \begin{pmatrix} y_1 \\ \vdots \\ y_N \end{pmatrix}, \qquad \Phi = \begin{pmatrix} \phi_1(x_1) & \cdots & \phi_M(x_1) \\ \vdots & \ddots & \vdots \\ \phi_1(x_N) & \cdots & \phi_M(x_N) \end{pmatrix} \tag{8.12}$$

とおくと

$$\sum_{n=1}^{N} y_n \phi_m(x_n) = (\Phi^\top \mathbf{y})_m$$

かつ

$$\sum_{m'=1}^{M} \xi_{m'} \sum_{n=1}^{N} \phi_m(x_n) \phi_{m'}(x_n) = \sum_{m'=1}^{M} (\Phi^\top \Phi)_{m,m'} \xi_{m'} = (\Phi^\top \Phi \xi)_m$$

である(ただし,$\Phi^\top$ は Φ の転置)から,(8.11) は

$$\Phi^\top \mathbf{y} = \Phi^\top \Phi \xi$$

と表される.以上の議論を以下のようにまとめることができる.

> **命題 8.1** (8.9) により目的変数と説明変数の関係が与えられるとき,データ (8.8) から定まる ξ の最尤推定値は
>
> $$\xi = (\Phi^\top \Phi)^{-1} \Phi^\top \mathbf{y} \tag{8.13}$$
>
> により与えられる.ただし,$\mathbf{y}$ および Φ は (8.12) で定まるものである.

このように観測データ $((X, Y)$ のサンプル)の確率が最大になるようにパラメーターの推定する方法を**最尤法**という.

—— 例題 8.4 ——

(8.9) において $M = 2$,$\phi_1(x) = 1$,$\phi_2(x) = x$ とする.すなわち $N(0, \sigma^2)$ に従う X に対して回帰モデルを

$$Y = \xi_1 + \xi_2 x + X, \tag{8.14}$$

とする.このとき,データ (8.8) から定まる $\xi = (\xi_1, \xi_2)$ の最尤推定値を求めよ.特に,データ

$$(0, 1), \quad \left(1, \frac{5}{2}\right), \quad \left(2, \frac{9}{2}\right)$$

に対する $\xi = (\xi_1, \xi_2)$ を求めよ.

解　前半:$\phi_1(x) = 1$,$\phi_2(x) = x$ より $\Phi = \begin{pmatrix} 1 & x_1 \\ \vdots & \vdots \\ 1 & x_N \end{pmatrix}$ であるから $\Phi^\top \Phi = \begin{pmatrix} N & \displaystyle\sum_{n=1}^{N} x_n \\ \displaystyle\sum_{n=1}^{N} x_n & \displaystyle\sum_{n=1}^{N} x_n^2 \end{pmatrix}$

である．したがって $\bar{x} = \dfrac{1}{N}\displaystyle\sum_{n=1}^{N} x_n,\quad \bar{x^2} = \dfrac{1}{N}\displaystyle\sum_{n=1}^{N} x_n^2$ とおくと

$$(\Phi^\top \Phi)^{-1} = \frac{1}{N(\bar{x^2} - (\bar{x})^2)} \begin{pmatrix} \bar{x^2} & -\bar{x} \\ -\bar{x} & 1 \end{pmatrix} \tag{8.15}$$

である．よって

$$(\Phi^\top \Phi)^{-1}\,\Phi^\top = \frac{1}{N(\bar{x^2} - (\bar{x})^2)} \begin{pmatrix} \bar{x^2} - x_1\bar{x} & \bar{x^2} - x_2\bar{x} & \ldots & \bar{x^2} - x_N\bar{x} \\ x_1 - \bar{x} & x_2 - \bar{x} & \ldots & x_N - \bar{x} \end{pmatrix}$$

を確かめることができる．これより (8.13) から

$$\xi_2 = \{(\Phi^\top \Phi)^{-1}\,\Phi^\top \mathbf{y}\}_2 = \frac{1}{N(\bar{x^2} - (\bar{x})^2)}\sum_{n=1}^{N}(x_n - \bar{x})y_n = \frac{\bar{xy} - \bar{x}\cdot\bar{y}}{\bar{x^2} - (\bar{x})^2} = \frac{v_{x,y}}{v_x} \tag{8.16}$$

である．ただし

$$v_x = \bar{x^2} - (\bar{x})^2,\quad v_{x,y} = \bar{xy} - \bar{x}\cdot\bar{y} = \frac{1}{N}\sum_{n=1}^{N} x_n y_n - \left(\frac{1}{N}\sum_{n=1}^{N} x_n\right)\left(\frac{1}{N}\sum_{n=1}^{N} y_n\right)$$

である．また，$\xi_1 = \bar{y} - \xi_2\bar{x}$ を容易に確かめることができる．

後半：

$$\bar{x} = \frac{0+1+2}{3} = 1,\quad \bar{x^2} = \frac{0+1+4}{3} = \frac{5}{3},\quad v_x = \bar{x^2} - (\bar{x})^2 = \frac{2}{3},$$

同様に

$$\bar{y} = \frac{8}{3},\quad \bar{xy} = \frac{23}{6},\quad v_{x,y} = \frac{23}{6} - 1\times\frac{8}{3} = \frac{7}{6}$$

であるから (8.16) より

$$\xi_2 = \frac{7}{6}\bigg/\frac{2}{3} = \frac{7}{4},\quad \xi_1 = \frac{8}{3} - \frac{7}{4}\times 1 = \frac{11}{12}$$

である．以上より，最尤法から定まる説明変数と目的変数の関係式は

$$y = \frac{11}{12} + \frac{7}{4}x$$

である． □

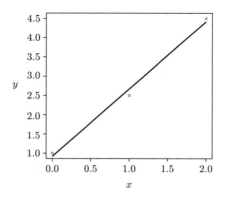

図 8.1 データのプロットと回帰直線

8.4 回帰分析におけるベイズ推論

以上最尤法から $\xi = (\xi_1, \xi_2, \ldots, \xi_M)$ の推定値を求めた. 次に ξ を確率変数と見なし (以後それを $\Xi = (\Xi_1, \Xi_2, \ldots, \Xi_M)$ と記す), その事前分布を適当に与えて, データ (8.8) の下での Ξ の事後分布および予測分布を求めよう. Ξ と X という 2 個の偶然性の結合から得られるサンプルから条件付き分布として Ξ の事後分布を求めるという問題の基本的構造は例題 8.1 や例題 8.3 のそれと同じである.

(8.9) において Ξ はある分布 (事前分布) に従う確率変数とする. Ξ が与えられた下での $\mathbf{Y}$ の条件付き分布の密度関数 $f(\mathbf{y}|\xi)$ は (8.10) と同じである, すなわち

$$f(\mathbf{y}|\xi) = \frac{1}{(2\pi\sigma^2)^{N/2}} \exp\left\{ -\frac{1}{2\sigma^2} \sum_{n=1}^{N} \left(y_n - \sum_{m=1}^{M} \xi_m \phi_m(x_n) \right)^2 \right\}$$
$$= \frac{1}{(2\pi\sigma^2)^{N/2}} \exp\left\{ -\frac{1}{2\sigma^2} \|\mathbf{y} - \Phi\xi\|_N^2 \right\} \tag{8.17}$$

である. ただし $\|\mathbf{x}\|_N^2 = \langle \mathbf{x}, \mathbf{x} \rangle_N$, $\langle \mathbf{x}, \mathbf{y} \rangle_N = \sum_{n=1}^{N} x_n y_n$ とする.

Ξ は, X と独立であって, その事前分布として M 次元正規分布 $N(0, \tau^2 I)$ をとる. ただし, 0 は M 次元零ベクトル, I は M 次元単位行列とする. その密度関数 $f(\xi)$ は

$$f(\xi) = \frac{1}{(2\pi\tau^2)^{M/2}} \exp\left\{ -\frac{1}{2\tau^2} \|\xi\|_M^2 \right\}$$

である. Ξ と $\mathbf{Y}$ の同時密度関数 $f(\xi, \mathbf{y})$ は, (8.17) より

$$f(\xi, \mathbf{y}) = f(\xi) f(\mathbf{y}|\xi) = \frac{1}{(2\pi\tau^2)^{M/2}(2\pi\sigma^2)^{N/2}} \exp\left\{ -\frac{1}{2\tau^2} \|\xi\|_M^2 - \frac{1}{2\sigma^2} \|\mathbf{y} - \Phi\xi\|_N^2 \right\}$$

である. この右辺において指数の中身を ξ について平方完成する.

$$\frac{1}{\tau^2} \|\xi\|_M^2 + \frac{1}{\sigma^2} \|\mathbf{y} - \Phi\xi\|_N^2$$
$$= \frac{1}{\tau^2} \langle \xi, \xi \rangle_M + \frac{1}{\sigma^2} \langle \Phi\xi, \Phi\xi \rangle_N - \frac{2}{\sigma^2} \langle \mathbf{y}, \Phi\xi \rangle_N + \frac{1}{\sigma^2} \langle \mathbf{y}, \mathbf{y} \rangle_N$$
$$= \langle \xi, \tau^{-2}\xi + \sigma^{-2} \Phi^\top \Phi\xi \rangle_M - 2\langle \sigma^{-2} \Phi^\top \mathbf{y}, \xi \rangle_M + \sigma^{-2} \|\mathbf{y}\|_N^2$$
$$= \langle \xi - \mu, \Delta^{-1}(\xi - \mu) \rangle_M - \langle \Delta^{-1}\mu, \mu \rangle_M + \sigma^{-2} \|\mathbf{y}\|_N^2,$$

ただし Δ は

$$\Delta^{-1} = \tau^{-2} I + \sigma^{-2} \Phi^\top \Phi \tag{8.18}$$

から定まり, μ は $\mathbf{y}$ から

$$\mu = \sigma^{-2} \Delta \Phi^\top \mathbf{y} \tag{8.19}$$

により定まるものである. これより, (8.4) における議論と同様に, $\mathbf{Y} = \mathbf{y}$ の下で Ξ の事後分布 $f_{\Xi|\mathbf{Y}}$ は

$$f_{\Xi|\mathbf{Y}}(\xi|\mathbf{y}) = \frac{f(\xi, \mathbf{y})}{\int f(\xi, \mathbf{y}) d\xi} = \frac{1}{(2\pi)^{M/2}\sqrt{\det \Delta}} \exp\left\{ -\frac{1}{2} \langle \xi - \mu, \Delta^{-1}(\xi - \mu) \rangle_M \right\},$$

すなわち正規分布 $N(\mu, \Delta)$ に従うことがわかる.

この結論についてひとつの注意をしよう. (8.18) から $\lim\limits_{\tau \to \infty} \Delta = \sigma^2 \, (\Phi^\top \Phi)^{-1}$, したがって

$$\lim_{\tau \to \infty} \mu = (\Phi^\top \Phi)^{-1} \, \Phi^\top \mathbf{y}, \tag{8.20}$$

すなわち, (8.13) との比較により, ξ の事前分布の分散を大きくするとき事後分布の平均は最尤推定値に近づくことがわかる.

最後に目的変数 $\mathbf{Y}$ のデータ (8.8) の下での予測分布を求めよう. 予測分布は $\Xi = (\Xi_1, \ldots, \Xi_M)$ が事後分布 $N(\mu, \Delta)$ に従うものとするときの

$$Y = \sum_{m=1}^{M} \Xi_m \phi_m(x) + X \tag{8.21}$$

によって定まる各 x ごとの Y の分布である. それを $Y(x)$ と記す. ただし X は Ξ とは独立であり, $N(0, \sigma^2)$ に従うものである. ここで, 一般に多次元正規分布に従う $\mathbf{X} = (X_1, \ldots, X_\ell)$ および $(a_1, \ldots, a_\ell) \in \mathbf{R}^\ell$ に対して $\sum\limits_{k=1}^{\ell} a_k X_k$ は正規分布に従うから (問 6.11), (8.21) により定まる $Y(x)$ も正規分布に従う. その平均と分散は

$$E[Y(x)] = \sum_{m=1}^{M} E[\Xi_m]\phi_m(x) + E[X] = \sum_{m=1}^{M} \mu_m \phi_m(x) = \langle \mu, \phi(x) \rangle,$$

また $\mathrm{Cov}(\Xi_m, \Xi_{m'}) = \Delta_{m,m'}$ であるから, Ξ と X の独立性および (4.19) より

$$V[Y(x)] = V[\sum_{m=1}^{M} \Xi_m \phi_m(x)] + V[X]$$

$$= \sum_{m,m'=1}^{M} \phi_m(x)\phi_{m'}(x)\mathrm{Cov}(\Xi_m, \Xi_{m'}) + \sigma^2 = \langle \phi(x), \Delta\phi(x) \rangle + \sigma^2$$

である. 以上の議論をまとめよう.

命題 8.2　X_n, $n = 1, \ldots, N$ を正規分布 $N(0, \sigma^2)$ に従う i.i.d.列とし, $\Xi = (\Xi_1, \Xi_2, \ldots, \Xi_M)$ の分布 (事前分布) を M 次元正規分布 $N(0, \tau^2 I)$ とする. $(x_1, x_2, \ldots, x_N) \in \mathbf{R}^N$ に対して $Y_1, Y_2, \ldots, Y_N$ を

$$Y_n = \sum_{m=1}^{M} \Xi_m \phi_m(x_n) + X_n, \qquad n = 1, \ldots, N$$

によって定まる確率変数列とする. このとき,

(1) $\mathbf{Y} = (Y_1, \ldots, Y_N) = (y_1, \ldots, y_N) = \mathbf{y}$ の下での Ξ の条件付き分布 (事後分布) は正規分布 $N(\mu, \Delta)$ である. Δ は (8.18), μ は (8.19) により定まるものである. また,

(2) Ξ が事後分布 $N(\mu, \Delta)$ に従うとき, 各 $x \in \mathbf{R}$ に対して (8.21) によって定まる $Y(x)$ 予測分布は正規分布 $N(\langle \mu, \phi(x) \rangle, \langle \phi(x), \Delta\phi(x) \rangle + \sigma^2)$ である.

───── **例題 8.5** ─────

例題 8.4 において最尤推定値を求めた $\xi = (\xi_1, \xi_2)$ に対してこの例題ではベイズ推論を行う。
回帰モデル

$$Y = \xi_1 + \xi_2 x + X,$$

に対して $\xi = (\xi_1, \xi_2)$ の事前分布を $N(0, \tau^2 I)$ とする。データ $(0, 1)$, $\left(1, \frac{5}{2}\right)$, $\left(2, \frac{9}{2}\right)$ から定まる ξ の事後分布および $Y(x)$ の予測分布の $\tau \to \infty$ とするときの極限を求めよ。

───────────────────────────────

解 (8.15) および (8.20) に注意して、$\tau \to \infty$ のとき

$$\Delta = \sigma^2 (\Phi^\top \Phi)^{-1} = \frac{\sigma^2}{6} \begin{pmatrix} 5 & -3 \\ -3 & 3 \end{pmatrix},$$

$$\mu = (\Phi^\top \Phi)^{-1} \Phi^\top \mathbf{y} = \frac{1}{6} \begin{pmatrix} 5 & -3 \\ -3 & 3 \end{pmatrix} \begin{pmatrix} 1 & 1 & 1 \\ 0 & 1 & 2 \end{pmatrix} \begin{pmatrix} 1 \\ 2.5 \\ 4.5 \end{pmatrix} = \begin{pmatrix} \frac{11}{12} \\ \frac{7}{4} \end{pmatrix}$$

であるから $\tau \to \infty$ において $\xi = \begin{pmatrix} \xi_1 \\ \xi_2 \end{pmatrix}$ は正規分布 $N\left(\begin{pmatrix} \frac{11}{12} \\ \frac{7}{4} \end{pmatrix}, \frac{\sigma^2}{6} \begin{pmatrix} 5 & -3 \\ -3 & 3 \end{pmatrix}\right)$ に従う。

次に

$$\langle \mu, \phi(x) \rangle = \left\langle \begin{pmatrix} \frac{11}{12} \\ \frac{7}{4} \end{pmatrix}, \begin{pmatrix} 1 \\ x \end{pmatrix} \right\rangle, \qquad \langle \phi(x), \Delta \phi(x) \rangle = \left\langle \begin{pmatrix} 1 \\ x \end{pmatrix}, \frac{\sigma^2}{6} \begin{pmatrix} 5 - 3x \\ -3 + 3x \end{pmatrix} \right\rangle$$

であるから $Y(x)$ の予測分布は正規分布 $N\left(\frac{11}{12} + \frac{7}{4}x, \frac{\sigma^2}{6}(3x^2 - 6x + 11)\right)$ に従う。　　□

───────────────── **章 末 問 題** ─────────────────

8-1　$(0, 1)$ に値をとる確率変数 M がベータ分布 $B(\alpha, \beta)$ に従うものとし、X は $M = \mu$ の下でベルヌーイ分布 $Ber(\mu)$ に従うとする。X の i.i.d.列 $\mathbf{X}$ のデータ $\mathbf{x} = (x_1, \ldots, x_n)$ の下での M の事後分布および X の予測分布を求めよ

8-2　非負値確率変数 M がガンマ分布 $\mathrm{Gam}(\alpha, \beta)$ に従うものとし、X は $M = \mu$ の下でポアソン分布 $Po(\mu)$ に従うとする。X の i.i.d.列 $\mathbf{X}$ のデータ $\mathbf{x} = (x_1, \ldots, x_n)$ の下での M の事後分布および X の予測分布を求めよ。

第 9 章

有限マルコフ連鎖

　多くの読者は，大学入試問題においてグラフの頂点をランダムに点が移動するモデルに関する出題を目にしたことがあるだろう．1 秒ごとに隣り合う頂点のうちの 1 つをランダムに選んで移動するとき，n 秒後にもとの頂点にいる確率 p_n を求めるといった問題である．これらの移動するモデルにおいて，各秒ごとの移動先はサイコロ投げなどをして決めるので，過去の移動の履歴とは無関係である．このようなランダムな移動がマルコフ連鎖の一例である．

　マルコフ連鎖の概念は 1906 年にロシアの数学者マルコフにより導入された．その動機は，i.i.d.列に対して成り立つ大数の法則が i.i.d.列でない場合にも成り立つことがあるかという問に答えることにあった．本章では，主にマルコフ連鎖を長い時間観察したときに成り立つ法則を考察する．

　本章でマルコフ連鎖を解析する視点や手法として，強マルコフ性と分割公式をキーワードに挙げることができる．有限な状態空間上のマルコフ連鎖は強マルコフ性という性質を持つ．その結果，マルコフ連鎖がある状態を出発して再びその状態に戻る事象は，それが起こるたびに独立かつ等しい確率で起こる．よって，状態に戻る回数は幾何分布に従う (補題 9.3 およびその後の注意)．それより，ある状態に滞在する時間の期待値を求めることができる (補題 9.6)．また，もし確率 1 で戻ってくるならば，戻るまでの時間の列 $\tau_1, \tau_2, \ldots$ は i.i.d.列であることがわかる．このことが，マルコフ連鎖の経験分布に対する大数の法則を導く (定理 9.2)．

　例題 2.1 や例題 3.21 において，分割公式を用いて確率や期待値を方程式の解として導く方法を述べてきた．分割公式はマルコフ連鎖においてよりいっそう活躍の機会を持つ．9.6 節および 9.7 節において，マルコフ連鎖の第一歩目に関して分割公式を適用し，確率や期待値の導出を方程式に帰着させる手法を見る．

　なお，本章では行列計算を多く行う．行列計算ができるアプリを手元に置いて読み進めることを勧める．

9.1　マルコフ連鎖の定義と基本的な公式

　前節で述べたように確率変数の列 $\mathbf{X} = (X_k)_{k=0,1,2,\ldots}$ を時刻 k ごとに移動するランダムな経路と捉える．各 X_k のとる値は必ずしも実数でなくてもよく，例えば { 東京, 名古屋, 京都, 大

阪 } でもよいし, { 焼きそば, たこ焼き, お好み焼き } でもよい. 各 X_k がとる値の集合 S を状態空間といい, S の各元を**状態**と呼ぶ. **X** の各サンプルは状態の間を移動するランダムな経路を表し X_k はその k ステップ目の状態を表す. あるいは, X_k を時刻 k における状態ともいう. 本章において特に断らない限り状態空間 S は有限集合であるとする. $J \subset S^{n+1}$ に対して

$$A = \{(X_0, X_1, \cdots, X_n) \in J\}$$

の形の事象の全体を時刻 n 以前で定まる事象と呼ぶことにする. 例えば, $A = \{X_0 = 東京, X_3 = 大阪\}$ は時刻 3 以前で定まる事象である.

定義 9.1 集合 S に値をとる確率変数の列 $\mathbf{X} = (X_k)_{k=0,1,2,\ldots}$ が, 「将来にある値をとる確率は現在の状態のみに依存して決まり, 過去の履歴には 無関係である」という性質を持つとき, すなわち

$$P(X_{n+1} = x_{n+1} | X_n = x_n, A) = P(X_{n+1} = x_{n+1} | X_n = x_n) \qquad (9.1)$$

が時刻 $n-1$ 以前で定まる任意の事象 A および $x_n, x_{n+1} \in S$ に対し成り立つとき $\mathbf{X}$ を**状態空間 S 上のマルコフ連鎖** (この本では以後しばしば単に**連鎖**) であるという.

乗法定理 (2.8) と式 (9.1) から, $x_0, x_1, x_2 \in S$ に対し

$$P(X_0 = x_0, X_1 = x_1, X_2 = x_2)$$
$$= P(X_2 = x_2 | X_1 = x_1, X_0 = x_0) P(X_1 = x_1, X_0 = x_0)$$
$$= P(X_2 = x_2 | X_1 = x_1) P(X_1 = x_1 | X_0 = x_0) P(X_0 = x_0)$$

である. これを一般化して次の命題を得る.

命題 9.1 $\mathbf{X} = (X_k)_{k=0,1,2,\ldots}$ を S 上のマルコフ連鎖とする. 任意の $x_0, x_1, \cdots x_n \in S$ に対して

$$P(X_0 = x_0, X_1 = x_1, \cdots, X_n = x_n)$$
$$= P(X_0 = x_0) P(X_1 = x_1 | X_0 = x_0) \cdots P(X_n = x_n | X_{n-1} = x_{n-1}) \qquad (9.2)$$

が成り立つ.

以後, $P(X_{k+1} = y | X_k = x)$ を時刻 k における x から y への**推移確率**または**遷移確率**という. 以後, 推移確率は時刻 k に関して一定であるとする. すなわち, $p(x, y) \geq 0$ が存在して

$$P(X_{k+1} = y | X_k = x) = p(x, y), \quad \forall k = 0, 1, 2, \ldots \qquad (9.3)$$

とする (これを, マルコフ連鎖は**時間斉次**であるという). 任意の $x \in S$ に対して

$$\sum_{y \in S} p(x, y) = 1 \qquad (9.4)$$

が成り立つ. (9.2) より

$$P(X_1 = x_1, \cdots, X_n = x_n | X_0 = x_0) = p(x_0, x_1)p(x_1, x_2)\ldots p(x_{n-1}, x_n)$$

が成り立つ. この式の左辺のように $X_0 = x$ と条件づけした連鎖の確率を P_x, その確率に関する期待値を E_x と表す. P_x の下で連鎖を本書では「状態 x を出発する連鎖」と呼ぶことにする. また, ある S 上の分布 $\mu = (\mu(x))_{x \in S}$ に対して $P(X_0 = x) = \mu(x)$, $x \in S$ であるとき, μ を $\mathbf{X}$ の**初期分布**という. 初期分布が μ である連鎖の確率を P_μ, 期待値を E_μ と表す. 分割公式 (命題 2.4 および命題 3.6) より, 任意の事象 A および確率変数 X に対して

$$P_\mu(A) = \sum_{x \in S} \mu(x) P_x(A), \qquad E_\mu[X] = \sum_{x \in S} \mu(x) E_x[X] \tag{9.5}$$

である. まとめると, 命題 9.1 より

$$\begin{cases} P_x(X_1 = x_1, \cdots, X_n = x_n) = p(x, x_1)p(x_1, x_2)\ldots p(x_{n-1}, x_n) \\ P_\mu(X_1 = x_1, \cdots, X_n = x_n) = \displaystyle\sum_{x \in S} \mu(x) p(x, x_1)p(x_1, x_2)\ldots p(x_{n-1}, x_n) \end{cases} \tag{9.6}$$

である.

補題 9.1　任意の $n \geq 1$ および $x, y \in S$ に対して

$$P_x(X_n = y) = \sum_{z_1, z_2, \cdots z_{n-1} \in S} p(x, z_1)p(z_1, z_2)\ldots p(z_{n-2}, z_{n-1})p(z_{n-1}, y) \tag{9.7}$$

である. 以後これを $p_n(x, y)$ と書く. また,

$$P_\mu(X_n = y) = \sum_{x, z_1, z_2, \cdots z_{n-1} \in S} \mu(x)p(x, z_1)p(z_1, z_2)\ldots p(z_{n-2}, z_{n-1})p(z_{n-1}, y) \tag{9.8}$$

である.

証明　左辺は $X_0 = x$ の下で $X_n = y$ であるような経路 $\omega; X_1 = x_1, \ldots, X_n = y$ が起こる確率の ω についての和であるから, (9.6) よりそれは右辺になる. □

状態空間の各元を $S = \{x_1, x_2, \cdots, x_r\}$ と番号づけする. このとき

$$P_{i,j} = p(x_i, x_j) = P(X_{n+1} = x_j | X_n = x_i) \tag{9.9}$$

を i 行 j 列目の成分とする r 次正方行列

$$P = \begin{pmatrix} P_{1,1} & \cdots & P_{1,r} \\ \vdots & \ddots & \vdots \\ P_{r,1} & \cdots & P_{r,r} \end{pmatrix} \tag{9.10}$$

をマルコフ連鎖 $\mathbf{X}$ の**推移確率行列**という. $P_{i,j} \geq 0$ であり, (9.4) より

$$\sum_{j=1}^{r} P_{i,j} = 1, \quad \forall i = 1, \cdots, r \tag{9.11}$$

である. この事実は, $\mathbf{1} = \begin{pmatrix} 1 \\ \vdots \\ 1 \end{pmatrix}$ とすると (9.11) より

$$P\mathbf{1} = \mathbf{1} \tag{9.12}$$

と表すことができる.

推移確率を行列の形で表すことにより, マルコフ連鎖の様々な値を線形代数の計算に帰着することができる. 例えば, 行列の積の定義により P の 2 乗 P^2 の i 行 j 列目の成分

$$(P^2)_{i,j} = \sum_{k=1}^{r} P_{i,k} P_{k,j} = \sum_{k=1}^{r} p(x_i, x_k) p(x_k, x_j)$$

は, (9.7) より $p_2(x_i, x_j)$ と一致する. これを一般化して

$$p_n(x_i, x_j) = P_{x_i}(X_n = x_j) = (P^n)_{i,j} \tag{9.13}$$

が成り立つ (確かめよ). また, $\mathbf{X}$ が初期分布 μ をもつとする. $\mu_i = \mu(x_i)$ として μ を $(\mu_1, \cdots, \mu_r)$ と行ベクトルで表す. このとき, (9.5) および (9.13) より

$$P_\mu(X_n = x_j) = \sum_{i=1}^{r} \mu_i p_n(x_i, x_j) = \sum_{i=1}^{r} \mu_i (P^n)_{i,j} = (\mu P^n)_j \tag{9.14}$$

である. ここで, $(\mu P^n)_j$ は行ベクトル μP^n の j 番目の成分である. 最後に, S 上の関数 g を $g_i = g(x_i)$ とおいて列ベクトル $g = \begin{pmatrix} g_1 \\ \vdots \\ g_r \end{pmatrix}$ で表す. このとき,

$$E_{x_i}[g(X_n)] = \sum_{j=1}^{r} g(x_j) P_{x_i}(X_n = x_j) = \sum_{j=1}^{r} g(x_j)(P^n)_{i,j} = (P^n g)_i \tag{9.15}$$

である. $g(X_n)$ の取り得る値は $\{g(x_j)\}_j$ であり, それぞれを取る確率は $P_{x_i}(X_n = x_j)$ であることに注意. $(P^n g)_i$ は列ベクトル $P^n g$ の i 番目の成分である.

以上, 線型代数で学んだ記法を用いてマルコフ連鎖の基本的な量を表すことができることを確かめた. 命題としてまとめておこう.

命題 9.2 $S = \{x_1, x_2, \cdots, x_r\}$ 上の推移確率行列が P のマルコフ連鎖 $\mathbf{X} = (X_k)_{k=1,2,\cdots}$ に対して

$$p_n(x_i, x_j) = P_{x_i}(X_n = x_j) = (P^n)_{i,j}, \qquad E_{x_i}[g(X_n)] = (P^n g)_i, \quad n \geq 1 \tag{9.16}$$

が成り立つ. また, 初期分布 μ を持つとき

$$P_\mu(X_n = x_j) = (\mu P^n)_j, \quad E_\mu[g(X_n)] = \sum_{i=1}^{r} \mu_i (P^n g)_i = \mu P^n g \tag{9.17}$$

が成り立つ.

注意 9.1　以後，本書では (9.16) および (9.17) をしばしば

$$E_x[g(X_n)] = P^n g(x), \quad E_\mu[g(X_n)] = \sum_{x \in S} \mu(x) P^n g(x) \quad x \in S$$

と表す.

> **問 9.1**　$S = \{1, 2, 3\}$ 上のマルコフ連鎖 $\mathbf{X} = (X_k)_{k=1,2,\cdots}$ の推移確率行列が $P = \begin{pmatrix} \frac{1}{3} & \frac{1}{3} & \frac{1}{3} \\ \frac{1}{2} & \frac{1}{2} & 0 \\ \frac{1}{2} & \frac{1}{2} & 0 \end{pmatrix}$,
>
> また初期分布が $\mu = \left(\frac{1}{4}, \frac{1}{4}, \frac{1}{2}\right)$ で与えられているとき，X_2 の分布を求めよ. また S 上の関数 g が
>
> $g = \begin{pmatrix} 2 \\ -1 \\ -2 \end{pmatrix}$ のとき，$E_\mu[g(X_2)]$ を求めよ.

例 9.1（有限グラフ上の単純ランダムウォーク）ある有限集合 S と $\{(x, y); x, y \in S\}$ のある部分集合 E からなる組 (S, E) を頂点集合 S，辺集合 E からなる**有限グラフ**という. $(x, y) \in E$ であるとき x と y は**隣接**していると言い，$x \sim y$ と書く. x と隣接する頂点の集まりを x の**近傍**という. $d(x)$ を頂点 x の近傍の個数とする. S の任意の 2 つの頂点 x と y に対して $x_1, \ldots, x_n \in S$ があって $x \sim x_1,\ x_1 \sim x_2, \ldots, x_n \sim y$ であるとき，グラフ (S, E) は**連結**なグラフであるという.

　グラフ (S, E) の頂点集合 S を状態空間とする連鎖 $\mathbf{X}$ の推移確率が

$$p(x, y) = \begin{cases} \frac{1}{d(x)}, & x \sim y \text{ の場合} \\ 0, & \text{その他} \end{cases} \tag{9.18}$$

によって定まるとき，本書では<u>マルコフ連鎖 $\mathbf{X}$ を有限グラフ (S, E) 上の**単純ランダムウォーク**</u>と呼ぶことにする. 例えば，以下の図のグラフ (S, E) 上の単純ランダムウォークの推移確率行列は

$$P = \begin{pmatrix} 0 & \frac{1}{2} & \frac{1}{2} & 0 & 0 & 0 \\ \frac{1}{2} & 0 & \frac{1}{2} & 0 & 0 & 0 \\ \frac{1}{3} & \frac{1}{3} & 0 & \frac{1}{3} & 0 & 0 \\ 0 & 0 & \frac{1}{3} & 0 & \frac{1}{3} & \frac{1}{3} \\ 0 & 0 & 0 & 1 & 0 & 0 \\ 0 & 0 & 0 & 1 & 0 & 0 \end{pmatrix}$$

である.

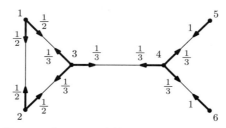

図 9.1　グラフ上の単純ランダムウォークの例

9.2 マルコフ連鎖の長時間挙動, 最初の考察

状態空間 S が2つの元 $\{1, 2\}$ からなる時, マルコフ連鎖の n ステップ推移確率を計算してみよう. S 上のマルコフ連鎖の推移確率行列は一般的に

$$P = \begin{pmatrix} 1-\alpha & \alpha \\ \beta & 1-\beta \end{pmatrix} \tag{9.19}$$

と表すことができる. ただし $0 \le \alpha, \beta \le 1$, $0 < \alpha + \beta < 2$ とする. このとき

例題 9.1

(1) P^n を計算し, $\lim_{n\to\infty} P^n$ を求めよ.

(2) $\pi = \left(\dfrac{\beta}{\alpha+\beta}, \dfrac{\alpha}{\alpha+\beta} \right)$ とすると任意の分布 $\mu = (\mu_1, \mu_2)$ に対して

$$\lim_{n\to\infty} \mu P^n = \pi, \tag{9.20}$$

すなわち, どのような初期分布 μ から出発しても, $n \to \infty$ とするとき X_n はある分布 π に近づくこと示せ.

(3) (2) で求めた π は $\pi P = \pi$ を満たすことを示せ.

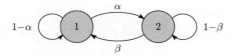

図 9.2 $\{1, 2\}$ 上のマルコフ連鎖

解 容易に

(i) P は異なる固有値 1 と $1 - \alpha - \beta$ を持ち,

(ii) それぞれの固有値に対応する右固有ベクトルとして $\begin{pmatrix} 1 \\ 1 \end{pmatrix}$, $\begin{pmatrix} -\alpha \\ \beta \end{pmatrix}$ をとることができる. したがって,

$$P^n = QD^nQ^{-1}$$

ただし

$$Q = \begin{pmatrix} 1 & -\alpha \\ 1 & \beta \end{pmatrix}, \quad Q^{-1} = \frac{1}{\alpha+\beta} \begin{pmatrix} \beta & \alpha \\ -1 & 1 \end{pmatrix}, \quad D = \begin{pmatrix} 1 & 0 \\ 0 & 1-\alpha-\beta \end{pmatrix}$$

であり, それを整理して

$$P^n = \frac{1}{\alpha+\beta} \left\{ \begin{pmatrix} \beta & \alpha \\ \beta & \alpha \end{pmatrix} + (1-\alpha-\beta)^n \begin{pmatrix} \alpha & -\alpha \\ -\beta & \beta \end{pmatrix} \right\} \tag{9.21}$$

である. $|1 - \alpha - \beta| < 1$ であるから

$$\lim_{n\to\infty} P^n = \frac{1}{\alpha+\beta} \begin{pmatrix} \beta & \alpha \\ \beta & \alpha \end{pmatrix},$$

すなわち, $\pi = (\pi_1, \pi_2) = \left(\dfrac{\beta}{\alpha+\beta}, \dfrac{\alpha}{\alpha+\beta} \right)$ とすると

$$\pi_1 > 0, \ \pi_2 > 0 \quad \text{かつ} \quad \lim_{n\to\infty} P^n = \begin{pmatrix} \pi_1 & \pi_2 \\ \pi_1 & \pi_2 \end{pmatrix}, \tag{9.22}$$

である．このとき，任意の初期分布 $\mu = (\mu_1, \mu_2)$ に対し

$$\lim_{n\to\infty} \mu P^n = (\mu_1, \mu_2) \begin{pmatrix} \pi_1 & \pi_2 \\ \pi_1 & \pi_2 \end{pmatrix} = (\mu_1 + \mu_2)(\pi_1, \pi_2) = \pi,$$

すなわち (9.20) が成り立つ．最後に，

$$(\beta, \alpha) \begin{pmatrix} 1-\alpha & \alpha \\ \beta & 1-\beta \end{pmatrix} = (\beta, \alpha),$$

が成り立つから，$\pi P = \pi$ を確かめることができる． □

実は等式 (9.20) が成り立つとき

$$\pi P = \left(\lim_{n\to\infty} \mu P^n \right) P = \lim_{n\to\infty} \mu P^{n+1} = \pi,$$

であるから

$$\pi P = \pi \tag{9.23}$$

が成り立つことがわかる．このとき，任意の $n \geq 1$ に対して

$$\pi P^n = \pi P P^{n-1} = \pi P^{n-1} = \cdots = \pi P = \pi, \tag{9.24}$$

すなわちすべての $n \geq 1$ に対して $\pi P^n = \pi$ である．命題9.2 より，(9.24) は π を初期分布とするマルコフ連鎖の X_n の分布はすべての n に対して π であることを示す．それゆえ (9.23) を満たす確率分布 π を推移確率行列 P から定まるマルコフ連鎖の**不変分布**という．

この例題において $0 < \alpha + \beta < 2$ の場合には連鎖はただ1つの不変分布 π を持ち，かつ任意の初期分布 μ に対して X_n の分布は $n \to \infty$ とするとき π に収束することを確かめた．以後このことを本書では「不変分布への収束が起きる」ということにする．ただし，この場合にも $\alpha, \beta \neq 0$ の場合と α, β の一方が 0 になる場合とでは連鎖の長時間の振る舞いは異なる．すなわち，

(i) $\alpha, \beta \neq 0$ の場合不変分布 π の各成分が正である．したがって $n \to \infty$ とするとき X_n はどちらの状態にも正の確率でいることになる．ランダムな経路と見ると，連鎖は確率1で状態1にも状態2にも繰り返し訪問する．

(ii) $\alpha \neq 0$, $\beta = 0$ の場合不変分布 $\pi = (0, 1)$ であり，$n \to \infty$ とするとき X_n の分布は状態2に集中していく．実際連鎖は遅かれ早かれ状態2を訪れ，以後そこに留まり続ける．

また $\alpha + \beta = 0$, すなわち $\alpha = \beta = 0$ の場合には連鎖は初期状態に留まりつづける．この場合 $\{1, 2\}$ 上の確率分布 $(t, 1-t)$ はすべての $0 \leq t \leq 1$ に対して $\pi P = \pi$ の解である，すなわち不変分布はただ1つではない．

以上のように，推移確率の違いから，ランダムな経路 $n \to X_n$ の $n \to \infty$ としたときのふるまいが様々な異なる形をとることがわかる．次節では連鎖のふるまいを特徴付けるいくつかの推移確率の性質を考える．

9.3　既約性と非周期性

状態 $x,\,y \in S$ に対してある $n \in \mathbf{N}$ が存在して

$$p_n(x, y) > 0$$

であるとき, x は y に**推移可能**といい $x \to y$ と表す. $x \to y$ かつ $y \to x$ であるとき $x \leftrightarrow y$ と表し, x と y は**互いに推移可能**であると言う. S の中で互いに推移可能な状態どうしを一つのグループにまとめると, S はいくつかの交わりのないグループに分割できる. このグループの個数が 1 の場合, つまり S の中の任意の 2 つの状態が互いに推移可能である場合に, このマルコフ連鎖は**既約である**という.

例 9.2　推移確率行列

$$P = \begin{pmatrix} 0.4 & 0 & 0.6 \\ 0 & 0 & 1 \\ 0.3 & 0.4 & 0.3 \end{pmatrix}$$

によって定まる連鎖を考えると,

$$P^2 = \begin{pmatrix} 0.34 & 0.24 & 0.42 \\ 0.3 & 0.4 & 0.3 \\ 0.21 & 0.12 & 0.67 \end{pmatrix}$$

であり, そのすべての成分は正である. したがって P から定まる連鎖は既約である.

── 例題 9.2 ──

推移確率行列

$$P_1 = \begin{pmatrix} 0.3 & 0.7 & 0 \\ 0.5 & 0.5 & 0 \\ 0 & 0 & 1 \end{pmatrix}, \quad P_2 = \begin{pmatrix} 0 & 0.4 & 0.6 \\ 0.5 & 0.5 & 0 \\ 0 & 0 & 1 \end{pmatrix}, \quad P_3 = \begin{pmatrix} 0 & 1 & 0 \\ 0.5 & 0 & 0.5 \\ 0 & 1 & 0 \end{pmatrix}$$

から定まるそれぞれのマルコフ連鎖の既約性を判定せよ.

解　(i) すべての $n \in \mathbf{N}$ に対して $p_n(1,3) = 0$ である (下図参照). したがって既約ではない.

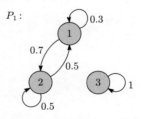

図 9.3　P_1 から定まる連鎖の状態推移図

(ii) 同様に $p_n(3,1) = 0$, $\forall n \in \mathbf{N}$ である. したがって既約ではない.

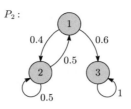

図 9.4　P_2 から定まる連鎖の状態推移図

(iii) すべての状態は推移可能であり，連鎖は既約である．

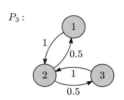

図 9.5　P_3 から定まる連鎖の状態推移図

> **問 9.2**　推移確率行列 P が以下で与えられるマルコフ連鎖の状態空間 $S = \{1, 2, 3, 4, 5, 6\}$ を互いに推移可能なグループに分割せよ．
>
> $$P = \begin{pmatrix} 0 & 0 & 0 & \frac{1}{2} & 0 & \frac{1}{2} \\ \frac{1}{2} & 0 & \frac{1}{2} & 0 & 0 & 0 \\ 0 & 0 & 0 & \frac{1}{2} & \frac{1}{2} & 0 \\ 0 & \frac{1}{2} & 0 & 0 & 0 & \frac{1}{2} \\ 0 & 0 & 0 & 0 & \frac{1}{2} & \frac{1}{2} \\ 0 & 0 & 0 & 0 & 0 & 1 \end{pmatrix}$$

　次に，各状態 $x \in S$ に対して $J_x = \{n \ge 1;\ p_n(x, x) > 0\}$ とし，J_x の元の最大公約数を d_x とする．$d_x > 1$ であるとき状態 x は**周期的**，$d_x = 1$ であるとき状態 x は**非周期的**であるという．

例 9.3　例 9.2 の P から定まる連鎖に対して $1 \in J_1$ であるから $d_1 = 1$ である．$\{2, 3\} \subset J_2$ から $d_2 = 1$ も容易にわかる．したがって，S の各状態は非周期的である．一方，例題 9.2 の P_3 から定まるマルコフ連鎖に対して，すべての $x \in \{1, 2, 3\}$ に対して $J_x = \{2, 4, 6, \cdots\}$ であるから $d_x = 2$ であり，周期的である．

　x が非周期的であるとき

$$\text{ある } n_0 = n_0(x) \in \mathbf{N} \text{ が存在して，} p_n(x, x) > 0,\ \forall n \ge n_0 \tag{9.25}$$

が成り立つ．また，次の補題が成り立つ (証明は演習問題とする)．

> **補題 9.2**　マルコフ連鎖 $\mathbf{X}$ が既約であってある状態が非周期的であるとする．このとき，すべての状態が非周期的である．

この補題の結論が成り立つとき，マルコフ連鎖は**非周期的**であるという．

> **問 9.3** **X** を正 r 角形が作るグラフ上の単純ランダムウォークとする (次図参照)．このとき
>
> $$\begin{cases} r \text{ が偶数} \Rightarrow \text{すべての } x \in S \text{ が周期的である．} \\ r \text{ が奇数} \Rightarrow \text{すべての } x \in S \text{ が非周期的である．} \end{cases}$$

を示せ．

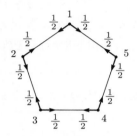

図 9.6 $r = 5$ のとき P から定まる連鎖の状態推移図

9.4 マルコフ連鎖の不変分布

例題 9.1 の解説において不変分布の概念を紹介した．改めて定義を述べよう．

> **定義 9.2** S 上の確率分布 π が推移確率 $\{p(x, y), x, y \in S\}$ を持つマルコフ連鎖の**不変分布**であるとは
>
> $$\sum_{x \in S} \pi(x) p(x, y) = \pi(y), \qquad y \in S \tag{9.26}$$
>
> が成り立つことである．$S = \{x_1, x_2, \cdots, x_r\}$ として推移確率行列 P を (9.9)，(9.10) により定め，$\pi = (\pi_1, \ldots, \pi_r) \in \mathbf{R}^r$ を $\pi_i = \pi(x_i)$，$i = 1, \ldots, r$ と定めると (9.26) は $\mathbf{R}^r$ 値の式
>
> $$\pi P = \pi \tag{9.27}$$
>
> と表すことができる．

π 不変分布とするとき任意の $n \in \mathbf{N}$ に対して $\pi P^n = \pi$ である，すなわち

$$\sum_{x \in S} \pi(x) p_n(x, y) = \pi(y), \quad y \in S$$

であるから π を初期分布とする連鎖の X_n の分布は (9.24) よりすべて π である．さらに，

$$P_\pi(X_n = x_0, X_{n+1} = x_1) = \sum_{x \in S} \pi(x) p_n(x, x_0) p(x_0, x_1)$$

$$= \sum_{x \in S} \pi(x_0) p(x_0, x_1) = P_\pi(X_0 = x_0, X_1 = x_1), \quad \forall x_0, x_1 \in S$$

が成り立つ. 同様にして任意の $0 \leq n_1 < n_2 < \cdots < n_k$ および $m \in \mathbf{N}$ に対して

$$P_\pi(X_{n_1} \in A_1, \ldots X_{n_k} \in A_k) = P_\pi(X_{n_1+m} \in A_1, \ldots X_{n_k+m} \in A_k) \tag{9.28}$$

が成り立つ. この事実を P_π の下で $\mathbf{X}$ の分布は<u>時間のシフトに関して不変</u>であるという.

既約なマルコフ連鎖の不変分布 π は

$$\pi(x) > 0, \quad \forall x \in S \tag{9.29}$$

を満たす. なぜなら, もしある $x \in S$ に対して $\pi(x) = 0$ ならばすべての $n \in \mathbf{N}$ について $P_\pi(X_n = x) = 0$ である, したがって, $\pi(y) > 0$ である $y \in S$ について $p_n(y, x) = 0$ がすべての $n \in \mathbf{N}$ について成り立つ. これは連鎖の既約性と矛盾する.

—— 例題 9.3 ——

例題 9.2 の P_1, P_2, P_3 で定まるそれぞれのマルコフ連鎖の不変分布を求めよ.

解 推移確率行列 $P = (P_{i,j})_{i,j=1,2,3}$ から定まる連鎖の不変分布 $\pi = (x_1, x_2, x_3)$ は連立方程式

$$\sum_{i=1}^{3} x_i P_{i,j} = x_j, \, j = 1, 2, 3 \quad \text{かつ} \quad x_1 + x_2 + x_3 = 1$$

の解として与えられる. これを解いて

(i) P_1 から定まる連鎖の不変分布の集合は $\left\{ \left(\frac{5t}{12}, \frac{7t}{12}, 1-t \right), \, t \in [0,1] \right\}$ である. すなわち不変分布はただ 1 つではない.

(ii) P_2 から定まる連鎖の不変分布は $\pi = (0, 0, 1)$ である.

(iii) P_3 から定まる連鎖の不変分布は $\pi = \left(\frac{1}{4}, \frac{1}{2}, \frac{1}{4} \right)$ である. □

問 9.4 以下の推移確率行列から定まるマルコフ連鎖の不変分布 π を求めよ.

$$(1) \begin{pmatrix} 0 & 1 & 0 \\ 0 & 1/2 & 1/2 \\ 0 & 1/2 & 1/2 \end{pmatrix} \quad (2) \begin{pmatrix} 0 & 1/2 & 1/2 \\ 0 & 1 & 0 \\ 0 & 0 & 1 \end{pmatrix} \quad (3) \begin{pmatrix} 0 & 1/2 & 1/2 & 0 \\ 0 & 1 & 0 & 0 \\ 0 & 0 & 1/2 & 1/2 \\ 0 & 0 & 1/2 & 1/2 \end{pmatrix}$$

問 9.5 $0 < p < 1$, $p + q = 1$ とする. $S = \{0, 1, \cdots, N-1, N\}$ 上の, 推移確率行列が

$$P = \begin{pmatrix} q & p & & & & \\ q & 0 & p & & & \\ & q & 0 & p & & \\ & & \ddots & \ddots & \ddots & \\ & & & q & 0 & p \\ & & & & q & p \end{pmatrix}, \tag{9.30}$$

であるマルコフ連鎖の不変分布 $\pi = (\pi_0, \pi_1, \pi_2, \cdots, \pi_N)$ を求めよ.

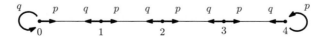

—— 例題 **9.4** ——

例 9.1 で定義した連結なグラフ (S, E) 上の単純ランダムウォーク $\mathbf{X}$ において $|E|$ を辺の個数とする. S 上の確率分布 π を

$$\pi(x) = \frac{d(x)}{2|E|}, \qquad x \in S \tag{9.31}$$

とするとき,π は $\mathbf{X}$ の不変分布であることを示せ.

解 (9.26) を示す.(9.18) および (9.31) より

$$\sum_{x \in S} \pi(x) p(x, y) = \sum_{x \in S, x \sim y} \frac{d(x)}{2|E|} \frac{1}{d(x)} = \frac{1}{2|E|} \sum_{x \in S, x \sim y} 1 = \frac{d(y)}{2|E|} = \pi(y)$$

が任意の $y \in S$ に対して成り立つ. □

次に,不変分布が唯一つであるための十分条件,また不変分布への収束 (例題 9.2 の後の説明を参照) が起きるための十分条件を調べていく.例題 9.3 より連鎖が既約でないとき不変分布は存在するとしても唯一つとは限らない.また,次の例が示すように,連鎖が唯一つの不変分布を持つとしても,必ず不変分布への収束が起きるわけではない.

例 9.4 $\mathbf{X}$ を例題 9.2 の P_3 から定まる連鎖とする.初期分布を $(0, 1, 0)$ にすると,X_n の分布は n が奇数のとき $\left(\frac{1}{2}, 0, \frac{1}{2}\right)$,$n$ が偶数のとき $(0, 1, 0)$ である ($\mathbf{X}$ は周期的な連鎖であった).したがって,X_n の分布は唯一つの不変分布 $\pi = \left(\frac{1}{4}, \frac{1}{2}, \frac{1}{4}\right)$ へ収束しない.

定理 9.1 マルコフ連鎖 $\mathbf{X}$ が既約かつ非周期的であるとする.このとき不変分布 π が唯一つ存在し,以下の性質を満たす.

(1) 任意の初期分布 ν に対して $\displaystyle\lim_{n \to \infty} P_\nu(X_n = y) = \pi(y)$ である.特に,任意の $x, y \in S$ に対して

$$\lim_{n \to \infty} p_n(x, y) = \pi(y) \tag{9.32}$$

である.

(2) (1) の収束の速さは指数的である.すなわち,ある $C > 0$ および $0 < \lambda < 1$ が存在して

$$|p_n(x, y) - \pi(y)| \le C\lambda^n, \qquad x, y \in S, \ n \in \mathbf{N} \tag{9.33}$$

が成り立つ.

証明 証明のあらすじだけを箇条書きにして述べる.詳細は [13] 等巻末に挙げた文献を参照されたい.

- 既約かつ非周期的なマルコフ連鎖に対して $n_0 \in \mathbf{N}$ および $\gamma > 0$ が存在して $p_{n_0}(x, y) > \gamma$ がすべての $x, y \in S$ に対して成立する.

- S 上の 2 つの分布 $\mu = (\mu_x)$ と $\nu = (\nu_x)$ に対して $|\mu - \nu| = \frac{1}{2} \sum_{x \in S} |\mu_x - \nu_x|$ とする.$\gamma > 0$ があって $p(x, y) > \gamma$ がすべての $x, y \in S$ について成り立つとき,

$$|\mu P - \nu P| \le (1 - \gamma)|\mu - \nu|$$

が任意の分布 μ, ν に対して成立する.

- 以上の 2 個の事実により，既約かつ非周期的な連鎖に対して $n_0 \in \mathbf{N}$ および $\gamma > 0$ が存在して

$$|\mu P^{n_0} - \nu P^{n_0}| \le (1-\gamma)|\mu - \nu| \tag{9.34}$$

がすべての S 上の分布 μ, ν に対して成り立つ.

- (9.34) より，分布 π が存在して，任意に与えた S 上の分布 μ に対して $\lim\limits_{n\to\infty} \mu P^n = \pi$ が成り立つ.（9.24）と同様にして $\pi P = \pi$ を示すことができるので，π は不変分布である.

- π は ν_0 のとり方によらない，なぜなら $\pi P = \pi$ かつ $\pi' P = \pi'$ とすると

$$|\pi - \pi'| = |\pi P^{n_0} - \pi' P^{n_0}| \le (1-\gamma)|\pi - \pi'|$$

が成り立つからである．したがって不変分布は唯一つである.

- 任意の $n \in \mathbf{N}$ に対して $m = [n/n_0]$ とすると $|\mu P^n - \pi| \le (1-\gamma)^m$ が成り立つ.

$\square$

例 9.5　例題 9.1 において，(9.19) で定まる推移確率行列 P に対して P^n は (9.21) で与えられる．したがって

$$|p_n(x,y) - \pi(y)| \le (1-\alpha-\beta)^n$$

である．$0 < \alpha + \beta < 2$ のとき $|1-\alpha-\beta| < 1$ であるから，不変分布への収束の速さは指数的である.

> **問 9.6**　$S = \{1,2,3\}$ 上，推移確率行列が $P = \begin{pmatrix} 0 & \frac{1}{2} & \frac{1}{2} \\ \frac{1}{2} & 0 & \frac{1}{2} \\ \frac{1}{2} & \frac{1}{2} & 0 \end{pmatrix}$ であるマルコフ連鎖は既約かつ非周
>
> 期的であることを確かめよ．また不変分布を求め，不変分布への収束が指数的であること (式 (9.33)) を確かめよ.

9.10 節において，マルコフ連鎖が可逆分布を持つ場合に収束の速さについて改めて論じる.

9.5　マルコフ連鎖の再帰性

マルコフ連鎖は状態空間 S 上のランダムな道 (経路) である．ある状態を出発するランダムな経路が必ずいつか最初の状態に戻る (ただし，x にいる連鎖が次のステップで x に留まるときも「戻る」と表現している) のか，それともいつまでも戻らないことがあり得るのかという問いは，マルコフ連鎖を特徴づける重要な問題のひとつである．各 $x \in S$ に対して

$$T_x = \inf\{k \ge 1;\ X_k = x\}, \tag{9.35}$$

と定める．$X_0 = x$ である連鎖に対してこの T_x を**再帰時刻**という．ただし $X_k = x$ となる $k \ge 1$ がないとき，すなわちいつまでも x に戻らないときは $T_x = \infty$ とする.

> **定義 9.3**　状態 x に対して $P_x(T_x < \infty) = 1$ が成り立つとき x は**再帰的**であるという．x が再帰的でないとき x は**過渡的**であるという.

状態が再帰的である，あるいは過渡的であることが $n \to \infty$ としたときの連鎖のふるまいにどのような違いをもたらすか調べよう.

補題 9.3 $\mathbf{X} = (X_k)_{k=0,1,\dots}$ を推移確率行列 P を持つ S 上のマルコフ連鎖とする. $x \in S$ への再帰時刻 T_x が有限であるという条件の下で, $Y_k = X_{T_x+k}$, $k = 0, 1, \cdots$ と定める. その時, $\mathbf{Y} = (Y_k)_{k=0,1,\dots}$ は, $X_0, X_1, \cdots, X_{T_x}$ と独立であり, 推移確率行列 P, 初期条件 $Y_0 = x$ を持つマルコフ連鎖である. このことをマルコフ連鎖の**強マルコフ性**という.

強マルコフ性は, 連鎖がある状態 x に到達するたびに, 到達以前の動きとは独立に, 以後 x を出発するマルコフ連鎖として振る舞うことを言う. したがって, マルコフ連鎖がある状態 x を出発して再び有限時刻で x に戻ることを x を出発する**遠足**と呼ぶことにすると, ひとつひとつの遠足は前の遠足とは独立であり, すべて等しい確率 α_x で起こる. よって, 状態 x から出発する連鎖を動かし続けるとき, x に戻る回数 N_x に対して $P_x(N_x \geq n) = (\alpha_x)^n$ が成り立つ ($\alpha_x < 1$ であるとき N_x は幾何分布 $Ge(1 - \alpha_x)$ にしたがう). x が再帰的であるとき $\alpha_x = 1$ であるから, 確率の連続性 (命題 2.2) より

$$P_x(N_x = \infty) = \lim_{n \to \infty} P_x(N_x \geq n) = 1$$

である. また, x が過渡的 ($\alpha_x < 1$) のとき

$$P_x(N_x < \infty) = \lim_{n \to \infty} P_x(N_x < n) = 1 - \lim_{n \to \infty} P_x(N_x \geq n) = 1$$

である (遠足をコイン投げとみなすと例 2.2 の結論と同じである). 以上より以下が得られる.

補題 9.4 各状態 x に対し以下が成り立つ:

(i) 状態 x が再帰的であるとき $P_x(N_x = \infty) = 1$ である.

(ii) 状態 x が過渡的であるとき $P_x(N_x < \infty) = 1$ である.

この命題より, 再帰的状態から出発するマルコフ連鎖は確率 1 で何度でも出発点に戻る一方, 過渡的な状態から出発する連鎖は確率 1 で高々有限回しか戻らないことがわかる.

補題 9.5 既約なマルコフ連鎖 $\mathbf{X}$ においてひとつの状態が再帰的であればすべての状態が再帰的である.

このとき, **マルコフ連鎖 $\mathbf{X}$ は再帰的である**と言うことにすると, 次の事実が成り立つ.

命題 9.3 既約な有限マルコフ連鎖は再帰的である.

本書では扱わないが, 連鎖の再帰性を検討するために本格的な計算が必要になるのは, S が無限集合の場合である. 例えば, $\mathbf{Z}^d$ 格子上のランダムウォークについて, $d = 1, 2$ の場合再帰的であり, $d \geq 3$ の場合に過渡的であることが知られている (巻末の諸文献を参照のこと).

例 9.6 $S = \{1, 2, 3\}$ 上の推移確率行列が $P = \begin{pmatrix} \frac{1}{3} & \frac{1}{3} & \frac{1}{3} \\ \frac{1}{2} & \frac{1}{2} & 0 \\ 0 & 0 & 1 \end{pmatrix}$ である連鎖 $\mathbf{X}$ において，1 から 3 に推移すると 1 に戻ることはないので $\alpha_1 < 1$ である．また，$\{1, 2\}$ と $\{3\}$ は推移可能ではないから $\mathbf{X}$ は既約ではない．

> **問 9.7** 補題 9.5 および命題 9.3 を示せ．

命題 9.3 より既約な有限マルコフ連鎖は再帰的であり，したがって確率 1 で T_x は有限である．次の議論から，その期待値 $E_x[T_x]$ が存在し，その値が不変分布 π と関係していることがわかる．P_π を不変分布 π を初期分布とする連鎖に対する確率とする．$P_\pi(X_0 = x, T_x \geq 1) = P_\pi(X_0 = x) = \pi(x)$ かつ $n \geq 2$ において

$$
\begin{aligned}
P_\pi(X_0 = x, T_x \geq n) &= P_\pi(X_0 = x, X_k \neq x, \forall k = 1, \ldots, n-1) \\
&= P_\pi(X_k \neq x, \forall k = 1, \ldots, n-1) - P_\pi(X_k \neq x, \forall k = 0, \ldots, n-1) \\
&= P_\pi(X_k \neq x, \forall k = 0, \ldots, n-2) - P_\pi(X_k \neq x, \forall k = 0, \ldots, n-1)
\end{aligned}
$$

である．最後の等式は不変分布 π を初期分布とするときの連鎖の確率は時間のシフトに関して不変であること (式 (9.28) 参照) を用いている．$a_n = P_\pi(X_k \neq x, \forall k = 0, \ldots, n)$ とおくと上の式は $P_\pi(X_0 = x, T_x \geq n) = a_{n-2} - a_{n-1}$ と書けるから

$$
\begin{aligned}
\sum_{n=1}^{N} P_\pi(X_0 = x, T_x \geq n) &= P_\pi(X_0 = x) + (a_0 - a_1) + \cdots + (a_{N-2} - a_{N-1}) \\
&= 1 - a_{N-1}
\end{aligned}
\tag{9.36}
$$

が成り立つ．ここで $P_\pi(X_0 = x) + a_0 = P_\pi(X_0 = x) + P_\pi(X_0 \neq x) = 1$ に注意．連鎖の再帰性 (命題 9.3) および命題 2.2 より $\lim_{n \to \infty} a_n = 0$ であるから，(9.36) より

$$
\sum_{n=1}^{\infty} P_\pi(X_0 = x, T_x \geq n) = 1 - \lim_{n \to \infty} a_n = 1,
$$

すなわち $\pi(x) \sum_{n=1}^{\infty} P_x(T_x \geq n) = 1$ が成り立つ．従って，章末問題 3-1 より $E_x[T_x]$ が存在し，

$$
E_x[T_x] \pi(x) = 1
$$

が成り立つ．

命題 9.4 既約なマルコフ連鎖に対して $E_x[T_x]$ が存在して

$$
E_x[T_x] = \frac{1}{\pi(x)}, \quad x \in S
\tag{9.37}
$$

が成り立つ．

—— 例題 9.5 ——

以下の有限グラフ (S, E) 上の単純ランダムウォーク (推移確率が (9.18) によって定まる連鎖) の不変分布を求めよ．また，B から出発するランダムウォークの B への再帰時刻の期待値を求めよ．

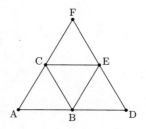

解 (9.31) から

$$\pi = (\pi_A, \pi_B, \ldots, \pi_F) = \left(\frac{1}{9}, \frac{2}{9}, \frac{2}{9}, \frac{1}{9}, \frac{2}{9}, \frac{1}{9}, \right)$$

が不変分布である．また，このグラフの連結性から単純ランダムウォークは既約である．したがって，定理 9.2 より π はただ 1 つの不変分布である．(9.37) より

$$E_B[T_B] = \frac{9}{2}$$

である．　　　　　　　　　　　　　　　　　　　　　　　　　　　□

問 9.8 例題 9.1 のマルコフ連鎖において T_1 の分布を求めることにより $E_1[T_1]$ を計算し，命題 9.4 から得られる結果と一致すること，すなわち

$$E_1[T_1] = \frac{1}{\pi_1} = \frac{\alpha + \beta}{\beta}$$

を確かめよ．

　以後，既約かつ非周期的な連鎖を考える．任意の $x \in S$ をとり，$X_0 = x$ である連鎖に対して $N_x(n)$ を時刻 $n - 1$ までに連鎖が x にいる時間の和，すなわち

$$N_x(n) = \sum_{k=0}^{n-1} 1_{\{X_k = x\}}, \qquad n \geq 1 \tag{9.38}$$

とする．命題 9.4 を応用して $N_x(n)$ の $n \to \infty$ としたときのふるまいを調べる．$N_x(n)$ は

$$N_x(n) = 1 + 時刻 n - 1 までに x に戻る遠足の回数 \tag{9.39}$$

とも見ることができる．例えば，$S = \{A, B, C\}$ 上の連鎖のあるサンプルが

$$X_0 = A, \ X_1 = B, \ 以後 \ C, \ C, \ A, \ C, \ A, \ B, \ A, \ A, \ C, \cdots$$

であるとき，時刻 9 までに状態 A に 4 回戻っているので $N_A(10) = 5$ である．命題 9.3 より既約な有限マルコフ連鎖は再帰的であるから，補題 9.4 より，状態 x から出発する連鎖に対して，確率 1 で $n \to \infty$ とするとき $N_x(n) \to \infty$ である．

　τ_k を $k - 1$ 回目に x に戻ってから次に再び x に戻ってくるまでの時間 (ステップ数) とする (ただし，x にいる連鎖が次のステップで x にとどまるとき $\tau_k = 1$ である)．連鎖の強マルコフ

性 (補題 9.3) より $\tau_1, \tau_2, \cdots$ は独立かつ同分布である. 命題 9.4 より $E[\tau_i] = E_x[T_x]$ が存在するから, 大数の強法則 (定理 7.1) より確率 1 で

$$\frac{\tau_1 + \tau_2 + \cdots + \tau_n}{n} \to E_x[T_x], \quad n \to \infty, \tag{9.40}$$

である. (9.39) より

$$\tau_1 + \cdots + \tau_{N_x(n)-1} < n \le \tau_1 + \cdots + \tau_{N_x(n)}$$

である.

$$\frac{\tau_1 + \cdots + \tau_{N_x(n)-1}}{N_x(n)} < \frac{n}{N_x(n)} \le \frac{\tau_1 + \cdots + \tau_{N_x(n)}}{N_x(n)}$$

の両端の項は (9.40) よりともに確率 1 で $E_x[T_x]$ に収束するから

$$\lim_{n \to \infty} \frac{n}{N_x(n)} = E_x[T_x]$$

が確率 1 で成り立つ. 命題 9.4 と併せ, 次が成り立つ.

定理 9.2 既約かつ非周期的な有限マルコフ連鎖の不変分布を $\pi = (\pi_x)_{x \in S}$ とするとき, 初期分布に依らず確率 1 で

$$\lim_{n \to \infty} \frac{N_x(n)}{n} = \pi_x, \qquad x \in S$$

が成り立つ.

(9.38) より,

$$\mathbf{N}_n = \left\{ \frac{N_x(n)}{n}, \ x \in S \right\}$$

は S 値確率変数列 $X_0, X_1, \ldots, X_n$ の経験分布と見ることができる. したがって定理 9.2 は 7.3 節で論じた i.i.d.列に対する経験分布に対する大数の強法則 (7.9) が, 既約かつ非周期的な有限マルコフ連鎖の列に対しても成り立つことを示している.

9.6 状態への初到達時刻の解析

前節に続いてランダムな経路としてのマルコフ連鎖の考察を続ける. 前節ではある状態を出発する連鎖がその状態に戻る再帰時刻を考えた. この節では, 2 つの異なる状態 A, B を指定したとき, 連鎖が状態 B より先に状態 A に到達する確率を考える.

問題 I[1] :下図 (図 9.7) のような 5 つの部屋があり隣り合う部屋の間を移動できる. 部屋 4 には猫が居座り部屋 5 にチーズがおいてある. 部屋 1 から出発するネズミは部屋の間をランダムウォークする. すなわち, 各部屋において, 次の部屋への移動はドアでつながっている隣のいずれかの部屋に等確率で移動するものとする. このとき, ネズミが猫のいる部屋 4 に行く前にチーズのある部屋 5 に到達する確率を求めよ.

---

[1] この例は [11] から採った.

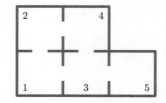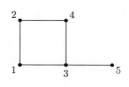

図 9.7 部屋のレイアウトとそのグラフ化

次に述べる問題は**ギャンブラーの破産問題**として有名である.

問題 II：カジノでルーレットの賭けを続けるギャンブラーの所持金の推移を考えよう．最初に x 万円所持しているとし，1 回のルーレットの勝負のたびに 1 万円を賭けて負ければそれを失い，勝てば 1 万円を得るとする．ギャンブラーが勝負を続けたとき，その所持金が 0 円になる前に N 円（ただし $x < N$ とする）になる確率を求めよ.

以上 2 つの問題を一般化する．$A \subset S$ とする．マルコフ連鎖の A への**初到達時刻** H_A を

$$H_A = \inf\{k \geq 0;\ X_k \in A\} \tag{9.41}$$

と定める．連鎖の既約性より，補題 9.5 を証明する議論から $P_x(H_A < \infty) = 1$ である．A がひとつの状態 x からなるとき H_A を H_x と記す．H_x と再帰時刻 T_x の違いに注意してほしい．x から出発する連鎖に対して $H_x = 0$ である．2 つの排反な状態の集合 $A,\ B$ に対して

$$h(x) = h_{A,B}(x) = P_x(H_A < H_B), \tag{9.42}$$

とする．上記の 2 つの問題は，どちらもこの確率を求める問題である.

すでに例題 2.1 や例題 3.21 において，コイン投げの 1 回目の結果について分割公式（命題 2.4）を適用して有用な結果を得ることを見た．ここでは (9.42) の確率を求めるためにマルコフ連鎖の 1 歩目 (X_1) の結果に対して分割公式を適用してみる．この考え方を **First Step Analysis** という．以後，連鎖は既約かつ非周期的であると仮定する．

$x \in A$ から出発する連鎖に対して確率 1 で $0 = H_A < H_B$ であるから $h(x) = 1$，一方 $x \in B$ から出発する連鎖に対して確率 1 で $0 = H_B < H_A$ であるから $h(x) = 0$ である．$x \in S' = S \setminus (A \cup B)$ から出発するマルコフ連鎖の第一歩目の移動先によって事象 $\{H_A < H_B\}$ を分類すると，分割公式（命題 2.4）より

$$P_x(H_A < H_B) = \sum_{y \in S} P_x(H_A < H_B | X_1 = y) P_x(X_1 = y)$$

である．ここでマルコフ性より

$$P_x(H_A < H_B | X_1 = y) = P(H_A < H_B | X_0 = x,\ X_1 = y)$$
$$= P(H_A < H_B | X_1 = y) = P_y(H_A < H_B)$$

であるから次を得る.

命題 **9.5**　$\{h_{A,B}(x), x \in S\}$ は連立方程式

$$
\begin{cases}
h(x) = \displaystyle\sum_{y \in S} p(x,y)h(y), & x \in S' \\
h(x) = 1, & x \in A \\
h(x) = 0, & x \in B
\end{cases}
\tag{9.43}
$$

の解である.

命題 9.5 を上に述べた 2 つの問題に適用してみよう.

──── **例題 9.6** ────

問題 I において，我々の興味はネズミが猫のいる部屋に行く前にチーズのある部屋に到達する確率である．問題は次のように定式化される：図 9.7 上の単純ランダムウォーク，すなわち $S = \{1,2,3,4,5\}$ 上推移確率行列が

$$
P = \begin{pmatrix}
0 & \frac{1}{2} & \frac{1}{2} & 0 & 0 \\
\frac{1}{2} & 0 & 0 & \frac{1}{2} & 0 \\
\frac{1}{3} & 0 & 0 & \frac{1}{3} & \frac{1}{3} \\
0 & \frac{1}{2} & \frac{1}{2} & 0 & 0 \\
0 & 0 & 1 & 0 & 0
\end{pmatrix}
\tag{9.44}
$$

で与えられるマルコフ連鎖に対して $P_1(H_5 < H_4)$ を求めよ.

────

解　$h_x = h_{5,4}(x) = P_x(H_5 < H_4),\ x \in S$ とすると，命題 9.5 より $(h_x)_{x \in S}$ は方程式

$$
\begin{cases}
h_1 = \frac{1}{2}h_2 + \frac{1}{2}h_3, \\
h_2 = \frac{1}{2}h_1 + \frac{1}{2}h_4, \\
h_3 = \frac{1}{3}h_1 + \frac{1}{3}h_4 + \frac{1}{3}h_5, \\
h_4 = 0, \quad h_5 = 1
\end{cases}
$$

の解である．これを解いて $h_1 = \frac{2}{7}$ を得る.　　□

次に **問題 II.** を同じ考え方を用いて解いてみよう．ギャンブラーの所持金の推移 $\mathbf{X}$ は，$x \in \{1,2,\ldots,N-1\}$ から出発して 0 または N に到達するまでランダムウォークする．我々の興味は $\mathbf{X}$ が 0 または N に到達するまでの動きであるから，それらに到達した後の連鎖の推移確率はこの問題に関係しない.

—— 例題 9.7 ——

マルコフ連鎖 $\mathbf{X}$ は $S = \{0, 1, \cdots, N-1, N\}$ 上推移確率行列が

$$p(k, k+1) = p, \quad p(k, k-1) = 1-p = q, \quad 1 \le k \le N-1,$$
$$p(0,0) = p(N, N) = 1$$

によって与えられるものとする. この連鎖に対して $P_x(H_N < H_0)$ を求めよ.

解 $h(x) = h_{N,0}(x) = P_x(H_N < H_0)$, $x \in S$ は方程式 $h(0) = 0$, $h(N) = 1$,
$$h(x) = ph(x+1) + qh(x-1), \quad x = 1, 2, \cdots, N-1, \tag{9.45}$$
の解である. (9.45) から $h(x+1) - h(x) = \frac{q}{p}(h(x) - h(x-1))$ であるから $d_1 = h(1) - h(0)$ とすると

$$h(x) - h(x-1) = \left(\frac{q}{p}\right)^{x-1} d_1, \quad x = 1, \ldots, N$$

である. したがって $x = 1, \ldots, N$ に対して

$$h(x) = \sum_{y=1}^{x}(h(y) - h(y-1)) + h_0 = \sum_{y=1}^{x}\left(\frac{q}{p}\right)^{y-1} d_1$$

$$= \begin{cases} \dfrac{1 - \left(\frac{q}{p}\right)^x}{1 - \frac{q}{p}} d_1, & p \ne q \\[3mm] x d_1, & p = q = \frac{1}{2} \end{cases}$$

である. 条件 $h(N) = 1$ から d_1 を定めることにより

$$h_{N,0}(x) = \begin{cases} \dfrac{1 - \left(\frac{q}{p}\right)^x}{1 - \left(\frac{q}{p}\right)^N}, & p \ne q \text{ の場合} \\[3mm] \dfrac{x}{N}, & p = q = \frac{1}{2} \text{ の場合} \end{cases} \tag{9.46}$$

を得る.

例えばルーレットの勝負では $p = \frac{9}{19}$, $q = \frac{10}{19}$ である. 下図は, この場合と $p = q = \frac{1}{2}$ の場合の $x \to P_x(H_0 < H_N) = 1 - h(x)$ (破産する確率, N 円になる前に 0 円になる確率) のグラフを $N = 15$ の場合 (左図) と $N = 150$ の場合 (右図) に描いたものである. それぞれ $p = \frac{1}{2}$ の場合が直線, $p = \frac{9}{19}$ の場合が曲線である.

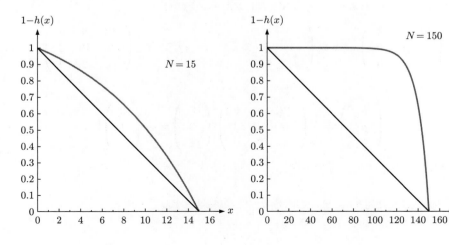

$N = 15$ の場合と較べて $N = 150$ の場合には $p = 9/19$ と $p = 1/2$ のわずかな差が結果に大きな違いを生んでいることを見てとれる．実際，$p = \frac{9}{19}$ のとき $P_{100}(H_0 < H_{150})$ はほとんど 1 である，すなわち，100 万円持ってカジノに行きルーレット勝負を繰り返して 150 万獲得を目指しても，それが実現する前にほぼ確実に破産する．これは，勝負の回数を重ねてしまうと，大数の法則から，1 回の勝負で勝つ確率が $\frac{1}{2}$ よりわずかでも小さいことが確実に効いてしまうからである．　　　　□

連立 1 次方程式は行列の計算に帰着することができる．(9.43) より

$$h(x) = \sum_{y \in S'} p(x, y) h(y) + \sum_{y \in A} p(x, y), \quad x \in S' \tag{9.47}$$

が成り立つ $(S' = S \setminus (A \cup B)$ であった)．推移確率行列 P の S' に対応する行および列に制限した部分正方行列 Q を P の S' への**制限**と呼ぶことにする．すなわち，$Q_{i,j} = p(x_i, x_j)$，$x_i, x_j \in S'$ とする．また，各 $x \in S'$ に対して

$$r(x) = \sum_{y \in A} p(x, y)$$

とする．

このとき，$\mathbf{h} = (h(x), x \in S')$，$\mathbf{r} = (r(x),\ x \in S')$ とすると (9.47) は $\mathbf{h} = Q\mathbf{h} + \mathbf{r}$，すなわち $(I - Q)\mathbf{h} = \mathbf{r}$ と書き直すことができる．ただし I は単位行列を表す．したがって次の公式を得る：

命題 9.6　Q を推移確率行列 P の S' への制限，$\mathbf{r} = \left(\sum_{y \in A} p(x, y) \right)_{x \in S'}$ とする．このとき，任意の $x \in S'$ に対して

$$P_x(H_A < H_B) = ((I - Q)^{-1} \mathbf{r})_x$$

である．ここで右辺は x に対応する行の成分である．

——— 例題 9.8 ———

例題 9.6 を命題 9.6 を用いて解け．

解　P が (9.44) で与えられるから，その $S' = \{1, 2, 3\}$ への制限は

$$Q = \begin{pmatrix} 0 & \frac{1}{2} & \frac{1}{2} \\ \frac{1}{2} & 0 & 0 \\ \frac{1}{3} & 0 & 0 \end{pmatrix}, \quad \mathbf{r} = \begin{pmatrix} 0 \\ 0 \\ 1/3 \end{pmatrix}, \quad \text{よって } (I - Q)^{-1} = \frac{1}{7} \begin{pmatrix} 12 & 6 & 6 \\ 6 & 10 & 3 \\ 4 & 2 & 9 \end{pmatrix} \tag{9.48}$$

である．したがって

$$\begin{pmatrix} h_1 \\ h_2 \\ h_3 \end{pmatrix} = \frac{1}{7} \begin{pmatrix} 12 & 6 & 6 \\ 6 & 10 & 3 \\ 4 & 2 & 9 \end{pmatrix} \begin{pmatrix} 0 \\ 0 \\ \frac{1}{3} \end{pmatrix} = \frac{1}{7} \begin{pmatrix} 2 \\ 1 \\ 3 \end{pmatrix},$$

すなわち $P_1(H_5 < H_4) = h_1 = \frac{2}{7}$ である．　　　　□

問 9.9　例題 9.7 を命題 9.6 を用いて解け．ただし $N = 3$ とする．

問 **9.10** $S = \{1, 2, 3, 4\}$ 上の推移確率行列が

$$P = \begin{pmatrix} 0.2 & 0.3 & 0.5 & 0 \\ 0 & 0.2 & 0.3 & 0.5 \\ 0.5 & 0 & 0.2 & 0.3 \\ 0.3 & 0.5 & 0 & 0.2 \end{pmatrix}$$

で定まるマルコフ連鎖を $\mathbf{X} = (X_k)$ とする．この時 $P_1(H_3 < H_4)$ を求めよ．

9.7 状態への初到達時刻の期待値

この節では，First Step Analysis を用いて，既約かつ非周期的な連鎖がある状態空間の部分集合 A に到達するまでの時間の期待値を求めよう．$X_0 = x \in A$ のとき $H_A = 0$ であるから $E_x[H_A] = 0$ である．次に，$X_0 = x \in S' = S \setminus A$ とする．$X_1 = y$ の下で，時刻 1 を時刻 0 と見直して連鎖が A へ初めて到達する時刻を H'_A とすると $H_A = 1 + H'_A$ である．マルコフ性より $E_x[H_A|X_1 = y] = E_y[H'_A] + 1 = E_y[H_A] + 1$ であるから

$$\begin{aligned}
E_x[H_A] &= \sum_{y \in S} E_x[H_A|X_1 = y] P_x(X_1 = y) \\
&= \sum_{y \in S} (E_y[H_A] + 1) \cdot P_x(X_1 = y) \\
&= \sum_{y \in S} p(x, y) E_y[H_A] + 1,
\end{aligned} \tag{9.49}$$

である．以上より $m_A(x) = E_x[H_A]$ に対して次が得られる：

命題 **9.7** $\{m_A(x), x \in S\}$ は連立方程式

$$\begin{cases} m(x) = \sum_{y \in S} p(x, y) m(y) + 1, & x \in S' \\ m(x) = 0, & x \in A \end{cases} \tag{9.50}$$

の解である．

── **例題 9.9** ──

例題 9.6 において $A = \{4, 5\}$ とするとき $E_1[H_A]$ を求めよ．

解 $m_x = E_x[H_A]$ とする．命題 9.7 より m_x, $x \in S$ は方程式

$$m_1 = 1 + \frac{1}{2} m_2 + \frac{1}{2} m_3, \quad m_2 = 1 + \frac{1}{2} m_1, m_3 = 1 + \frac{1}{3} m_3, \quad m_4 = m_5 = 0$$

の解である．これを解いて $m_1 = \frac{24}{7}$ を得る．　□

連立方程式 (9.50) から

$$m(x) = \sum_{y \in S'} p(x,y)m(y) + 1, \quad x \in S' \tag{9.51}$$

が成り立つ. そこで $\mathbf{m} = (m(x), x \in S')$ とし, Q を P の S' への制限とすると, (9.51) より $\mathbf{m} = Q\mathbf{m} + \mathbf{1}$, すなわち $\mathbf{m} = (I - Q)^{-1}\mathbf{1}$ であるから次の公式を得る :

任意の $x \in S'$, に対して

$$E_x[H_A] = \sum_{y \in S'} \{(I - Q)^{-1}\}_{x,y} \tag{9.52}$$

である.

したがって, 例題 9.9 では行列 Q を (9.48) において定めたものとすると,

$$E_1[H_A] = \sum_{y=1}^{3} \{(I - Q)^{-1}\}_{1,y} = \frac{12 + 6 + 6}{7} = \frac{24}{7}$$

である.

問 9.11　例題 9.5 (9.5 節) の有限グラフ (S, E) 上の単純ランダムウォークに対して, $P_x(H_A < H_B)$ および $E_x[H_B]$ を各 $x \in S$ について求めよ.

問 9.12　問 9.5 (9.4 節) において $N = 4$, $p = \frac{1}{2}$ とする. $H_4 = \inf\{n; X_n = 4\}$ とするとき $E_1[H_4]$ を求めよ.

問 9.13　以下のグラフ (S, E) 上の頂点 1 から出発する単純ランダムウォークが再び 1 に戻るまでの時間の期待値 $E_1[T_1]$ を以下の 2 通りの方法を用いて求めよ.
(1) 連鎖の不変分布を求め, 定理 9.2 を用いる.
(2) $X_0 = 1$ であるから $X_1 = 2$ または $X_1 = 4$ である. 状態 2 および状態 4 から出る連鎖が状態 1 に到達するまでの時間の期待値を求める.

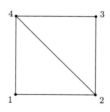

公式 (9.52) の別証明を与える. $y \in S'$ に対し $N_A(y)$ を

$$N_A(y) = \sum_{n=0}^{\infty} 1_{\{X_n = y, n < H_A\}}, \tag{9.53}$$

すなわち連鎖が A に到達する前に (時刻 0 も含めて) $y \in S'$ に滞在する時間とする. H_A は各 $y \in S'$ で過ごす (時刻 0 を含めた) 時間の合計と一致するから

$$H_A = \sum_{y \in S'} N_A(y) \tag{9.54}$$

である．したがって，期待値の線型性より

$$E_x[H_A] = \sum_{y \in S'} E_x[N_A(y)] \tag{9.55}$$

が成り立つ．ここで，右辺の各項について次が成り立つ．

任意の $x, y \in S'$, に対して

$$E_x[N_A(y)] = \{(I - Q)^{-1}\}_{x,y} \tag{9.56}$$

である．

(9.55) および (9.56) から (9.52) が得られる．(9.56) を示そう．

証明 $y \in S' = S \setminus A$ から出発して A のある状態に到達したら以後その状態に留まる連鎖を $\mathbf{X}'$ とすると，A に到達するまでの $\mathbf{X}$ と $\mathbf{X}'$ の確率法則は同じであるから，$\mathbf{X}'$ に対して

$$N_A'(y) = \sum_{n=0}^{\infty} 1_{\{X_n' = y\}}, \quad y \in S'$$

と定めると，$E_x[N_A(y)] = E_x[N_A'(y)]$ である．$\mathbf{X}'$ の推移確率行列 P' は

$$P' = \begin{pmatrix} Q & R \\ O & I \end{pmatrix}$$

の形である，ただし O は零行列，I は単位行列，Q は P の S' への制限である．このとき各 $n \geq 1$ に対して

$$(P')^n = \begin{pmatrix} Q^n & R_n \\ O & I \end{pmatrix}$$

の形であることがわかる (問 9.14 参照)．特に $x, y \in S'$ に対して $\{(P')^n\}_{x,y} = (Q^n)_{x,y}$ である．したがって期待値の線型性から

$$E_x[N_A(y)] = \sum_{n=0}^{\infty} E_x[1_{\{X_n' = y\}}] = \sum_{n=0}^{\infty} P_x(X_n' = y)$$

$$= \sum_{n=0}^{\infty} \{(P')^n\}_{x,y} = \sum_{n=0}^{\infty} (Q^n)_{x,y} = \{(I - Q)^{-1}\}_{x,y}$$

である．　　　　　　　　　　　　　　　　　　　　　　　　　　　　　　　　□

問 9.14 正方行列 P が $P = \begin{pmatrix} Q & R \\ O & I \end{pmatrix}$ の形であるとき

$$P^n = \begin{pmatrix} Q^n & (I + Q + Q^2 + \cdots + Q^{n-1})R \\ O & I \end{pmatrix}$$

を確かめよ．

9.8 可逆分布

S 上のマルコフ連鎖 $\mathbf{X}$ が S 上の確率分布 π について**可逆**である，あるいは $\mathbf{X}$ が π を可逆分布に持つ，π が X の**可逆分布**であるとは

$$\pi(x)p(x,y) = \pi(y)p(y,x), \qquad x, y \in S \tag{9.57}$$

が成り立つことである．また，ある確率分布を可逆分布に持つとき，**連鎖は可逆である**という．

命題 9.8　マルコフ連鎖 $\mathbf{X}$ が分布 π について可逆ならば $\mathbf{X}$ は π について不変である，すなわち π は $\mathbf{X}$ の不変分布である．

証明　$(\mathbf{X}, P)$ が π について可逆であるとすると，(9.57) より $x, y \in S$ に対し

$$\sum_{x \in S} \pi(x) p(x, y) = \sum_{x \in S} \pi(y) p(y, x) = \pi(y) \sum_{x \in S} p(y, x) = \pi(y),$$

すなわち $\pi P = \pi$ が成り立つ．よって π は P の不変分布である． □

$N > 1$ を固定し，$n = 0, 1, \cdots, N$ に対し

$$\hat{X}_n = X_{N-n}$$

とする．もし $\mathbf{X}$ が可逆分布 π を初期分布に持つとするとすると，前命題より X_n, $n = 0, 1, \cdots, N$ の分布はすべて π であるから $\hat{X}_n$ の分布もまた π である．すなわち π は $\hat{\mathbf{X}}^N$ の不変分布である．(9.57) より

$$P(X_n = y, \ X_{n+1} = x) = \pi(y) p(y, x) = \pi(x) p(x, y) = P(X_n = x, \ X_{n+1} = y)$$

であるから $k = 0, 1, \cdots, N - 1$ に対し $n = N - (k+1)$ とおくと，命題 9.8 に注意して

$$P(\hat{X}_{k+1} = y | \hat{X}_k = x) = \frac{P(\hat{X}_{k+1} = y, \ \hat{X}_k = x)}{P(\hat{X}_k = x)} = \frac{P(X_n = y, \ X_{n+1} = x)}{P(X_{n+1} = x)}$$

$$= \frac{P(X_n = x, \ X_{n+1} = y)}{P(X_n = x)} = p(x, y)$$

である．以上より可逆な連鎖 $\mathbf{X}$ に対して $\hat{\mathbf{X}}^N$ の推移確率は $\mathbf{X}$ の推移確率と一致する．

=== **例題 9.10** ===

例 9.1 で述べた有限グラフ (S, E) において (9.31) によって定めた S 上の確率分布 π は (S, E) 上の単純ランダムウォークの可逆分布であることを示せ．

解　定義より，隣接する $x, y \in S$ に対して

$$\pi(x) p(x, y) = \frac{d(x)}{2|E|} \frac{1}{d(x)} = \frac{1}{2|E|} = \frac{d(y)}{2|E|} \frac{1}{d(y)} = \pi(y) p(y, x)$$

である． □

問 9.15　問 9.5(9.4 節) において定めた π は推移確率行列 (9.30) から定まるマルコフ連鎖の可逆分布であることを示せ．

問 9.16　3 頂点からなるグラフ上の推移確率行列が

$$P = \begin{pmatrix} 0 & p & 1-p \\ 1-p & 0 & p \\ p & 1-p & 0 \end{pmatrix}$$

で定まるマルコフ連鎖が可逆であるのは $p = \frac{1}{2}$ であるときに限ることを示せ．

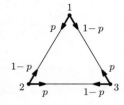

問 9.17 $\mathbf{X}$ が π について可逆であるとき任意の $n \in \mathbf{N}$ に対して

$$\pi(x)p_n(x,y) = \pi(y)p_n(y,x), \quad x,y \in S$$

が成り立つことを示せ．

問 9.18 $\mathbf{X}$ が π について可逆であるとき S 上の関数 $f = (f_x)$, $g = (g_x)$ に対して

$$\langle f, (I - P)g \rangle_\pi = \frac{1}{2} \sum_{x,y \in S} (f_y - f_x)(g_y - g_x)\pi(x)p(x,y) \tag{9.58}$$

を示せ．この公式を 9.10 節において用いる．

9.9 状態への初到達時刻の期待値，可逆過程の場合

この節では **9.7** 節において扱った状態への初到達時刻の期待値に対して異なるアプローチを行う．再び $A \subset S$ とし，$X_0 \in S' = S \setminus A$ とする．H_A を A への初到達時刻 (9.41) とし，$y \in S'$ に対し $N_A(y)$ を (9.53) で定義したもの，すなわち連鎖が A に到達する前に (時刻 0 も含めて)$y \in S'$ に滞在する時間とする．ここで

$$G_A(x,y) = E_x[N_A(y)] \tag{9.59}$$

とする．すでに (9.56) で与えたように，Q を P の S' への制限とすると，

$$G_A(x,y) = \{(I - Q)^{-1}\}_{x,y}$$

である．この節では，$G_A(x,y)$ に異なる表現を与えよう．$x \in S' = S \setminus A$ に対して T_x を (9.35) で定義した再帰時刻とし，

$$e_{x,A} = P_x(H_A < T_x) \tag{9.60}$$

とする，すなわち，x を出発するマルコフ連鎖が x に戻る前に A に到達する確率とする．このとき以下が成り立つ．

補題 9.6 任意の $x \notin A$ に対して

$$G_A(x,x) = \frac{1}{e_{x,A}}$$

が成り立つ．

証明 補題 9.4 における議論と同様である．等式 $N_A(x) - 1 = n$ は，n 回の遠足で A に到達する前に x に戻り，$n+1$ 回目の遠足で x に到達する前に A に到達することを意味する．したがって $N_A(x) - 1$ は

幾何分布 $Ge(e_{x,A})$ に従う確率変数である. よって, 例題 3.15 より

$$E_x[N_A(x)] = 1 + \frac{1 - e_{x,A}}{e_{x,A}} = \frac{1}{e_{x,A}}$$

である.

補題 9.7 任意の $x \in S$ および $y \in S \setminus A$ に対して $h_{y,A}(x)$ を (9.42) において定めたもの, すなわち

$$h_{y,A}(x) = P_x(H_y < H_A),$$

とする. このとき

$$G_A(x,y) = \frac{h_{y,A}(x)}{e_{y,A}} \tag{9.61}$$

が成り立つ.

証明 $h_{y,A}(y) = 1$ であるから, $x = y$ のとき主張は補題 9.6 そのものである. $X_0 = x \neq y$ とする. $H_A < H_y$ ならば $N_A(y) = 0$ であるから $E_x[N_A(y)] = E_x[N_A(y), H_y < H_A]$ である. また事象 $\{H_y < H_A\}$ は, 連鎖が初めて y に到達するまでの動きで決まり, また $N_A(y)$ は連鎖が y に到達して以後に定まる値であることから, 連鎖の強マルコフ性および補題 9.6 より

$$G_A(x,y) = E_x[N_A(y), H_y < H_A] = P_x(H_y < H_A)E_x[N_A(y)|H_y < H_A]$$

$$= P_x(H_y < H_A)E_y[N_A(y)] = \frac{h_{y,A}(x)}{e_{y,A}}$$

が成り立つ.

(9.55) および (9.61) より, $E_x[H_A]$ に対するもう一つの公式

$$E_x[H_A] = \sum_{y \in S'} \frac{h_{y,A}(x)}{e_{y,A}} \tag{9.62}$$

が得られたことになる. (9.62) は可逆とは限らないマルコフ連鎖に対して成り立つ命題である. ただし, すべての $y \in S'$ に対して $h_{y,A}(x)$ および $e_{y,A}$ を求めるのは面倒であり, 一般には実用的ではない. 連鎖が可逆である場合には, 使いやすい公式になる.

定理 9.3 **X** を可逆分布 π を持つ既約なマルコフ連鎖であるとする. $A \subset S$ および $x \in S \setminus A$ に対して $h_{x,A}(y) = P_y(H_x < H_A)$ とする. このとき

$$E_x[H_A] = \frac{\displaystyle\sum_{y \in S} \pi(y)h_{x,A}(y)}{\pi(x)e_{x,A}} = \frac{\displaystyle\sum_{y \in S} \pi(y)h_{x,A}(y)}{\pi(x)\displaystyle\sum_{\substack{y \in S \\ y \neq x}} p(x,y)h_{A,x}(y)} \tag{9.63}$$

が成り立つ.

証明 連鎖の π についての可逆性から

$$\pi(y)G_A(y,x) = \pi(x)G_A(x,y), \quad \forall x, y \in S \tag{9.64}$$

が成り立つ (問 9.19). したがって, (9.55), (9.61) および (9.64) より

$$E_x[H_A] = \sum_{y \in S'} G_A(x,y) = \frac{1}{\pi(x)} \sum_{y \in S'} \pi(y)G_A(y,x)$$

$$= \frac{1}{\pi(x)} \sum_{y \in S'} \pi(y) \frac{h_{x,A}(y)}{e_{x,A}}$$

である．First Step Analysis より

$$e_{x,A} = \sum_{y \neq x} p(x,y) P_y(H_A < H_x)$$

である．これより後半の式が得られる． □

───── 例題 9.11 ─────────────────────────

例題 9.9 の結論を定理 9.3 を用いて導け．

────────────────────────────────────

解　$S = \{1, 2, \ldots, 5\}$ 上の可逆分布 π は例題 9.10 より $\pi = \left(\frac{2}{10}, \frac{2}{10}, \frac{3}{10}, \frac{2}{10}, \frac{1}{10}\right)$ である．また，容易に

$$h_{1,A}(y) = \begin{cases} 1, & y = 1 \\ \frac{1}{2}, & y = 2 \\ \frac{1}{3}, & y = 3 \end{cases}, \qquad h_{A,1}(y) = \begin{cases} \frac{1}{2}, & y = 2 \\ \frac{2}{3}, & y = 3 \end{cases}$$

がわかるから，

$$e_{1,A} = p(1,2)h_{A,1}(2) + p(1,3)h_{A,1}(3) = \frac{1}{2}\left(\frac{2}{3} + \frac{1}{2}\right) = \frac{7}{12}$$

である．これより

$$E_1[H_A] = \frac{\frac{2}{10} \cdot 1 + \frac{2}{10} \cdot \frac{1}{2} + \frac{3}{10} \cdot \frac{1}{3}}{\frac{2}{10} \cdot \frac{7}{12}} = \frac{24}{7}$$

を得る． □

> **問 9.19**　式 (9.64) を確かめよ．

> **問 9.20**　例題 9.5(9.5 節) におけるグラフ (S, E) 上の単純ランダムウォークに対して定理 9.3 を用いて $E_A[H_B]$ を求めよ．

> **問 9.21**　問 9.12(9.7 節) を定理 9.3 を用いて解け．

9.10　可逆なマルコフ連鎖の不変分布への収束の速さ

$S = \{1, 2, \cdots, r\}$ 上の有限マルコフ連鎖 $\mathbf{X}$ が既約かつ非周期的であり可逆分布 $\pi = (\pi_1, \cdots, \pi_r)$ を持つとする．前にも述べたとおり S 上の関数 $f = f(x)$ を列ベクトル $f = (f_x)_{x \in S}$ とも見なす．定理 9.1 により

$$\lim_{n \to \infty} P^n f = \begin{pmatrix} \pi_1 & \cdots & \pi_r \\ \pi_1 & \cdots & \pi_r \\ & \vdots & \\ \pi_1 & \cdots & \pi_r \end{pmatrix} \begin{pmatrix} f_1 \\ f_2 \\ \vdots \\ f_r \end{pmatrix} = (\pi_1 f_1 + \cdots + \pi_r f_r)\mathbf{1},$$

したがって各 $x \in S$ に対し

$$(P^n f)_x \to \sum_{x \in S} \pi_x f_x = \langle \pi, f \rangle \tag{9.65}$$

が成り立つ．この節では，可逆分布を持つ連鎖に対してこの収束のスピードを論じる．特にグラフ上の単純ランダムウォークの場合に，グラフの特性と収束スピードとの関連を調べる．

$S = \{1, \ldots, r\}$ 上の既約なマルコフ連鎖 $\mathbf{X}$ の推移確率行列 P が S 上の確率分布 $\pi = (\pi_1, \ldots, \pi_r)$ について可逆であるとする．このとき S 上の関数 $f = (f_x)$, $g = (g_x)$ に対して $\langle f, g \rangle_\pi = \sum_{x \in S} f_x g_x \pi_x$ とおくと (1.39) から

$$\langle f, Pg \rangle_\pi = \langle Pf, g \rangle_\pi$$

が成り立つ．したがって，命題 1.3 およびその後の注意より P の固有値はすべて実数である．それらを大きい順に $\lambda_1 \geq \lambda_2 \geq \cdots \geq \lambda_r$ とする．このとき以下が成り立つ．

命題 9.9　(1) $|\lambda_k| \leq 1$, $k = 1, \ldots, r$, かつ $\lambda_1 = 1$ である．

(2) 連鎖が既約であるとき $\lambda_2 < 1$ である，すなわち $\lambda_1 = 1$ の固有次元は 1 である．

(3) さらに連鎖が非周期的であるとき，$\lambda_r > -1$ である．

証明　(1) 注意 1.2 より，任意の関数 (ベクトル) f に対して $\langle P^2 f, f \rangle_\pi \leq \|f\|_\pi^2$，すなわち

$$\|Pf\|_\pi \leq \|f\|_\pi \tag{9.66}$$

を示せばよい．ただし $\|f\|_\pi = \sqrt{\langle f, f \rangle_\pi}$ である．イェンセンの不等式 (問 3.4) より不等式

$$|E[X]|^2 \leq E[|X|^2]$$

を得る．この不等式を $P(X = f_y) = p(x, y)$ であるような X に適用すると

$$\left| \sum_{y \in S} p(x, y) f_y \right|^2 \leq \sum_{y \in S} p(x, y) |f_y|^2$$

である．したがって (9.4) および (9.57) と併せ

$$\|Pf\|_\pi^2 = \sum_{x \in S} |(Pf)_x|^2 \pi_x = \sum_{x \in S} \left| \sum_{y \in S} p(x, y) f_y \right|^2 \pi_x$$

$$\leq \sum_{x \in S} \sum_{y \in S} \pi_x p(x, y) |f_y|^2 = \sum_{y \in S} \left(\sum_{x \in S} p(y, x) \right) |f_y|^2 \pi_y = \sum_{y \in S} f_y^2 \pi_y = \|f\|_\pi^2$$

である．よって P のすべての固有値は $|\lambda_k| \leq 1$ である．また，$P\mathbf{1} = \mathbf{1}$ から 1 が P の固有値であることと併せ，$1 = \lambda_1 \geq \cdots \lambda_r \geq -1$ がわかる．

(2) $\lambda_2 = 1$，すなわち固有値 1 の固有次元が 2 以上であるとしよう．λ_2 の固有ベクトル $\mu = (\mu_1, \cdots, \mu_r)$ を $\inf_x(\mu_x + \pi_x) > 0$ であるようにとり，$z = \sum_{y \in S}(\pi_y + \mu_y)$ として $\nu_x = \dfrac{\pi_x + \mu_x}{z}$ とする．このとき，すべての $x \in S$ に対し $\nu_x \geq 0$，かつ $\sum_{x \in S} \nu_x = 1$ である．また $\nu = (\nu_1, \cdots, \nu_r)$ とすると $\pi P = \pi$ および $\mu P = \mu$ から $\nu P = \nu$ である．以上より ν もまた P の不変分布である．これは仮定の下では不変分布はただ 1 つであるであること (定理 9.1) に矛盾する．したがって $\lambda_2 < 1$ である．

(3) -1 が P の固有値，すなわち $\lambda_r = -1$ とする．その固有ベクトルを $\mathbf{v} = (v_x)$ とする．命題 1.3 より，$\mathbf{v}$ は内積 $\langle \cdot, \cdot \rangle_\pi$ に関して λ_1 の固有ベクトル $\mathbf{1}$ と直交する，すなわち $\langle \mathbf{v}, \mathbf{1} \rangle_\pi = \sum_{x \in S} v_x \pi_x = 0$ である．よって，仮定の下で (9.32) より

$$(P^{2n} \mathbf{v})_x = \sum_{y \in S} p_{2n}(x, y) v_y \to \sum_{y \in S} \pi_y v_y = 0$$

が任意の $x \in S$ に対して成り立つ. しかるに $P\mathbf{v} = -\mathbf{v}$, よって任意の $n \in \mathbf{N}$ に対して $\mathbf{v} = P^{2n}\mathbf{v}$ であるから $\mathbf{v} = \mathbf{0}$ である. すなわち -1 は P の固有値ではない. □

$\beta = (1 - \lambda_2) \wedge (\lambda_r - (-1))$ を連鎖の**スペクトラルギャップ** (以下 SG とも書く) という. 次の定理は, 可逆な連鎖において SG が X_n の分布が不変分布に近づくスピードを制御していることを主張する. 命題 9.9 より, 可逆分布を持つ既約かつ非周期的な連鎖に対して $0 < \beta \leq 1$, したがって $0 \leq 1 - \beta < 1$ が成り立つことに注意せよ.

定理 9.4 既約かつ非周期的な有限マルコフ連鎖 $\mathbf{X}$ が可逆分布 π を持つとする. このとき, 任意の $f : S \to \mathbf{R}$ に対して

$$\|P^n f - \langle f, \pi \rangle\|_\pi \leq (1 - \beta)^n \|f - \langle f, \pi \rangle \mathbf{1}\|_\pi \tag{9.67}$$

が成り立つ. ただし, $\langle f, \pi \rangle = \sum_{x=1}^{r} f_x \pi_x$ である. 特に, ある $C > 0$ があって, 各 $x, y \in S$ に対して

$$|p_n(x, y) - \pi_y| \leq C(1 - \beta)^n \tag{9.68}$$

が成り立つ.

証明　各 λ_k に対応する固有ベクトルを $\mathbf{v}_k$ とする. ただし $\|\mathbf{v}_k\|_\pi = 1$ とする. 命題 1.3 より $\{\mathbf{v}_k\}$ は P の正規直交基底であるから, 任意の S 上の関数 f に対して

$$f = \sum_{k=1}^{r} \langle f, \mathbf{v}_k \rangle_\pi \mathbf{v}_k,$$

したがって

$$P^n f = \sum_{k=1}^{r} \lambda_k^n \langle f, \mathbf{v}_k \rangle_\pi \mathbf{v}_k$$

が成り立つ. $k = 2, \ldots, r$ に対して $|\lambda_k| \leq 1 - \beta$ であるから

$$\|P^n f - \langle f, \mathbf{v}_1 \rangle_\pi \mathbf{v}_1\|_\pi^2 = \sum_{k=2}^{r} \lambda_k^{2n} |\langle f, \mathbf{v}_k \rangle_\pi|^2 \leq (1 - \beta)^{2n} \sum_{k=2}^{r} |\langle f, \mathbf{v}_k \rangle_\pi|^2$$

$$= (1 - \beta)^{2n} \|f - \langle f, \mathbf{v}_1 \rangle_\pi \mathbf{v}_1\|_\pi^2$$

である. ここで $\mathbf{v}_1 = \mathbf{1}$, よって $\langle f, \mathbf{v}_1 \rangle_\pi \mathbf{v}_1(x) = \langle f, \pi \rangle$ であることに注意して (9.67) を得る.

また, (9.67) において f を $f(x) = 1_{\{y\}}(x)$ とする. $\langle f, \pi \rangle = \pi_y$, $P^n f(x) = p_n(x, y)$ に注意して, $C = \sup_{x, y \in S} \sqrt{\frac{\pi_y}{\pi_x}}$ ととることにより (9.68) を得る (確かめよ). □

命題 9.9 より, 既約かつ非周期的な有限マルコフ連鎖に対してスペクトラルギャップ (SG) が正であることがわかるが, SG を求める際に $1 - \lambda_1$ と $\lambda_r - (-1)$ を求めて比較しなければならない. それを避けるために, 次のような離散時間マルコフ連鎖の「のんびり (lazy) 版」を考える. 与えられた連鎖 $\mathbf{X}$ およびその推移確率行列 P に対して $P_{\text{lazy}} = \frac{P+I}{2}$ も推移確率行列である (I は単位行列). P_{lazy} に従う連鎖 $\mathbf{X}_{\text{lazy}}$ は, 異なる状態に移動する確率が $\mathbf{X}$ の $\frac{1}{2}$ 倍になり, 残りの確率で元の状態に留まる. したがって, 各ステップごとに移動しない確率が $\frac{1}{2}$ 以上である. P_{lazy} の各固有値 $\lambda_k' = \frac{\lambda_k + 1}{2}$ は $1 = \lambda_1' \geq \cdots \geq \lambda_r' \geq 0$ を満たす. したがって,

$\mathbf{X}_{\mathrm{lazy}}$ に対する SG β' は

$$\beta' = 1 - \lambda_2' = \frac{1 - \lambda_2}{2}$$

である.

── 例題 9.12 ──

正 5 角形上の単純ランダムウォーク $\mathbf{X}$ のスペクトラルギャップ (SG) を求めよ. また $\mathbf{X}$ の
のんびり版の SG を求めよ.

解 $r \in \mathbf{N}$ を奇数とし, 正 r 角形上の単純ランダムウォーク (問 9.3) を考えると, その推移確率行列 P
は $r \times r$ 正方行列

$$P = \begin{pmatrix} 0 & \frac{1}{2} & & & \frac{1}{2} \\ \frac{1}{2} & 0 & \frac{1}{2} & & \\ & \ddots & \ddots & \ddots & \\ & & \frac{1}{2} & 0 & \frac{1}{2} \\ \frac{1}{2} & & & \frac{1}{2} & 0 \end{pmatrix}$$

である (ただし空欄の成分はすべて 0 とする). 各 $k = 0, 1, \cdots, r-1$ に対して $\omega_k = e^{2\pi i \frac{k}{r}}$ とし

$$\xi_k = \frac{1}{2}(\omega_k + \omega_k^{-1}) = \cos\left(\frac{2\pi k}{r}\right),$$

とすると

$$\frac{1}{2}(\omega_k^{\ell-1} + \omega_k^{\ell+1}) = \xi_k \omega_k^\ell, \quad \ell = 0, 1, \cdots, r-1$$

であるから $\mathbf{v}_k = {}^t(1, \omega_k, \ldots, \omega_k^{r-1})$ とすると ξ_k, $k = 0, 1, \ldots, r-1$ がそれぞれ $\mathbf{v}_k$ を固有ベクトルと
する P の固有値であることがわかる (ξ_k は大きい順ではない). $r = 5$ の場合, 固有値を大きい順に並べ
ると $\lambda_1 = 1$, $\lambda_2 = \cos\left(\frac{2\pi}{5}\right) = \cos\left(\frac{8\pi}{5}\right) = \frac{\sqrt{5}-1}{4}$, $\lambda_3 = \cos\left(\frac{4\pi}{5}\right) = \cos\left(\frac{6\pi}{5}\right) = -\frac{\sqrt{5}+1}{4}$ である. λ_2 お
よび λ_3 は固有次元 2 の固有値である. $1 - \lambda_2 = \frac{5-\sqrt{5}}{4} > \frac{3-\sqrt{5}}{4} = \lambda_3 + 1$ であるから $\mathbf{X}$ の SG$= \frac{3-\sqrt{5}}{4}$
である. 一方, のんびり版の SG は $\left(1 - \lambda_2\right)/2 = \frac{5-\sqrt{5}}{8} \sim 0.35$ である. □

　この節の最後に, グラフ (S, E) 上の単純ランダムウォーク $\mathbf{X}$ に対するスペクトラルギャッ
プの評価を考察する. ここでの目標は, グラフの持つ特徴が SG にどのように反映されるかを
確かめることである. 以後の議論は [22] に依る. $\mathbf{X}$ は (9.31) で定めた π に関して可逆である.
行列 $I - P$ の最小固有値は 0 であり, その次に小さい固有値 $1 - \lambda_2$ に対して命題 1.3 と同様
の議論により,

$$1 - \lambda_2 = \inf\left\{\frac{\langle f, (I-P)f \rangle_\pi}{\|f\|_\pi^2}, \ f \neq 0, \ \langle f, \mathbf{1} \rangle_\pi = 0\right\} \tag{9.69}$$

が成り立つ. S 上の関数 f を確率空間 (S, π) 上の確率変数とみなすと, その分散 $V[f]$ は,
$m_f = \sum_{x \in S} f_x \pi_x$ として, $V[f] = \sum_{x \in S} (f_x - m_f)^2 \pi_x$ である. よって $f' = f - m_f$ とおくと

$$V[f] = \|f'\|_\pi^2 \qquad \text{および} \qquad \langle f', \mathbf{1} \rangle_\pi = 0$$

が成り立つ. また, $\mathcal{E}(f, f) = \langle f, (I-P)f \rangle_\pi$ とすると, (9.58) より

$$\mathcal{E}(f, f) = \frac{1}{2} \sum_{x, y \in S} (f_y - f_x)^2 \pi_x p(x, y) \tag{9.70}$$

であるから $\mathcal{E}(f,f) = \mathcal{E}(f',f')$ である. 以上より (9.69) を

$$1 - \lambda_2 = \inf \left\{ \frac{\mathcal{E}(f,f)}{V[f]}, \ f\ は定数ではない関数 \right\} \tag{9.71}$$

と書き直すことができる. また, 問 3.6 より,

$$V[f] = \frac{1}{2} \sum_{x,y \in S} (f_y - f_x)^2 \pi_x \pi_y \tag{9.72}$$

である. 式 (9.70), (9.71), (9.72) から λ_2 の評価を与えよう. $x \neq y \in S$ に対して x と y とを結ぶ道 $\gamma_{x,y} : x \to x_1 \to \cdots \to x_n \to y$ を一つ選ぶ. ただし各 $e; x_i \to x_{i+1}$ はグラフの辺とする. $\gamma_{x,y}$ はグラフの頂点を複数回通ってもよいが, 一つの辺を最大 1 回通るものとする. 各 $e : x_i \to x_{i+1}$ に対して

$$Q(e) = \pi_{x_i} p(x_i, x_{i+1}) \qquad |\gamma_{x,y}| = \sum_{e \in \gamma_{x,y}} \frac{1}{Q(e)}$$

とする. 連鎖の可逆性より, $Q(e)$ は辺の向きに依らない. $f(e) = f_{x_{i+1}} - f_{x_i}$ とするとシュワルツの不等式 (式 (1.34)) より

$$(f_y - f_x)^2 = \Big(\sum_{e \in \gamma_{x,y}} f(e) \Big)^2 = \Big(\sum_{e \in \gamma_{x,y}} \frac{1}{\sqrt{Q(e)}} f(e) \sqrt{Q(e)} \Big)^2 \le |\gamma_{x,y}| \sum_{e \in \gamma_{x,y}} f(e)^2 Q(e)$$

である. よって (9.72) から

$$V[f] \le \frac{1}{2} \sum_{x,y \in S} |\gamma_{x,y}| \Big(\sum_{e \in \gamma_{x,y}} f(e)^2 Q(e) \Big) \pi_x \pi_y$$

を得る. この右辺の和をとる順序を入れ替えることにより

$$V[f] \le \frac{1}{2} \sum_{e \in E} f(e)^2 Q(e) \sum_{\gamma_{x,y} \ni e} |\gamma_{x,y}| \pi_x \pi_y$$

が成り立つ. ただし $\sum_{e \in E}$ はグラフの辺についての和, $\sum_{\gamma_{x,y} \ni e}$ は辺 e を通る道 $\gamma_{x,y}$ についての和である. 以上より

$$\kappa = \max_{e \in E} \sum_{\gamma_{x,y} \ni e} |\gamma_{x,y}| \pi_x \pi_y$$

とすると

$$V[f] \le \frac{\kappa}{2} \sum_{e} f(e)^2 Q(e) = \frac{\kappa}{2} \sum_{x,y \in S} (f_y - f_x)^2 \pi_x p(x,y) = \kappa \mathcal{E}(f,f), \tag{9.73}$$

が成り立つ. このような評価を一般に**ポアンカレ不等式**と呼ぶ. (9.71) および (9.73) から $1 - \lambda_2 \ge \frac{1}{\kappa}$ を得る.

問 9.22 問 9.13 における 4 頂点からなるグラフ上の単純ランダムウォークにおいて, 各頂点 x, y に対して道 $\gamma_{x,y}$ を定め, κ を求めよ. 道の定め方により κ がどのように変わるか検討せよ.

例 9.1, 例題 9.4 および例題 9.10 において述べたように, グラフ上の単純ランダムウォークにおいて

$$\pi_x = \frac{d(x)}{2|E|}, \qquad Q(e) = \frac{d(x)}{2|E|} \cdot \frac{1}{d(x)} = \frac{1}{2|E|}$$

であるから γ_* をすべての道 $\gamma_{x,y}$ について，その長さ (道を構成する辺の個数) の最大値とすると $|\gamma_{x,y}| = \sum_{e \in \gamma_{x,y}} 2|E| \leq 2|E|\gamma_*$ である．よって $d = \max_{x \in S} d(x)$ とすると

$$\kappa \leq \max_e \sum_{\gamma_{x,y} \ni e} 2|E|\gamma_* \left(\frac{d}{2|E|}\right)^2 = \frac{d^2\gamma_* b}{2|E|},$$

ただし $b = \max_e \sum_{\gamma_{x,y} \ni e} 1$, すなわち辺を通る道の本数の辺に関する最大値である．まとめると

命題 9.10 有限グラフ (S, E) に対して $|E|$，γ_*，b を以上の議論において定義したものとする．このとき，(S, E) 上の単純ランダムウォークの推移確率行列の固有値について

$$1 - \lambda_2 \geq \frac{2|E|}{d^2\gamma_* b} \tag{9.74}$$

が成り立つ．単純ランダムウォークののんびり版を考えると，そのスペクトラルギャップ β に対して $\beta \geq \frac{|E|}{d^2\gamma_* b}$ が成り立つ．

例 9.7 [22] には多くの興味深いグラフに対する命題 9.10 の適用例がある．ここでは単純な例を述べよう．問 9.3，例題 9.12 で述べた正 r 角形上の上の単純ランダムウォークに対して (9.74) を適用してみよう．この例では，$|E| = r$，$d = 2$ である．また，x と y とを結ぶ道として，2 個の道のうち長さが小さい方を $\gamma_{x,y}$ とする．最長の道の長さは $\gamma_* = \frac{r-1}{2}$ である．b を求めよう．明らかにどの辺を通る道の本数は同じである．辺 $0 \to 1$ を通る道の始点の 0 からの距離 i は最大で $\frac{r-3}{2}$ であり，取り得る終点の個数は $\frac{r-1}{2} - i$ であるから，道の個数は

$$b = \sum_{i=0}^{\frac{r-3}{2}} \left(\frac{r-1}{2} - i\right) = \frac{r^2-1}{8}$$

である．したがって (9.74) より

$$1 - \lambda_2 \geq \frac{8r}{(r-1)^2(r+1)} \tag{9.75}$$

を得る．例題 9.12 より $\lambda_2 = \cos\left(\frac{2\pi}{r}\right)$ であるから $r \to \infty$ とするとき $1 - \lambda_2 = \frac{2\pi^2}{r^2} + O\left(\frac{1}{r^4}\right)$ である．これと比較して (9.75) の右辺は $1/r^2$ という正しいオーダーを与えている．

図 9.8 $r = 5$ のとき，一つの辺を通る道は 3 個ある．

問 9.23 下図のグラフ上の単純ランダムウォークに対して上記の考察を適用し，スペクトラルギャップの評価を導け．

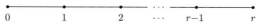

9.11 マルコフ連鎖モンテカルロ法

マルコフ連鎖モンテカルロ法 (MCMC 法) とは，マルコフ連鎖の性質を利用して与えられた S 上の確率分布 π に近似的に従う乱数を生成するひとつの方法である．すなわち，定理 9.1 に基づき，π を不変分布とする既約かつ非周期的なマルコフ連鎖 $\{X_n\}$ を生成し，十分大きな n の X_n をもって近似的に π に従う確率変数として生成する．ここでは MCMC 法のひとつであるメトロポリス法について述べる．

定理 9.5 $Q = (q(x,y))$ を $x \neq y$ のとき $q(x,y) > 0$ であるような任意の S 上の推移確率行列とし，任意の $x, y \in S, x \neq y$ に対して

$$\alpha(x,y) = \frac{\pi(y)q(y,x)}{\pi(x)q(x,y)} \wedge 1, \tag{9.76}$$

とおき，新しい S 上の推移確率行列 $P = (p(x,y))$ を

$$p(x,y) = \begin{cases} q(x,y)\alpha(x,y), & x \neq y \\ 1 - \sum_{z \neq x} q(x,z)\alpha(x,z), & x = y \end{cases} \tag{9.77}$$

と定義する．その時，π は P に関して可逆分布である．

注意 9.2 $x \neq y$ のとき，$\alpha(x,y) \leq 1$ であるから $p(x,y) \leq q(x,y)$ である．$p(x,x)$ は，$p(x,y), y \neq x$ を定めた上で $\sum_{y \in S} p(x,y) = 1$ となるように定めている．Q の選び方によらず $p(x,x) \geq q(x,x), \forall x \in S$ となる．

証明 $x \neq y$ である時は

$$\begin{aligned} \pi(x)p(x,y) &= \pi(x)q(x,y)\left\{\frac{\pi(y)q(y,x)}{\pi(x)q(x,y)} \wedge 1\right\} \\ &= \pi(y)q(y,x) \wedge \pi(x)q(x,y) \end{aligned}$$

であるが，この右辺は x と y を置き換えても変わらないことより (9.57) が成り立つ． $\square$

--- **例題 9.13** ---

状態空間 $S = \{1,2,3\}$ 上の確率分布 $\pi = \left(\frac{3}{10}, \frac{3}{10}, \frac{4}{10}\right)$ を可逆分布とする遷移確率 P を定理 9.5 を用いて 1 つ構成せよ．

解 S 上のひとつの遷移確率として，例えば $Q = \begin{pmatrix} 0 & \frac{1}{5} & \frac{4}{5} \\ \frac{4}{5} & 0 & \frac{1}{5} \\ \frac{1}{2} & \frac{1}{2} & 0 \end{pmatrix}$ をとる．(9.76) から例えば

$$\alpha(1,2) = \frac{3/10}{3/10} \cdot \frac{4/5}{1/5} \wedge 1 = 1, \quad \alpha(1,3) = \frac{4/10}{3/10} \cdot \frac{1/2}{4/5} \wedge 1 = \frac{5}{6}$$

である．同様

$$\alpha(2,1) = \frac{1}{4}, \quad \alpha(2,3) = 1, \quad \alpha(3,1) = 1, \quad \alpha(3,2) = \frac{3}{10}$$

であるから (9.77) より $P = \begin{pmatrix} \frac{2}{15} & \frac{3}{15} & \frac{10}{15} \\ \frac{1}{5} & \frac{3}{5} & \frac{1}{5} \\ \frac{10}{20} & \frac{3}{20} & \frac{7}{20} \end{pmatrix}$ を得る． $\square$

定理 9.5 を適用して, 有限グラフ (S, E) 上の分布 π を可逆分布とするマルコフ連鎖の推移確率を構成しよう. ただしまず S 上の関数 U および定数 $\beta > 0$ が与えられていて, π がそこから

$$\pi(x) = \frac{1}{Z_\beta} e^{-\beta U_x}, \qquad Z_\beta = \sum_{x \in S} e^{-\beta U_x} \tag{9.78}$$

の形で定まるものとする. (9.78) の形で定まる分布を U と $\beta > 0$ から定まる**ギブス分布**という. 例えば $S = \{0, 1, 2\}$, $U_0 = 1$, $U_1 = 0$, $U_2 = 2$ であるとき

$$\pi = \frac{1}{Z_\beta}(e^{-\beta}, \ 1, \ e^{-2\beta}), \ ただし \ Z_\beta = e^{-\beta} + 1 + e^{-2\beta}$$

である. S 上の推移確率 $Q = (q(x, y))$ として (S, E) 上の単純ランダムウォーク (推移確率が (9.18) によって定まる連鎖) の推移確率をとる. すなわち

$$q(x, y) = \begin{cases} \frac{1}{d(x)}, & x \sim y \ の場合 \\ 0, & その他 \end{cases}$$

とする. このとき, 定理 9.5 は以下の形になる.

命題 9.11　グラフ (S, E) を上に述べた条件を満たすものとする. π を S 上の関数 U と $\beta > 0$ から定まるギブス分布とする. このとき推移確率

$$p(x, y) = \begin{cases} 0, & x \nsim y \\ \frac{1}{d(y)} e^{-\beta \cdot \{U_y - U_x\}} \wedge \frac{1}{d(x)}, & x \sim y \\ 1 - \sum_{z \neq x} p(x, z), & x = y \end{cases} \tag{9.79}$$

によって定まる有限 S 上のマルコフ連鎖は π を可逆分布に持つ.

メトロポリス法で推移確率 $p(x, y)$ を定めるために $d(x)$, $d(y)$ および U_x, U_y の情報のみを必要とし, U や q の S 全体での情報を必要としないことに注意せよ. メトロポリス法のメリットはまさにこの点にある.

特に, 各 $x \in S$ の近傍の数 $d(x)$ が x によらず一定の値 d であるとする. このとき, 定理 9.5 における $p(x, y)$ は次のように定まる: $x \nsim y$ であるとき $p(x, y) = 0$, また $x \sim y$ のとき

$$p(x, y) = \begin{cases} \frac{1}{d} e^{-\beta(U_y - U_x)}, & U_y > U_x \\ \frac{1}{d}, & U_y \leq U_x \end{cases}$$

すなわち, (9.79) によって定めたマルコフ連鎖の動きは次のようになる: もし $U_y > U_x$ なら, 単純ランダムが $\frac{1}{d}$ の確率で移動先 y を選択し, さらに確率 $e^{-\beta(U_y - U_x)}$ でウォークが実際に y に移動する. 一方 $U_y \leq U_x$ ならば $\frac{1}{d}$ の確率で連鎖は y に移動する. したがって, $x \in S \to U_x$ のグラフを山の稜線のイメージで捉えると, 連鎖の動きは「山を下るのはすぐだが登りには時間を要する」を具現したものと言える. β が大きくなるほどこの傾向は強まり, $x \in S \to U_x$ のグラフの「谷」にいる連鎖は多くの時間そこに留まることになる. これは分布 π_β は U_x の最

小値をとる状態 x に集中してくることと対応している.

━━ 例題 9.14 ━━

(S, E) を下図のグラフとし,その上の関数 U を $U_1 = U_3 = 0$, $U_2 = a$, $U_4 = b$, ただし $0 < a < b$ とする. Q を (S, E) 上の単純ランダムウォークの推移確率とし,$\mathbf{X}$ を Q から命題 9.11 によって定まる推移確率 P から定まるマルコフ連鎖とする.

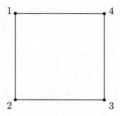

(1) 推移確率行列 P を書け.

(2) $\mathbf{X}$ の状態 3 への初到達時刻を H_3 とする. 定理 9.3 を用いて $E_1[H_3]$ を求め,

$$\lim_{\beta \to \infty} \frac{1}{\beta} \log E_1[H_3] = a$$

を示せ.

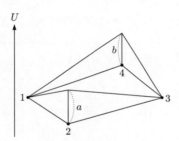

図 9.9 U のグラフ

解 (1)

$$P = \begin{pmatrix} 1 - \frac{1}{2}e^{-\beta a} - \frac{1}{2}e^{-\beta b} & \frac{1}{2}e^{-\beta a} & 0 & \frac{1}{2}e^{-\beta b} \\ \frac{1}{2} & 0 & \frac{1}{2} & 0 \\ 0 & \frac{1}{2}e^{-\beta a} & 1 - \frac{1}{2}e^{-\beta a} - \frac{1}{2}e^{-\beta b} & \frac{1}{2}e^{-\beta b} \\ \frac{1}{2} & 0 & \frac{1}{2} & 0 \end{pmatrix}.$$

(2) (1) で定まる連鎖は可逆分布 $\pi = \frac{1}{Z}(1,\ e^{-\beta a},\ 1,\ e^{-\beta b})$ を持つ. また $h_y = h_{1,3}(y)$ は

$$h_1 = 1,\ h_2 = p(2, 1) = \frac{1}{2},\ h_3 = 0,\ h_4 = p(4, 1) = \frac{1}{2}$$

である. また

$$e_{1,3} = p(1, 2)p(2, 3) + p(1, 4)p(4, 3) = \frac{e^{-\beta a} + e^{-\beta b}}{4}$$

であるから

$$E_1[H_3] = \frac{2(e^{-\beta a} + e^{-\beta b} + 2)}{e^{-\beta a} + e^{-\beta b}} = 2 + \frac{4e^{\beta a}}{1 + e^{-\beta(b-a)}}$$

である．したがって

$$\lim_{\beta \to \infty} \frac{1}{\beta} \log E_1[H_3] = a$$

を得る． □

　この連鎖は明らかに既約かつ非周期的であるから，定理9.4よりどの状態から出発しても長時間後にマルコフ連鎖の分布は不変分布 π_β に近づく． $\beta \to \infty$ の時 $\pi_\beta \to \left(\frac{1}{2},\, 0,\, \frac{1}{2},\, 0\right)$ であるから大きい β において X_n は $n \to \infty$ のときほぼ1/2ずつの確率で状態1または状態3をとる．しかし，状態1を出発する連鎖が状態3に行くのに状態2，状態4という U のグラフのいずれかの山を超えなければならず， $\beta \to \infty$ とするときその標高は高くなっていく．したがって，状態1から状態3に到達するためには長時間を要し，結果的に定常状態に近づくにも長時間を要すると予想できる．(2)の結論はこの直感を数学的に表現している．また，(9.14)において，2つの高さ a および b のうち a のみが現れている．この挙動において，状態1から状態3に到達するための「超えなければならない最低の高さ」が重要な値であることがわかる．

9.12　連続時間マルコフ連鎖

　この章の最後に連続時間のマルコフ連鎖を扱う．すなわち，今まで状態空間 S 上のマルコフ連鎖として $n \in \mathbf{Z}_+$ に対して定まる確率変数列 $X_0, X_1, \ldots$ を考えてきたが，この節では連続時間によってパラメーター付けされる S-値確率変数列 $\mathbf{X} = \{X_t,\, t \in \mathbf{R},\, t \geq 0\}$ を扱う．

> **定義 9.4**　有限集合 S に値をとる確率変数の列 $\mathbf{X} = \{X_t,\, t \in \mathbf{R},\, t \geq 0\}$ が連続時間マルコフ連鎖であるとは，
>
> $$P(X_{s+t} = y | X_{s_1} = x_1, \ldots, X_{s_n} = x_n, X_s = x) = P(X_{s+t} = y | X_s = x) \qquad (9.80)$$
>
> が任意の $0 \leq s_1 < s_2 < \cdots < s_n < s,\ t > 0$ および $x_1, \ldots, x_n, x, y \in S$ に対して成り立つことである．

　離散時間の場合 (9.3) と同様，以後 (9.80) の両辺が s に依存しない，すなわち各 $t \geq 0$ および $x, y \in S$ に対して $p_t(x, y)$ が定まり

$$P(X_{s+t} = y | X_s = x) = p_t(x, y) \qquad (9.81)$$

が成り立つという条件を仮定する．離散時間の場合と同様，これを連鎖が時間斉次であるという． $p_t(x, y)$ は離散時間の場合と同様 $\sum_{y \in S} p_t(x, y) = 1$ を満たす． $p_t(x, y)$ を時間 t での状態 x から状態 y への推移確率 (遷移確率) という．

　第6章，問6.15において導入したポアソン過程は，注意6.5で述べたように連続時間マルコフ連鎖の例である．ポアソン過程 $t \to N_t$ のグラフは，図6.4のようなものであった． N_t が1増えることをジャンプすると呼ぶ事にすると，ポアソン過程は $S = \mathbf{Z}_+$ 上の各値にランダムな時間留まる後にジャンプすることを繰り返す動きである．それぞれの値に留まる時間は独立

で, 指数分布に従う. 各サンプル $t \to X_t$ のグラフは右連続な階段関数である. この節で考察する連続時間マルコフ連鎖は, このようなポアソン過程の一般化である (ただし S は有限集合とする). ポアソン過程ではジャンプする際, 次の移動先は決まっていた (1 増える) が, 一般の連鎖では, ジャンプするまでの時間がランダムであるのみならず, ジャンプのたびに選ぶ移動先もランダムである. 各サンプル $t \to X_t$ のグラフはこの場合も右連続な階段関数である.

次の命題は, 離散時間の場合と同様マルコフ性から容易に得られる.

命題 9.12 時間斉次な連続時間マルコフ連鎖の推移確率 $\{p_t(x,y)\}_{t \geq 0, x,y \in S}$ について次の等式が成立する:

$$p_{s+t}(x,y) = \sum_{z \in S} p_s(x,z) p_t(z,y), \quad s,t \geq 0, \ x,y \in S. \tag{9.82}$$

この等式を**チャップマン-コルモゴロフの方程式**という.

離散時間の場合と同様, 状態空間の各元を $S = \{x_1, x_2, \cdots, x_r\}$ と番号づけし, 各 $t \geq 0$ に対して $p_t(x_i, x_j)$ を i 行 j 列目の成分とする r 次正方行列を P_t とする. 離散時間の場合における (9.15) と同様, 連続時間の場合にも P_t を

$$P_t f(x) = \sum_{y \in S} p_t(x,y) f(y) = E_x[f(X_t)] \tag{9.83}$$

によって線形な作用素 (関数 f から新たな関数 $P_t f$ を作ること) とも見なす.

$P_0 = I$ (単位行列) であり, (9.82) は行列についての等式

$$P_{s+t} = P_s P_t, \quad s,t \geq 0 \tag{9.84}$$

と表される. 離散時間の場合には任意の時間 n の推移確率が推移確率行列 P から決まる (式 (9.13)). 連続時間の場合, (9.84) から任意の $t > 0$ に対して $P_t = (P_{\frac{t}{n}})^n$ が任意の $n \in \mathbf{N}$ に対して成り立つから任意の P_t, $t > 0$ はいくらでも 0 に近い h における P_h から決まる. 今後, $x \neq y$ である任意の $x, y \in S$ に対して $g(x,y) \in \mathbf{R}$ が存在して

$$p_h(x,y) = g(x,y)h + o(h), \quad h \to 0 \tag{9.85}$$

を仮定しよう. $g(x,y)$ を x から y へのジャンプレートという. このとき

$$\lambda_x = \sum_{\substack{z \in S \\ z \neq x}} g(x,z) \tag{9.86}$$

とおくと

$$p_h(x,x) = 1 - \sum_{\substack{z \in S \\ z \neq x}} p_h(x,z) = 1 - \sum_{\substack{z \in S \\ z \neq x}} g(x,z)h + o(h) = 1 - \lambda_x h + o(h) \tag{9.87}$$

である. (9.82) より $p_{t+h}(x,y) = \sum_{z \in S} p_h(x,z) p_t(z,y)$ であるから

$$p_{t+h}(x,y) - p_t(x,y) = \sum_{z \in S} p_h(x,z) p_t(z,y) - p_t(x,y)$$

$$= \sum_{\substack{z \in S \\ z \neq x}} p_h(x,z) p_t(z,y) + (p_h(x,x) - 1) p_t(x,y)$$

$$= \sum_{\substack{z \in S \\ z \neq x}} p_h(x,z) p_t(z,y) - \sum_{\substack{z \in S \\ z \neq x}} p_h(x,z) p_t(x,y)$$

である. したがって任意の $x, y \in S$ に対して

$$p_t'(x,y) = \lim_{h \to 0} \frac{p_{t+h}(x,y) - p_t(x,y)}{h}$$

$$= \sum_{\substack{z \in S \\ z \neq x}} \lim_{h \to 0} \frac{p_h(x,z)}{h} p_t(z,y) - \sum_{\substack{z \in S \\ z \neq x}} \lim_{h \to 0} \frac{p_h(x,z)}{h} p_t(x,y)$$

であるから (9.85) および (9.86) から

$$p_t'(x,y) = \sum_{\substack{z \in S \\ z \neq x}} g(x,z) p_t(z,y) - \lambda_x p_t(x,y) \tag{9.88}$$

が成り立つ.

$$L(x,y) = \begin{cases} g(x,y), & x \neq y \\ -\lambda_x, & x = y \end{cases}$$

とし, $L(x,y)$ を成分とするような行列を L とすると, (9.86) より

$$\sum_{y \in S} L(x,y) = 0, \quad x \in S$$

が成り立つ. (9.88) は行列値の方程式

$$P_t' = L P_t \tag{9.89}$$

と表すことができる. これを**後退方程式**という. ジャンプレート $\{g(x,y)\}_{x \neq y}$ から行列 L が定まり, $\mathbf{X}$ の推移確率が初期条件を $P_0 = I$ とする後退方程式 (9.89) の解として定まる. 行列 L を

$$Lf(x) = \sum_{y \in S} L(x,y) f(y) = \sum_{\substack{y \in S \\ y \neq x}} g(x,y) f(y) - \lambda_x f(x)$$
$$= \sum_{y \in S} g(x,y)(f(y) - f(x)), \ x \in S \tag{9.90}$$

によって線型作用素と見なし (最後の等式を確認せよ), これを連続時間マルコフ連鎖 $\mathbf{X}$ の**生成作用素**という.

式 (9.89) において P_t や L が実数であれば，この微分方程式の解は $P_t = Ce^{Lt}$ である．P_t や L が行列値の場合にも e^{Lt} を実数値の場合と同様 (式 (1.31) 参照) に

$$e^{Lt} = \sum_{n=0}^{\infty} \frac{t^n}{n!} L^n \tag{9.91}$$

と定義すると $P_0 = I$ かつ $P_t' = LP_t$ の解が $P_t = e^{Lt}$ により定まる．

—— 例題 9.15 ——

$S = \{1,2\}$ 上ジャンプレートが $g(1,2) = \alpha > 0$，$g(2,1) = \beta > 0$ で与えられているマルコフ連鎖 $\mathbf{X}$ の生成作用素を求めよ．また $\mathbf{X}$ の推移確率を求めよ．

解 $\lambda_1 = -\alpha$，$\lambda_2 = -\beta$ であるから $\mathbf{X}$ の生成作用素は

$$Lf(1) = \alpha(f(2) - f(1)), \quad Lf(2) = \beta(f(1) - f(2))$$

である．次に $p_t(1,1)$，$p_t(2,1)$ についての後退方程式 (9.88)

$$\begin{aligned} p_t'(1,1) &= \alpha p_t(2,1) - \alpha p_t(1,1) \\ p_t'(2,1) &= \beta p_t(1,1) - \beta p_t(2,1) \end{aligned} \tag{9.92}$$

を解くことにより推移確率を求める．$(p_t(1,1) - p_t(2,1))' = -(\alpha+\beta)(p_t(1,1) - p_t(2,1))$ であるから $p_0(1,1) - p_0(2,1) = 1$ と併せ $p_t(1,1) - p_t(2,1) = e^{-(\alpha+\beta)t}$ である．これを (9.92) に代入して $p_t'(1,1) = -\alpha e^{-(\alpha+\beta)t}$ であるから

$$p_t(1,1) = p_0(1,1) - \int_0^t \alpha e^{-(\alpha+\beta)t} dt = \frac{\beta}{\alpha+\beta} + \frac{\alpha}{\alpha+\beta} e^{-(\alpha+\beta)t}$$

である．$p_t(2,1)$，$p_t(1,2)$ および $p_t(2,2)$ についても同様の計算により

$$P_t = \frac{1}{\alpha+\beta} \left\{ \begin{pmatrix} \beta & \alpha \\ \beta & \alpha \end{pmatrix} + e^{-(\alpha+\beta)t} \begin{pmatrix} \alpha & -\alpha \\ -\beta & \beta \end{pmatrix} \right\} \tag{9.93}$$

が成り立つ．(9.93) を同じ 2 状態の上の離散時間マルコフ連鎖に対する推移確率行列の計算結果 (9.21) と比較してほしい． □

問 9.24 例題 9.15 において (9.91) から $P_t = e^{Lt}$ を求め (9.93) の右辺と一致することを確かめよ．また $f(1) = 2$，$f(2) = -1$ とするとき $E_1[f(X_t)]$ を求めよ．

前にも述べたように，有限状態空間 S 上の連続時間マルコフ連鎖は S の各状態の間をジャンプを繰り返しながら移動していく．$X_0 = x$ とし，ジャンプする時刻を $T_1 \le T_2 \le T_3 \le \dots$ とする．それぞれのジャンプが起きるまでの時間を $W_1, W_2, \dots$ とする，すなわち

$$W_1 = T_1, \ W_2 = T_2 - T_1, \dots, W_n = T_n - T_{n-1}, \dots$$

とする．問 6.15 において，各 W_k を指数分布にしたがう独立な確率変数列としてポアソン過程を構成した．また，注意 6.5 において，指数分布の無記憶性が連鎖のマルコフ性を導くことを指摘した．逆に，(9.82) から，W_k が指数分布にしたがうことを導くことができる．

—— 例題 9.16 ——

$\lambda_x > 0$ とする. W_1 が指数分布 $Exp(\lambda_x)$ に従うことを示せ.

解　$t > 0$ とする. 事象の列 $A_n, n = 1, 2, \ldots$ を $A_n = \{X_{\frac{m}{2^n}t} = x,\ \forall m = 0, 1, 2, \ldots, 2^n\}$ とおく. A_n は減少列である (命題 2.2 参照). このとき, $\{W_1 > t\} \subset A_n,\ \forall n$ であるから $\{W_1 > t\} \subset \bigcap_{n=1}^\infty A_n$ である. 一方, $W_1 < t$ とすると, ある $t_0 < t$ において連鎖は x から別の $y \in S$ にジャンプする. 連鎖のサンプルは右連続な階段関数であるからある $t_1 > t_0$ があって $X_t = y,\ \forall t \in [t_0, t_1)$ である. よってある m, n に対して $X_{\frac{m}{2^n}t} \neq x$ である. よって $\{W_1 > t\}^c \subset \left(\bigcap_{n=1}^\infty A_n \right)^c$ である. 以上より $\{W_1 > t\} = \bigcap_{n=1}^\infty A_n$ が成り立つ. したがって, 確率の連続性 (命題 2.2), (9.82), (9.87) および (1.17) より

$$P_x(W_1 > t) = \lim_{n \to \infty} P_x(A_n) = \lim_{n \to \infty} \left(p_{\frac{t}{2^n}}(x, x) \right)^{2^n}$$
$$= \lim_{n \to \infty} \left(1 - \frac{t}{2^n} \lambda_x + o \left(\frac{1}{2^n} \right) \right)^{2^n} = e^{-\lambda_x t} \tag{9.94}$$

である.　　　□

$\lambda_x = 0$, すなわちすべての $z \neq x$ に対して $g(x, z) = 0$ であるとき $P_x(W_1 = \infty) = 1$ である. このとき $x \in S$ は吸収的状態という. 次に, 連鎖がジャンプするたびに移動先の分布がジャンプレートから定まることを見る.

—— 例題 9.17 ——

$\lambda_x > 0$ とする. P_x に関し T_1 と X_{T_1} は独立で,

$$P_x(X_{T_1} = y) = \frac{g(x, y)}{\lambda_x}, \quad \forall y \neq x \tag{9.95}$$

が成り立つことを示せ.

解　$X_0 = x$ とし, 任意の $y \neq x$ および $t > 0$ に対して事象の列 $B_n, n = 1, 2, \ldots$ を

$$B_n = \bigcup_{m=1}^{2^n} \{X_0 = X_{\frac{t}{2^n}} = \cdots = X_{\frac{(m-1)t}{2^n}} = x,\ X_{\frac{mt}{2^n}} = y\}$$

とする. 右辺は排反な事象の和集合であるから (9.82) より

$$P_x(B_n) = \sum_{m=1}^{2^n} \left(p_{\frac{t}{2^n}}(x, x) \right)^{m-1} \cdot p_{\frac{t}{2^n}}(x, y) = \frac{1 - \left(p_{\frac{t}{2^n}}(x, x) \right)^{2^n}}{1 - p_{\frac{t}{2^n}}(x, x)} \cdot p_{\frac{t}{2^n}}(x, y)$$

である. また B_n は増大列であり, 前問と同様の考察により $\{T_1 \leq t, X_{T_1} = y\} = \bigcup_{n=1}^\infty B_n$ であるから, 再び確率の連続性, (9.85), (9.87) および例題 9.16 より

$$P_x(T_1 \leq t, X_{T_1} = y) = \lim_{n \to \infty} \frac{1 - \left(p_{\frac{t}{2^n}}(x, x) \right)^{2^n}}{1 - p_{\frac{t}{2^n}}(x, x)} \cdot p_{\frac{t}{2^n}}(x, y)$$

$$= \frac{(1 - e^{-\lambda_x t})}{\lambda_x} \cdot g(x, y) = P_x(T_1 \leq t) \cdot \frac{q(x, y)}{\lambda_x}$$

が成り立つ.　　　□

以上の例題の結論から, 連続時間マルコフ連鎖を次のように構成できる. τ が $Exp(1)$ に従うとき $\frac{\tau}{\lambda}$ は $Exp(\lambda)$ に従うこと (問 5.15) に注意.

定理 9.6 ジャンプレート $\{g(x,y)\}_{x \neq y \in S}$ が与えられており，$\{\lambda_x\}_{x \in S}$ は (9.86) により定まるものとする．各 $x,y \in S$ に対して

$$q(x,y) = \begin{cases} \dfrac{g(x,y)}{\lambda_x}, & x \neq y \\ 0, & x = y \end{cases}$$

とする．$Y_0 = x_0$ とし，$Q = (q(x,y))_{x,y \in S}$ を推移確率行列とする S 上の離散時間マルコフ連鎖を $(Y_0, Y_1, \ldots)$ とする．また $\tau_1, \tau_2, \ldots$ を $Exp(1)$ に従う i.i.d.列とし，$W_1, W_2, \ldots$ および時刻の列 $T_1 < T_2 < \ldots$ を

$$W_n = \frac{\tau_n}{\lambda_{Y_{n-1}}}, \qquad T_n = T_{n-1} + W_n \tag{9.96}$$

と定め，$t \in [0, \infty) \to X_t \in S$ を $X_0 = x_0$ および

$$T_n \leq t < T_{n+1} \quad \Rightarrow \quad X_t = Y_n$$

により定める．このとき $(X_t, t \geq 0)$ は生成作用素 (9.90) から定まるマルコフ連鎖である．

この節の最後に，離散時間のマルコフ連鎖に対して成立する重要な命題である定理 9.1 が，連続時間のマルコフ連鎖においてどのような形をとるかを述べる．連続時間の場合，任意の $x,y \in S$ に対してすべての $x,y \in S$ に対して「$p_t(x,y) > 0, \ \forall t > 0$」が成り立つとき，連鎖は既約であるという．また，$S$ 上の確率分布 π が連続時間マルコフ連鎖 $\mathbf{X}$ の不変分布であるとは

$$\pi = \pi P_t, \qquad \forall t > 0 \tag{9.97}$$

が成り立つことである．また，π が $\mathbf{X}$ の可逆分布であるとは

$$\pi(x) p_t(x,y) = \pi(y) p_t(y,x), \quad \forall x,y \in S, \quad \forall t > 0 \tag{9.98}$$

が成り立つことである．$\mathbf{X}$ が可逆分布 π を持つとき，$\mathbf{X}$ は π に関して可逆であるという．$P_t = e^{tL}$ であるから，(9.97) および (9.98) の両辺の t についての導関数を考え，$t = 0$ を代入して次の命題を得る．．

命題 9.13 連続時間マルコフ連鎖 $\mathbf{X}$ の生成作用素を L とする．確率分布 π が $\mathbf{X}$ の不変分布であることと

$$\pi L = \mathbf{0}$$

が同値である．また，π が可逆分布であることと

$$\pi(x) L(x,y) = \pi(y) L(y,x), \quad \forall x,y \in S \tag{9.99}$$

が同値である．π が可逆分布であるとき，π は不変分布である．

$\mathbf{X}$ が π に関して可逆であることは,その生成作用素 L が任意の S 上の関数 f, g に対して

$$\langle Lf, g\rangle_\pi = \langle f, Lg\rangle_\pi, \tag{9.100}$$

を満たすことと同値である (確かめよ).

例 9.8 $\pi = (\pi_1, \pi_2, \pi_3)$ を $S = \{1, 2, 3\}$ 上の確率とする.各 $\pi_i > 0$ とする.$t > 0$ に対して

$$K_t = \begin{pmatrix} -\frac{t}{\pi_1} & \frac{t}{\pi_1} & 0 \\ 0 & -\frac{t}{\pi_2} & \frac{t}{\pi_2} \\ \frac{t}{\pi_3} & 0 & -\frac{t}{\pi_3} \end{pmatrix}$$

とする.K_t は π を不変分布としてもつ連鎖の生成作用素であるが,π に関して可逆ではない.

例 9.9 $\pi_i > 0$,$a_i \in \mathbf{R}$ として

$$A = \begin{pmatrix} -a_1 & a_1 & 0 \\ 0 & -a_2 & a_2 \\ a_3 & 0 & -a_3 \end{pmatrix}$$

とする.A に対して A^* を

$$\langle f, Ag\rangle_\pi = \langle A^*f, g\rangle_\pi, \quad \forall f, \forall g \text{ on } S$$

を満たすものとし,$L_0 = -A^*A$ とする.このとき

$$\langle L_0 f, g\rangle_\pi = -\langle A^*Af, g\rangle_\pi = -\langle Af, Ag\rangle_\pi = -\langle f, A^*Ag\rangle_\pi = \langle f, L_0 g\rangle_\pi$$

より (9.100) が成り立ち,L_0 は π を可逆分布としてもつ連鎖の生成作用素である.

▌**問 9.25** 例 9.9 の生成作用素 L_0 を具体的に書き,(9.99) を確かめよ.

有限マルコフ連鎖 $\mathbf{X}$ が可逆分布 π を持つとする.離散時間の場合と同様,(9.100) を満たす L は実数値の固有値を持つ (1.10 節参照).(9.66) と同様任意の S 上の関数 f に対して

$$\|P_t f\|_\pi = \|e^{tL}f\|_\pi \leq \|f\|_\pi$$

が成り立つから,L のすべての固有値は 0 以下である.また,$L\mathbf{1} = \mathbf{0}$ であるから,必ず 0 が固有値であり,$\mathbf{1}$ が対応する固有ベクトルである.以上より L の固有値を $0 = \lambda_1 \geq \lambda_2 \geq \cdots \geq \lambda_r$ と表す.離散時間の場合の定理 9.4 に対応する次の定理が成り立つ.

定理 9.7 可逆分布 π を持つ連続時間マルコフ連鎖 $\mathbf{X}$ が既約であるとき,$\lambda_2 < 0$ である.すなわち固有値 0 の固有次元は 1 である.またこのとき

$$\|P_t f - \langle f, \pi\rangle\|_\pi \leq e^{\lambda_2 t}\|f - \langle f, \pi\rangle\mathbf{1}\|_\pi$$

が成り立つ.特に,$C > 0$ が存在して各 $x, y \in S$ に対して

$$|p_n(x, y) - \pi_y| \leq Ce^{\lambda_2 t}$$

が成り立つ.

章　末　問　題

9-1 $\mathbf{X}$ を右図のグラフ S 上の単純ランダムウォークとする.

(1) A を出発する連鎖が E に到達する前に D に到達する確率を求めよ.

(2) A を出発する連鎖が D を初めて訪問する時刻の期待値を，公式 (9.52) および公式 (9.63) の両方を用いて求め，両者の結果が一致すること を確かめよ.

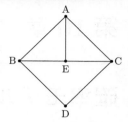

9-2 既約なマルコフ連鎖の不変分布を $\pi = (\pi(x))_{x \in S}$ とする. このとき $E_x[H_A]$ に対する公式 (9.52) を用いて

$$\sum_{\substack{y \in S \\ y \neq x}} p(x,y) E_y[H_x] = \frac{\sum_{y \neq x} \pi(y)}{\pi(x)} \tag{9.101}$$

を示せ. また，これを用いて

$$E_x[T_x] = \frac{1}{\pi(x)} \tag{9.102}$$

を示せ.

9-3 問 9.5 で考察したマルコフ連鎖に対して

$$E_0[H_N] = \begin{cases} \dfrac{N+1}{p-q} + \dfrac{p}{(p-q)^2}\left\{\left(\dfrac{q}{p}\right)^{N+1} - 1\right\}, & p \neq q \\ N^2 + N, & p = q = \frac{1}{2} \end{cases}$$

を示せ.

9-4 (S,E) を下図のグラフとし，その上の関数 U を $U(1) = U(5) = 0$, $U(2) = a$, $U(3) = b$, $U(4) = c$ とする. ただし $0 < b < a < c$ とする. Q を (S,E) 上の単純ランダムウォークの推移確率とし，$\mathbf{X}$ を Q から定理 9.5 によって定まる推移確率 P から定まるマルコフ連鎖とする. $\mathbf{X}$ の状態 5 への初到達時刻を H_5 とする. 定理 9.3 を用いて $E_1[H_5]$ を求め，

$$\lim_{\beta \to \infty} \frac{1}{\beta} \log E_1[H_5] = c$$

を示せ.

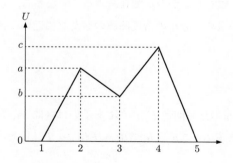

図 9.10　グラフ (S,E) とその上の関数 U.

第 10 章

確率モデルのシミュレーション

この章では，いくつかの確率モデルを数値計算ソフトウェア **Scilab** を使用してシミュレーションすることを試みよう．特に，今まで学んだ確率論の概念や計算手法をどうプログラミングに実現していくかに焦点をあてる．この章では，確率変数をサンプルを乱数と呼ぶ．

10.1　与えられた分布の確率変数の生成

他の多くの数値計算ソフトウェアと同様，Scilab は多くの具体的な分布に従う乱数を生成する機能を持つ．しかし，ここでは，m 行 n 列の $[0,1]$ 上の一様分布 $U(0,1)$ に従う乱数 U を生成するコマンド rand(m,n) を利用して，与えられた分布に従う確率変数 X を生成する．すなわち，あらかじめ命題 5.1 で与えた分布関数の条件を満たす **R** 上の関数が与えられているとき，その F を分布関数にする乱数 X を生成する．ただし，X の乱数をただ一個生成しても，それが求める分布に従っているかどうかを確かめることはできない．生成した乱数の分布が F に従うことは，大数の法則に基づき，

$$\lim_{n \to \infty} \frac{1}{n} \sum_{k=1}^{n} 1_{[a,b]}(X_k) = F(b) - F(a) \tag{10.1}$$

がすべての $a < b$ に対して成立するか否かで判断する．すなわち，十分大きな n 個の乱数を生成し，そのヒストグラムが求める分布の密度関数のグラフに近いことを見ることにより確かめることができる．

10.1.1　逆関数法

生成したい乱数 X の分布の分布関数 F が，**R** あるいは区間 $[\alpha, \beta]$ において連続であり，かつ狭義の単調増大関数である（$\alpha \le a < b \le \beta \to F(a) < F(b)$）とき，$F$ の逆関数 F^{-1} が定まる．

> **命題 10.1**　分布関数が F であるような X は，$X = F^{-1}(U)$ によって生成される．

証明　$U(0,1)$ に従う U に対し $X = F^{-1}(U)$ とすると
$$P(X \le x) = P(F^{-1}(U) \le x) = P(U \le F(x)) = F(x)$$

である.

―― 例題 10.1 ――――――――――――――――――――――――

　一様分布 $U(0,1)$ に従う確率変数 U から指数分布 $Exp(\lambda)$ に従う確率変数を生成するコード
を書け.

―――――――――――――――――――――――――――――――

解　指数分布 $Exp(\lambda)$ の分布関数は

$$F(x) = 1 - e^{-\lambda x}$$

であるから, その逆関数は $F^{-1}(x) = \dfrac{1}{\lambda} \log(1-x)$ である. したがって,

$$X = -\frac{1}{\lambda} \log(1-U)$$

によって $Exp(\lambda)$ に従う確率変数が生成される (**5.5** 節参照). ここで $1-U$ も $U(0,1)$ に従うから
$X = -\frac{1}{\lambda} \log U$ とすればよい. 次のコードは, 生成した n 個の変数の 1 ごとのヒストグラムと, $Exp(\lambda)$
の密度関数のグラフを比較するものである.

```
lambda=0.2;
X=0:0.2:30;
plot(X,lambda*exp(-lambda*X))
n=10000;
Y=-log(rand(1,n))/lambda;
histplot(X,Y)
```

結果は以下の通りである.

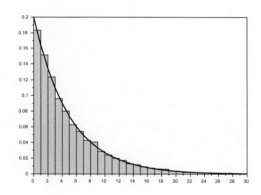

　確率変数 X が 0 以上の整数値をとる場合を考えてみよう. あらかじめ与えられた $\mathbf{Z}_+$ 上の
確率分布 $\{p_k\}$ に対し

$$P(X = k) = p_k \tag{10.2}$$

であるような乱数を生成したい. (5.3) と同様, $\{p_k\}$ に対応する分布関数 F は

$$F(x) = \sum_{k \leq x} p_k \tag{10.3}$$

により定まる. これは図 5.1 のような階段関数である. このような場合にも, 逆関数 F^{-1} を

$$F^{-1}(u) = \min\{k \in \mathbf{Z}_+ ; F(k) \leq u\} \tag{10.4}$$

と考え，連続確率変数の場合と同様に $U(0,1)$ に従う U に対して $X = F^{-1}(U)$ としよう．このとき，図 5.1 からも明らかなように

$$P(X = k) = P(\, U \in [F(k-), F(k)]\,) = F(k) - F(k-) = p_k$$

である．すなわち，この場合にも F^{-1} を (10.4) と定めることにより命題 10.1 が成立する．

───── 例題 **10.2** ─────

分布が $P(X = 1) = 0.2,\ P(X = 2) = P(X = 3) = 0.4,$ によって与えられる離散確率変数 X を生成するコードを書け．

解　題意の X は $U(0,1)$ に従う U を用いて

$$X = \begin{cases} 1, & 0 \le U \le 0.2 \\ 2, & 0.2 \le U \le 0.6 \\ 3, & 0.6 \le U \end{cases} \tag{10.5}$$

と定めることにより得られる．以下，for 文を用いた基本的なプログラムを与える．

```
U=rand(1);
P=[0.2, 0.4, 0.4];
sum=0;
X=0;
for j=1:3
  sum=sum+P(j);
  X=X+1;
  if (U<sum)
   break;
  end
end
X
```

実は，Scilab では"cumsum"と"max"という 2 つのコマンドを用いると，上のプログラムを大幅に短縮することができる．"cumsum"は上の P に対して
cumsum(P)=[0.2, 0.6, 1]
すなわち分布 P の分布関数を与える．また，数列 $A = (a_1, \cdots, a_n)$ に対して
[m,X]=max(A)
は最大値 m のみならず最大値をとる a_k の一番若い k を与える．これらを利用すると上の X を与えるプログラムは

```
P=[0.2, 0.4, 0.4];
 [m,X]=max(bool2s(rand(1,1)*ones(1,3)<cumsum(P)));
 X
```

と短いコードで実現できる．のちにマルコフ連鎖の生成においてこれを利用する．　　　　□

10.1.2　棄却法

逆関数法は簡明な方法であるが，分布関数の逆関数があらかじめ明示されている場合にのみ適用できる方法である．次に，より一般の密度関数 $f(x)$ を持つ独立な連続確率変数の列を生成する方法を紹介する．話を 1 次元に限定するが，ここで紹介する方法は一般次元において実行できる．簡単のため f は $\mathbf{R}$ 上連続かつ有界な台を持つものとする．すなわち，ある有界閉区間 $[a,b] \subset \mathbf{R}$ の外で $f(x) = 0$ であるとする．このとき $M = \sup_{x \in [a,b]} f(x) < \infty$ である．平面内の領域 $A = \{(x,y); a \le x \le b, 0 \le y \le f(x)\}$ は長方形 $R = [a,b] \times [0,M]$ 内の部分集合である．

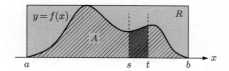

X と Y は独立であり，それぞれ $U(a,b)$ および $U(0,M)$ に従う確率変数とする．このとき (X,Y) は R 上の一様分布に従う 2 次元確率変数である．$(X,Y) \in A$ であればその X を受容し，そうでなければ棄却する．受容した X を改めて Z とする．$a < s < t < b$ に対して

$$A_{s,t} = \{(x,y) \in A; s \le x \le t\} = \{(x,y); s \le x \le t, 0 \le y \le f(x)\}$$

とおくと

$$P(Z \in [s,t]) = P((X,Y) \in A_{s,t} \mid (X,Y) \in A) = |A_{s,t}| = \int_s^t f(z)dz$$

である．この式は Z が密度関数を f とする確率分布に従うことを意味する．

ただし，棄却されたら何も生成されない．実際には独立確率変数列 $\{(X_k, Y_k)\}_{k \in \mathbf{N}}$ を生成し，各 k ごとに同様の手続きを行い，受容した X_k 達を改めて Z_j とする．

──── 例題 10.3 ────

棄却法を用いて密度関数が

$$f(x) = \begin{cases} \frac{2}{\pi}\sqrt{1-x^2}, & x \in [-1,1] \\ 0, & \text{その他} \end{cases}$$

により与えられる分布 (半円分布という) に従う独立確率変数列を生成せよ．

解

```
deff('y=f(x)', 'y=2*sqrt(1-x^2)/%pi'); n=1000000;
X=2*rand(1,n)-1;
Y=2*rand(1,n)/%pi;
Z=X(Y<=f(X));
x=-1:0.02:1; histplot(x, Z);
```

結果は以下の通りである.

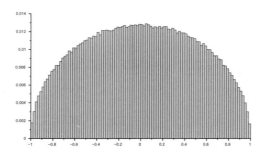

10.2　マルコフ連鎖

10.2.1　離散時間マルコフ連鎖

―― 例題 **10.4** ――

$S = \{1, 2, 3\}$ 上の推移確率行列が

$$P = \begin{pmatrix} 0.2 & 0.4 & 0.4 \\ 0.3 & 0.3 & 0.4 \\ 0.5 & 0.1 & 0.4 \end{pmatrix}$$

で与えられ,初期値が $X(1) = 1$ であるようなマルコフ連鎖の $N = 6$ 個の n ステップまでの連鎖のサンプルを N 行 n 列行列として実現せよ.

解　各ステップの状態を生成する方法として例題10.2で用いた逆関数法を採用する.例えば $X(k-1) = 2$ であるとき $X(k)$ は $P(X(k) = 1) = 0.3$, $P(X(k) = 2) = 0.3$, $P(X(k) = 3) = 0.4$ に従う.

```
/// Markov Chain Generation

P=[0.2, 0.4, 0.4; 0.3, 0.3, 0.4; 0.5, 0.1, 0.4];
/// Transition Probability
n=10;  /// The number of steps.
N=5;  /// The number of samples.

X=[ones(N,1),zeros(N,n-1)]; /// The chain starts at 1.
for k=2:n;
  PP=P(X(:,k-1),:);
  W=(bool2s(rand(N,1)*ones(1,3)<cumsum(PP,'c')));
  [m,x]=max(W,'c');
  X(:,k)=x;
end
X
```

'c' は，各行ごとの，すなわち各サンプルごとの操作を表す．以下が実行例である．

```
--> X =
    1.   2.   2.   1.   2.   2.   2.   1.   3.   1.
    1.   3.   3.   1.   3.   1.   2.   2.   2.   1.
    1.   1.   2.   3.   3.   1.   3.   1.   2.   3.
    1.   2.   2.   1.   2.   3.   1.   2.   2.   1.
    1.   3.   1.   1.   2.   1.   2.   2.   2.   3.
```

以上の生成方法を用いて，マルコフ連鎖の様々な問題をシミュレーションすることができる．

=== 例題 **10.5** ===

例題 9.6 をシミュレートせよ．

解 $S = \{1, 2, 3, 4, 5\}$ 上のマルコフ連鎖の推移確率は (9.44) によって定まるから，上の方法より連鎖を生成することができる．

```
P=[0 1/2 1/2 0 0; 1/2 0 0 1/2 0; 1/3 0 0 1/3 1/3; 0 0 0 1 0; 0 0 0 0 1];
N=5000; n=100; /// N: The number of samples.  n: The number of steps.
X=[ones(N,1),zeros(N,n-1)]; /// The chain starts at 1.
for k=2:n;
  PP=P(X(:,k-1),:);
  W=(bool2s(rand(N,1)*ones(1,5)<cumsum(PP,'c')));
  [mm,Y]=max(W,'c'); X(:,k)=Y;
  end
p4=sum(X(:,n)==4)/N
p5=sum(X(:,n)==5)/N
[nn,Z]=max((X==4)*1+(X==5)*1, 'c');
AbsTime=sum(Z-1)/N
```

このプログラムにおいて，$X(i, k)$ は連鎖の i 番目のサンプルの $k-1$ ステップの値である．n が十分に大きいとき，ほぼすべての連鎖のサンプルは n ステップまでに状態 4 または状態 5 に到達していると期待し，それぞれの状態に到達するサンプルの割合として p4, p5 を定めている．また，Y4 は各サンプル各時刻ごとに連鎖が状態 4 または 5 に到達していれば 1，到達していなければ 0 を与える行列であるから，Z-1 は状態 4 または状態 5 に到達するまでのステップ数を表すので AbsTime はそのサンプル平均である．Scilab で実行してみると，例えば

```
p4  = 0.7116
p5  = 0.2884
AbsTime  = 3.4484
```

という結果を得る．例題 9.6 で得た結果 $P(H_5 < \infty) = \frac{2}{7} = 0.2857$ および $E[H_A] = \frac{24}{7} = 3.4285$ に近い値を得ていることがわかる．サンプル数 N をより大きくとれば，よりこの理論値に近い結果を得ることを確かめることができる．

10.2.2 MCMC

命題 9.5 において，与えられた分布を不変分布とするようなマルコフ連鎖の推移確率を構成する処方箋を与えた．具体的な数値を与えてこれを Scilab を用いて実行してみよう．$S = \{1, 2, 3\}$ 上の分布 π を $\pi = (0.3, 0.4, 0.3)$ とする．命題 9.5 に従い，まず任意の推移確率行列 Q をとり，そこから α, P を構成する．その上で任意の初期分布 ν に対し，n ステップにおける分布 νP^n を求める．

```
pi=[0.3, 0.4, 0.3];
Q=rand(3,3); r=sum(Q,'c').^(-1); Q=diag(r)*Q
for i=1:3; for j=1:3;
    A(i,j)=min(pi(j)*Q(j,i)/(pi(i)*Q(i,j)),1);
end; end
R=A.*Q-diag(diag(A.*Q));
P=R+diag(ones(3,1)-sum(R,'c'))
nu=rand(1,3); mu=nu/sum(nu)
mu_n=mu*P^5
```

命題で述べたようにまずある S 上の推移確率行列 Q は勝手に与えてよいので，'rand' を用いて生成する．結果は以下の通りである．

```
--> Q=
   0.2616223   0.2465243   0.4918535
   0.1683862   0.154019    0.6775948
   0.2404749   0.3546623   0.4048628
 P  =
   0.5350101   0.224515    0.2404749
   0.1683862   0.5656171   0.2659967
   0.2404749   0.3546623   0.4048628
 mu  =
   0.2144015   0.3899872   0.3956113
 mu_n  =
   0.2996656   0.4002896   0.3000448
```

これより，どのような初期分布から出発しても，この場合 X_5 の分布がすでに不変分布 π に近いことが見てとれる．

> **問 10.1** 例題 9.14 において，a および b を適当に定めて Scilab を用いてシミュレーションせよ．特に十分大きい β に対して $E_1[H_3]$ をサンプル平均として求め，(9.14) が成り立つことを確かめよ．

演習問題ヒント・解答

第 1 章

問 1.1　$y = \frac{x-m}{\sqrt{v}}$ と変数変換する．(1.14) および例題 1.1 の結果より

$$\int_{-\infty}^{\infty} \frac{x}{\sqrt{2\pi v}} e^{-\frac{(x-m)^2}{2v}} dx = \int_{-\infty}^{\infty} \frac{\sqrt{v}y + m}{\sqrt{2\pi v}} e^{-\frac{y^2}{2}} \sqrt{v} dy = m,$$

においてを用いる．同様の計算により，後半 $= v + m^2$ である．

問 1.3　固有値は $\lambda_1 = -4$, $\lambda_2 = -2$, $\lambda_3 = 6$, 対応する固有ベクトルとして $\mathbf{v}_1 = (-1, 0, 1)^\top$, $\mathbf{v}_2 = (1, -3, 1)^\top$, $\mathbf{v}_3 = (1, 1, 1)^\top$ を取ることができる．例えば，$\langle \mathbf{v}_2, \mathbf{v}_3 \rangle_\pi = 1 \cdot 1 \cdot 3 + (-3) \cdot 1 \cdot 2 + 1 \cdot 1 \cdot 3 = 0$ である．

第 2 章

問 2.1　$\{1\}^c = \{2,3,4\} \in \sigma(\mathcal{A})$, $\{1,2\}^c = \{3,4\} \in \sigma(\mathcal{A})$, $\{1,2\} \cap \{2,3,4\} = \{2\} \in \sigma(\mathcal{A})$ であるから

$$\sigma(\mathcal{A}) = \{\phi, \{1\}, \{2\}, \{1,2\}, \{3,4\}, \{1,3,4\}, \{2,3,4\}, \Omega\}$$

である．

問 2.2　$P(A \cup B) = 0.6 + 0.3 - 0.1 = 0.8$ である．それぞれ
(1) $P(A \cup B) - P(A \cap B)$,
(2) ドモルガンの公式から $P(A^c \cap B^c) = P((A \cup B)^c) = 1 - P(A \cup B)$,
(3) 同様 $P(A^c \cup B^c) = P((A \cap B)^c) = 1 - P(A \cap B)$ である．

問 2.3　B_n を n 回目に 2 回目の表が出るとする．$n-1$ 回目までに表が 1 回，裏が $n-2$ 回出るから $P(B_n) = \binom{n-1}{1} q^{n-2} p^2 = (n-1) q^{n-2} p^2$ である (詳しくは 3.3.6 節参照)．

$$P(B) = \sum_{n=2}^{\infty} P(B_n) = p^2 \sum_{n=2}^{\infty} (n-1) q^{n-2} = p^2 \cdot \frac{1}{(1-q)^2} = 1$$

である．

問 2.4　$P(A) = \frac{3}{8} + \frac{1}{8} = \frac{1}{2}$. したがって $P(B|A) = \frac{P(3)}{P(A)} = \frac{3}{8} / \frac{1}{2} = \frac{3}{4}$.

問 2.6　$P(A \cap C) = \sum_{k=1}^{n} P(A \cap B_k \cap C) = \sum_{k=1}^{n} P(A|B_k \cap C) P(B_k \cap C)$ であるから

$$P(A|C) = \frac{P(A \cap C)}{P(C)} = \sum_{k=1}^{n} P(A|B_k \cap C) P(B_k|C)$$

である．

問 2.7　$P(A) = a$, $P(B) = b$ とする．独立性より $a \cdot b = \frac{1}{14}$, また (2.4) より $a + b - ab = \frac{13}{28}$ である．

問 2.8　仮定より $P(A) = P(A \cap B) = P(A)P(B)$.

問 2.9 条件付き独立性より

$$P(A|B \cap C) = \frac{P(A \cap B \cap C)}{P(B \cap C)} = \frac{P(A \cap C|B)}{P(C|B)} = \frac{P(A|B)P(C|B)}{P(C|B)} = P(A|B)$$

である.

問 2.10 例 2.6 における計算と同様にして

$$P(A_1) = \sum_{x_k \in \{0,1\}, k=2,3} p \cdot p^{x_2} q^{1-x_2} p^{x_3} q^{1-x_3} = p \prod_{k=2}^{3} \left(\sum_{x_k=0}^{1} p^{x_1} q^{1-x_1} \right) = p \prod_{k=2}^{3} (p+q) = p$$

が成り立つ. 同様に $P(A_2) = P(A_3) = p$ である. 同様にして

$$P(A_1 \cap A_2) = P(A_2 \cap A_3) = P(A_3 \cap A_1) = p^2,$$

および $P(A_1 \cap A_2 \cap A_3) = p^3$ がわかるから定義 2.2 の (2) の 4 つの式がすべて成り立つことがわかる.

章末問題

2-2 ドモルガンの公式および確率の劣加法性より

$$P\left(\left(\bigcap_{k=1}^{\infty} A_k\right)^c\right) = P\left(\bigcup_{k=1}^{\infty} A_k^c\right) \leq \sum_{k=1}^{\infty} P(A_k^c) = 0$$

である.

2-3 分配法則および A, B, C の独立性から

$$P(A \cap (B \cup C)) = P(A)P(B) + P(A)P(C) - P(A)P(B)P(C)$$
$$= P(A)\{P(B) + P(C) - P(B)P(C)\} = P(A)P(B \cup C)$$

である. また, 例題 2.3 から A^c と $(B \cup C)^c = B^c \cap C^c$ が独立である.

2-4 $\sharp \Omega_{MB} = r^n$ であり, また A_ℓ は ℓ 個の区別のつくボールが箱 1 に入り, 残りの $n-\ell$ 個が残りの $r-1$ 個の箱のいずれかに入る事象であるから $\sharp A_\ell = \binom{n}{\ell}(r-1)^{n-\ell}$ である. したがって

$$P(A_\ell) = \frac{\sharp A_\ell}{\sharp \Omega_{MB}} = \binom{n}{\ell} \left(\frac{1}{r}\right)^\ell \left(1 - \frac{1}{r}\right)^{n-\ell} = \binom{n}{\ell} \left(\frac{\lambda}{n}\right)^\ell \left(1 - \frac{\lambda}{n}\right)^{n-\ell}$$

である. 第 3 章, 命題 3.3 を導く議論 (問 3.9) より結論を得る.

2-5 1.8 節で述べた事実から $\sharp \Omega_{BE} = \binom{n+r-1}{n}$ であり, また A_ℓ は ℓ 個の区別のつかないボールが箱 1 に入り, 残りの $r-\ell$ 個が残りの $r-1$ 個の箱のいずれかに入る事象であるから $\sharp A_\ell = \binom{n-\ell+r-2}{n-\ell}$ である. したがって

$$P(A_\ell) = \frac{\sharp A_\ell}{\sharp \Omega_{BE}} = \frac{\binom{n-\ell+r-2}{n-\ell}}{\binom{n+r-1}{n}}$$
$$= \frac{n!}{(n-\ell)!} \frac{(n-\ell+r-2)\ldots(r-1)}{(n+r-1)\ldots r} = \frac{n(n-1)\ldots(n-\ell+1)(r-1)}{(n+r-1)\ldots(n-\ell+r-1)}$$
$$= \frac{n}{n+r-1} \cdot \frac{n-1}{n+r-2} \cdots \frac{n-\ell+1}{n-\ell+r} \cdot \frac{r-1}{n-\ell+r-1}$$

である. ここで $n = \lambda r$ を代入すると, $r \to \infty$ とするとき

$$\frac{n}{n+r-1} \to \frac{\lambda}{1+\lambda}, \ldots, \frac{n-\ell+1}{n-\ell+r} \to \frac{\lambda}{1+\lambda}, \frac{r-1}{n-\ell+r-1} \to \frac{1}{1+\lambda}$$

である.

第 3 章

問 3.2　$X = 0$ および $X = 2$ のとき $Y = 0$, $X = 1$ のとき $Y = -1$ であるから以下を得る：

Y	-1	0
p_Y	0.2	0.8

問 3.3　$\displaystyle\sum_{k \in \mathbf{Z}} k \cdot p_k = c \sum_{k=1}^{\infty} \frac{(-1)^{k-1}}{k}$ は収束するが絶対収束はしない（文献 [1], 28 章, 29 章を参照のこと）．したがって $E[X]$ は存在しない．

問 3.6　$\displaystyle\sum_{x \in \Lambda} p_x = 1$ であるから

$$\sum_{x,y \in \Lambda} (x - y)^2 p_x p_y = 2 \sum_{x \in \Lambda} x^2 p_x - 2 \sum_{x,y \in \Lambda} xy p_x p_y = 2 \sum_{x \in \Lambda} x^2 p_x - 2 \Big(\sum_{x \in \Lambda} x p_x \Big)^2.$$

問 3.7　$E[X] = 2$, $V[X] = \frac{3}{5}$ であるから $Y = \frac{\sqrt{15}}{3}(X - 2)$.

問 3.8　$P(X = 5) = a$ とすると分布表は

x	0	3	5
$p_X(x)$	$\frac{1+2a}{3}$	$\frac{2-5a}{3}$	a

である．$0 \le a \le \frac{2}{5}$ に注意．

問 3.9　$\binom{N}{k} = \frac{N(N-1)\ldots(N-k+1)}{k!}$ であるから

$$\binom{N}{k} \left(\frac{\lambda}{N} \right)^k \left(1 - \frac{\lambda}{N} \right)^{N-k} = \frac{1}{k!} \frac{N}{N} \frac{N-1}{N} \cdots \frac{N-k+1}{N} \left(1 - \frac{\lambda}{N} \right)^N \left(1 - \frac{\lambda}{N} \right)^{-k}$$

である．ここで，k は固定されていることに注意して，式 (1.17) より結論を得る．

問 3.11　$m = \frac{q}{p}$ であった．公式 (3.1) より

$$v = \sum_{k=0}^{\infty} k(k-1)q^k p + m - m^2 = p \sum_{k=0}^{\infty} k(k-1)q^k + \frac{q}{p} - \frac{q^2}{p^2}$$

である．再び (1.29) を適用して

$$\begin{aligned}
\sum_{k=0}^{\infty} k(k-1)q^k &= q^2 \sum_{k=0}^{\infty} \frac{d^2}{dq^2} q^k = q^2 \frac{d^2}{dq^2} \left(\sum_{k=0}^{\infty} q^k \right) \\
&= q^2 \frac{d^2}{dq^2} \left(\frac{1}{1-q} \right) = 2q^2 \frac{1}{(1-q)^3} = \frac{2q^2}{p^3}.
\end{aligned}$$

ここで，3 個目の等号においてべき級数は収束円内において項別微分可能であることを用いている．したがって

$$v = \frac{2q^2}{p^2} + \frac{q}{p} - \frac{q^2}{p^2} = \frac{q}{p} + \frac{q^2}{p^2} = \frac{q}{p^2}$$

である．最後に $p + q = 1$ を用いた．

問 3.12　A さんが勝つためにはその後繰り返し投げて表が 2 回出るまでに裏の出る回数 X が 3 回以下である確率を求めればよい．$NB(2, p)$ に従う X に対して

$$P(\text{A さんが勝つ}) = P(X = 0) + P(X = 1) + P(X = 2) + P(X = 3)$$

である．日本シリーズで 2 勝 0 敗であれば，優勝する確率は 8 割を超える．

問 3.13　例題 3.21 と同じ設定の下で，同様の考察により分割公式から

$$E[X^2] = E[X^2 | A]P(A) + E[X^2 | A^c]P(A^c) = 0 \cdot p + E[(1 + X)^2]q$$

である. 例題 3.21 の結果と併せ, これを解いて $E[X^2]$ を得る.

章末問題

3-1 $a_{jk} \geq 0$ に対して $\displaystyle\sum_{k=K}^{\infty}\sum_{j=k}^{\infty} a_{jk} = \sum_{j=K}^{\infty}\sum_{k=K}^{j} a_{jk}$ が任意の $K \in \mathbf{N}$ で成り立つ. $a_{jk} = P(X = j)$

に対してこれを適用する. $\displaystyle\sum_{j=k}^{\infty} P(X = j) = P(X \geq k)$ であるから

$$\sum_{k=K}^{\infty} P(X \geq k) = \sum_{j=K}^{\infty}(j - K + 1)P(X = j) = \sum_{j=K}^{\infty} jP(X = j) - (K-1)P(X \geq K)$$

を得る. よって

$$\sum_{j=K}^{\infty} jP(X = j) = \sum_{k=K}^{\infty} P(X \geq k) + (K-1)P(X \geq K)$$

が成り立つ. $a_k = P(X \geq k)$ とすると, 仮定の下で $a_k = o(\frac{1}{k})$ である ((1.15) に注意) から右辺の 2 つ
の項は $K \to \infty$ とするときともに 0 に収束する. また上の式に $K = 1$ を代入して (3.35) を得る.

3-2 標本空間は, $T = \{1 回目に T が出る \}$, $HT = \{ 最初の 2 回に HT が出る \}$,
$HH = \{ 最初の 2 回に HH が出る \}$ に分割される. 期待値に対する分割公式 (命題 3.6) より

$$E[X] = E[X|T]P(T) + E[X|HT]P(HT) + E[X|HH]P(HH)$$
$$= q(1 + E[X]) + pq(2 + E[X]) + 2p^2$$

である.

第 4 章

問 4.2 例えば同時分布が

$Y\backslash X$	1	2	3
1	$\frac{1}{5}$	$\frac{1}{5}$	0
2	0	$\frac{1}{5}$	$\frac{1}{5}$
3	$\frac{1}{5}$	0	0

で与えられる X, Y は同分布であるが $p(x, y) = p(y, x)$ は成り立たない.

問 4.3 A と B が独立であるとき

$$P(1_A = 1,\ 1_B = 1) = P(A \cap B) = P(A)P(B) = P(1_A = 1)P(1_B = 1)$$

である. A と B^c, A^c と B, A^c と B^c もそれぞれ独立であるから (例題 2.3), 上と同様にすべての
$x, y \in \{0, 1\}$ に対して $P(1_A = x,\ 1_B = y) = P(1_A = x)P(1_B = y)$ が成り立つ. したがって 1_A と
1_B が独立である. 逆は明らか.

問 4.5 独立ではない. また, $\mathrm{Cov}(X, Y) = 0$, $\mathrm{Cov}(X, Y^2) \neq 0$ である.

問 4.6 (X, Y) の同時分布表は

$Y\backslash X$	0	1	2
0	q^2	pq	0
1	0	pq	p^2

である.

問 4.7 例題 4.2 の結果から共分散, 相関係数を求めることができる.

問 4.8 明らかに $Y = 3 - X$ であるから一方が決まればもう一方も決まる状態, すなわち命題 4.5, (3)
の $a = -1$ の場合であるから命題より $\rho(X, Y) = -1$ である.

問 4.9 期待値の線型性, (3.21) および (4.21) を用いよ.

問 4.10 X と Y の独立性より

$$P(X = k \mid X + Y = n) = \frac{P(X = k,\ X + Y = n)}{P(X + Y = n)}$$

$$= \frac{P(X = k,\ Y = n - k)}{P(X + Y = n)} = \frac{P(X = k)P(Y = n - k)}{P(X + Y = n)}$$

である.

問 4.11 (4.24) より $P(X + Y = n) = \sum_{k=0}^{n} q^k p q^{n-k} p = \sum_{k=0}^{n} q^n p^2 = (n+1)q^n p^2$ である.

章末問題

4-1

$$P(X = Y) = \sum_{k=0}^{\infty} P(X = Y = k) = \sum_{k=0}^{\infty} P(X = k)P(Y = k)$$

である. また, X と Y の独立性から任意の $n, m \geq 0$ に対して

$$P(X = m,\ Y = n) = P(X = m)P(Y = n) = P(X = n)P(Y = m) = P(X = n,\ Y = m)$$

であるから

$$P(X > Y) = \sum_{m > n} P(X = m,\ Y = n) = \sum_{m > n} P(X = n,\ Y = m) = P(X < Y)$$

である. これらより $P(X > Y)$ が得られる.

4-2 公式 3.1 および (4.13) を用いる. $E[XY] = E[X]E[Y]$, $E[(XY)^2] = E[X^2]E[Y^2]$ である.

4-3 (4.17), (4.20) を用いて仮定より $\mathrm{Cov}(X, X + Y + Z)$, $V[X + Y + Z]$ を求めることができる.

4-4 例えば $P(X = 0,\ Y = 1) = \frac{\binom{2}{1}}{\binom{4}{2}} = \frac{1}{3}$ である. 同様にして次の (X, Y) の同時分布表を得る.

$Y \backslash X$	0	1
0	$\frac{1}{6}$	$\frac{1}{3}$
1	$\frac{1}{3}$	$\frac{1}{6}$

4-5 $A = \{X = 0\}$, $B = \{Y = 0\}$, $C = \{Z = 0\}$ とすると求める事象は $P(A \cup B \cup C)$ である. A, B, C の独立性に注意して (2.17) に適用する.

4-6 仮定より $P(X = a, Y = b) = P(X = b, Y = a) = 0$ であるから

$$P(X = a) = P(X = a, Y = a) + P(X = a, Y = b)$$

$$= P(X = a, Y = a) = P(X = a)P(Y = a)$$

である. よって $P(X = a) = 0$ または $P(Y = a) = 1$ である. $P(X = a) = 0$ のとき, $P(Y = a) = P(X = a, Y = a) = 0$ であるから $P(X = b) = P(Y = b) = 1$, よって $P(X = b, Y = b) = P(X = b)P(Y = b) = 1$ である. 同様, $P(Y = a) = 1$ のとき, $P(X = a, Y = a) = 1$ である.

4-7 $E[\bar{S}_n] = m$ であるから $m = 0$ として良い. このとき (3.21), (4.13), (4.22) を用いて $E[(X_i - \bar{S}_n)^2] = E[X_i^2] - 2E[X_i \bar{S}_n] + E[\bar{S}_n^2]$ の右辺の各項を n および v を用いて表すことができる.

4-8 X_1 は二項分布 $B(n, \frac{1}{r})$ に従うから $E[X_1] = \frac{n}{r}$, $V[X_1] = \frac{n}{r}\left(1 - \frac{1}{r}\right)$ である. 一方, ヒントより

$$E[X_1 X_2] = E[(1_{A_1^{(1)}} + \cdots + 1_{A_n^{(1)}})(1_{A_1^{(2)}} + \cdots + 1_{A_n^{(2)}})]$$

$$= \sum_{k=1}^{n} E[1_{A_k^{(1)}} 1_{A_k^{(2)}}] + \sum_{k \neq \ell} E[1_{A_k^{(1)}} 1_{A_\ell^{(2)}}]$$

である. ここで $1_{A_k^{(1)}} 1_{A_k^{(2)}} = 0$ であり, また $k \neq \ell$ のとき $1_{A_k^{(1)}}$ と $1_{A_\ell^{(2)}}$ は独立であるから $E[1_{A_k^{(1)}} 1_{A_\ell^{(2)}}] = E[1_{A_k^{(1)}}]E[1_{A_\ell^{(2)}}]$ である.

第5章

問 5.2 $c = 1$, $E[X] = 0$ である. また

$$V[X] = E[X^2] = \int_{-1}^{1} x^2 |x| dx = 2 \int_{0}^{1} x^3 dx = \frac{1}{2}.$$

問 5.4   平均を m は $\lambda e^{-\lambda x} = (-e^{-\lambda x})'$ であるから部分積分の公式より

$$m = \int_{0}^{\infty} x \lambda e^{-\lambda x} dx = \lim_{M \to \infty} \left[-x e^{-\lambda x} \right]_{0}^{M} + \lim_{M \to \infty} \int_{0}^{M} e^{-\lambda x} dx$$

である. ここで $\lim_{M \to \infty} M e^{-\lambda M} = 0$ に注意すると $m = \lim_{M \to \infty} \left[-\frac{1}{\lambda} e^{-\lambda x} \right]_{0}^{M} = \frac{1}{\lambda}$ である. 分散についても同様の計算を行う.

問 5.5   (5.13) より, $f(t) = P(X \ge t)$, $t \ge 0$ とおくと, f は $f(s+t) = f(s)f(t)$, $\forall s, t \ge 0$ を満たす. これを満たす f は指数関数である.

問 5.6   例題 1.1 と同様, $x e^{-\frac{x^2}{2}} = (-e^{-\frac{x^2}{2}})'$ であるから, $n \ge 2$ において

$$I_n \equiv E[X^n] = \frac{1}{\sqrt{2\pi}} \int_{\mathbf{R}} x^n e^{-\frac{x^2}{2}} dx = \frac{1}{\sqrt{2\pi}} \int_{\mathbf{R}} x^{n-1} (-e^{-\frac{x^2}{2}})' dx = (n-1) I_{n-2}$$

である.

問 5.8 $Z = \frac{X-10}{10}$ は $N(0,1)$ に従う. よって

$$P(-1 \le X \le 18) = P(-1.1 \le Z \le 0.8) = P(0 < Z \le 1.1) + P(0 \le Z \le 0.8)$$

である.

問 5.9   得点 X に対して $Z = \frac{X-560}{60}$ は $N(0,1)$ に従うから

$$P(X \ge 660) = P\left(Z \ge \frac{660 - 560}{60} \right) = P(Z \ge 1.67) = 0.0475$$

である. よっておよそ 475 位と考えられる. また上位 2% の点数 a は

$$P(X \ge a) = P\left(Z \ge \frac{a - 560}{60} \right) = 0.02$$

を満たすから $\frac{a-560}{60} = 2.05$ であるから $a = 683$ である.

問 5.11 $N(m,v)$ の場合, 以下の変形 (平方完成) より得られる.

$$M_X(t) = \int_{-\infty}^{\infty} \frac{1}{\sqrt{2\pi v}} e^{-\frac{1}{2v}\{(x-m)^2 - 2tvx\}} dx = e^{mt + \frac{vt^2}{2}} \int_{-\infty}^{\infty} \frac{1}{\sqrt{2\pi v}} e^{-\frac{1}{2v}\{(x-(m+tv))^2\}} dx.$$

問 5.12 $U(0,\alpha)$ の場合：指数関数のテイラー展開 (1.31) から

$$\frac{e^{\alpha t} - 1}{\alpha t} = 1 + \frac{\alpha}{2} t + \frac{\alpha^2}{6} t^2 + o(t^2)$$

である. これより $M_X'(0) = \frac{\alpha}{2}$, $M_X''(0) = \frac{\alpha^2}{3}$ である. よって (5.21) より $E[X] = \frac{\alpha}{2}$, $V[X] = \frac{\alpha^2}{3} - \left(\frac{\alpha}{2}\right)^2 = \frac{\alpha^2}{12}$ である. これは問 5.3 の結果と一致している.

問 5.13   表の出る回数 X は二項分布 $B(1600, \frac{9}{19})$ に従う. その平均 m と標準偏差 $\sigma = \sqrt{v}$ は

$$m = \frac{1600 \times 9}{19}, \qquad \sigma = \frac{120 \times \sqrt{10}}{19}$$

である. 命題 5.3 より, Z を $N(0,1)$ に従うものとすると

$$P(X \ge 800) \approx P\left(Z \ge \frac{800 - m}{\sigma} \right) = P\left(Z \ge \frac{2\sqrt{10}}{3} \right) = P(Z \ge 2.11) = 0.0174,$$

すなわち約 1.7% である.

問 5.14　二項分布の正規分布近似より $\frac{R-\frac{1}{2}}{\frac{1}{2\sqrt{n}}}$ の分布は n が大きい時 $N(0,1)$ で近似できるから，Z を $N(0,1)$ に従うものとすると

$$P\Big(\Big|R-\frac{1}{2}\Big| \leq 0.1\Big) \approx P\left(|Z| \leq 0.2 \times \sqrt{n}\right)$$

である.

問 5.15　$\forall y > 0,\ F_Y(y) = P(Y \leq y) = P(X \leq \lambda y) = F_X(\lambda y)$, よって $f_Y(y) = \lambda f_X(\lambda y) = \lambda e^{-\lambda y}$.

問 5.16　Y は非負確率変数であるから $y \leq 0$ のとき $F_Y(y) = 0$ である.　$y > 0$ とする.　X の密度関数が偶関数であることを用いると

$$F_Y(y) = P(-\sqrt{y} \leq X \leq \sqrt{y}) = 2P(0 \leq X \leq \sqrt{y}) = 2(F_X(\sqrt{y}) - F_X(0))$$

であるから (5.27) より

$$f_Y(y) = \begin{cases} 0, & y \leq 0 \\ \frac{1}{\sqrt{2\pi y}} e^{-\frac{y}{2}}, & y > 0 \end{cases}$$

である.　これはガンマ分布 $Gam(\frac{1}{2}, \frac{1}{2})$ である.

問 5.17　$r \geq 0$ とする.　(5.14) より

$$F_R(r) = P(R \leq r) = P(X \leq r^2) = 1 - e^{-\frac{r^2}{2}}$$

であるから $f_R(r) = F_R'(r) = r e^{-\frac{r^2}{2}}$ である.

章末問題

5-1　X が非負連続確率変数であるから，その密度関数を f とすると (5.9) より $E[X] = \displaystyle\int_0^\infty x f(x) dx < \infty$ である.　右辺の広義積分が存在するから

$$\lim_{x \to \infty} \int_x^\infty y f(y) dy = 0 \tag{A.6}$$

である.　$\bar{F}_X(x) = 1 - F_X(x) = P(X > x) = \displaystyle\int_x^\infty f(y) dy$ とすると

$$0 \leq x\bar{F}_X(x) = x\int_x^\infty f(y) dy \leq \int_x^\infty y f(y) dy$$

であるから (A.6) より $\lim\limits_{x \to \infty} x\bar{F}_X(x) = 0$ である.　$\bar{F}_X(x)' = -f(x)$ より部分積分を用いて

$$E[X] = -\big[x\bar{F}_X(x)\big]_0^\infty + \int_0^\infty \bar{F}_X(x) dx = \int_0^\infty \bar{F}_X(x) dx$$

である.

5-2　命題 4.2 を用いる.　$E[X_1] = 0$, $E[X_1^3] = 0$ より $S_n^4 = \displaystyle\sum_{i=1}^n X_i^4 + 6\sum_{\substack{(i,j) \\ i \neq j}} X_i^2 X_j^2 + R$ において

$E[R] = 0$, よって $E[S_n^4] = nE[X_i^4] + 6\dfrac{n(n-1)}{2} E[X_i^2]E[X_j^2]$ である.

第 6 章

問 6.1

$|D| = \frac{1}{2}$ であるから $c = 2$. 右図より $0 \le x \le 1$ において

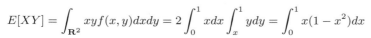

$$f_X(x) = \int f(x,y)dy = \int_x^1 2dy = 2(1-x),$$

それ以外では $f_X(x) = 0$ である. また (1.8) を用いて

$$E[XY] = \int_{\mathbf{R}^2} xy f(x,y)dxdy = 2\int_0^1 xdx \int_x^1 ydy = \int_0^1 x(1-x^2)dx$$

である.

問 6.4 (6.16) において $\sigma = \tau = 1$, $\rho = -\frac{1}{\sqrt{2}}$ の場合である.

問 6.6 $Y = y$ の下での X の条件付き密度関数は

$$f_{X|Y}(x|y) = \frac{f(x,y)}{f_Y(y)} = \frac{1}{\sqrt{2\pi\sigma^2(1-\rho^2)}} \exp\left\{-\frac{1}{2\sigma^2(1-\rho^2)}\left(x - \frac{\sigma\rho}{\tau}y\right)^2\right\}.$$

問 6.7 X と Y の独立性より

$$P(X \wedge Y \ge 2.5) = P(X \ge 2.5,\, Y \ge 2.5) = P(X \ge 2.5)P(Y \ge 2.5)$$

$$P(X \vee Y \ge 2.5) = 1 - P(X \vee Y < 2.5) = 1 - P(X < 2.5)P(Y < 2.5)$$

である. (5.18) から $P(X \ge 2.5)$, $P(Y \ge 2.5)$ を標準正規分布表を用いて求めることができる.

問 6.8 (1) $D = \{(x,y);\, x \ge y\}$ とすると X と Y の独立性より

$$P(X \ge Y) = \int_D \lambda e^{-\lambda x} \mu e^{-\mu y} dxdy$$

である. (1.8) を用いてこの重積分を計算する.

(2)「$Z \ge z \iff X \ge z$ かつ $Y \ge z$」であるから X と Y の独立性および (5.14) より

$$P(Z \ge z) = P(X \ge z)P(Y \ge z) = e^{-(\lambda+\mu)z}$$

である.

問 6.9 $z < 0$ において $f_Z(z) = 0$. $z \ge 0$ とする. $A_z = \{(x,y);\, x^2 + y^2 \le z\}$ として (6.19) を適用し, 極座標変換 (1.11) から

$$F_Z(z) = \frac{1}{2\pi} \int_{A_z} e^{-\frac{x^2+y^2}{2}} dxdy = \int_0^{\sqrt{z}} e^{-\frac{r^2}{2}} rdr$$

である. したがって $f_Z(z) = \frac{d}{dz}F_Z(z) = \frac{1}{2}e^{-\frac{z}{2}}$ である.

問 6.10 (1) $J(u,v) = \det(A^{-1}) = \frac{1}{\det A}$ に注意して (6.20) から得られる.

(2) A が直交行列であるとき, $\det A = 1$ かつ $\|A\mathbf{x}\| = \|\mathbf{x}\|$, すなわち (6.22) において $x^2+y^2 = u^2+v^2$ であるから,

$$f_{U,V}(u,v) = \frac{1}{2\pi} e^{-\frac{u^2+v^2}{2}}$$

である.

問 6.11 (6.16) において $\sigma = \tau = 1$ の場合を示そう. (6.23) より, Z の密度関数 $f_Z(z)$ は

$$f_Z(z) = \int_{-\infty}^{\infty} \frac{1}{2\pi\sqrt{1-\rho^2}} \exp\left\{-\frac{1}{2(1-\rho^2)}(x^2 - 2\rho x(z-x) + (z-x)^2)\right\} dx$$

$$= \frac{1}{\sqrt{4\pi(1+\rho)}} \exp\left\{-\frac{1}{4(1+\rho)}z^2\right\}$$

である．すなわち，この場合 Z は $N(0, 2(1 + \rho))$ に従う．

問 6.12 (1) 命題 6.2 より Z の分布の密度関数 f_Z は

$$f_Z(x) = \int_{-\infty}^{\infty} 1_{[0,1]}(z) 1_{[0,1]}(x - z) dz$$

である．$0 \leq x \leq 1$ の場合，$1 \leq x \leq 2$ の場合，その他の場合をそれぞれ考えて

$$f_Z(x) = \begin{cases} x, & 0 \leq x \leq 1, \\ 2 - x, & 1 \leq x \leq 2 \\ 0, & その他 \end{cases}$$

である．次に，$E[Z] = 1$, $V[Z] = \frac{1}{6}$ より，(5.28) から

$$g_Z(x) = \frac{1}{\sqrt{6}} f_Z \left(1 + \frac{x}{\sqrt{6}} \right) = \begin{cases} \frac{1}{\sqrt{6}} + \frac{x}{6}, & -\sqrt{6} \leq x \leq 0, \\ \frac{1}{\sqrt{6}} - \frac{x}{6}, & 0 \leq x \leq \sqrt{6} \\ 0, & その他 \end{cases}$$

である．

問 6.13 問 5.11 の結果，および (6.26) より $M_{X+Y}(t) = e^{(m_1 + m_2)t + \frac{1}{2}(v_1 + v_2)t^2}$ である．これは再び問 5.11 の結果より $N(m_1 + m_2, v_1 + v_2)$ のモーメント母関数であるから，一意性定理より $X + Y$ は $N(m_1 + m_2, v_1 + v_2)$ に従うことがわかる．

問 6.14 帰納法．$S_n = S_{n-1} + X_n$ の右辺は独立な確率変数の和であるから，(6.25) を適用できる．

問 6.15 $\{N(t) = k\} = \{S_k \leq t < S_{k+1}\} = \{S_k \leq t\} \setminus \{S_{k+1} \leq t\}$ である．よって

$$P(N(t) = k) = P(S_k \leq t) - P(S_{k+1} \leq t)$$

$$= \int_0^t \frac{\lambda^k}{(k-1)!} x^{k-1} e^{-\lambda x} dx - \int_0^t \frac{\lambda^{k+1}}{k!} x^k e^{-\lambda x} dx = \frac{(\lambda t)^k}{k!} e^{-\lambda t}$$

である．最後の等式は $\frac{x^{k-1}}{(k-1)!} = \left(\frac{x^k}{k!} \right)'$ と見て部分積分から導かれる．

章末問題

6-1 $|D| = \int_0^2 x^2 dx = \frac{8}{3}$ より密度関数を $f(x, y) = c 1_D(x, y)$ と表すとき $c = \frac{3}{8}$. よって $f_X(x) = \int_0^{x^2} \frac{3}{8} dy = \frac{3}{8} x^2$ である．よって，$E[X] = \frac{3}{8} \int_0^2 x f_X(x) dx = \frac{3}{2}$. 同様にして $E[XY] = 2$ である．

6-2 問 6.8, (2) より $X_{(1)}$ は $Exp(2\lambda)$ に従う．次に，各 $z > 0$, $w > 0$ に対して平面内の領域 $A_{z,w}$ およびその部分集合 A^1 を

$$A_{z,w} = \{(x, y) \in \mathbf{R}^2; x \wedge y \geq z, x \vee y - x \wedge y \geq w\}$$

$$= \{(x, y) \in \mathbf{R}^2; x \geq z, y \geq x + w \text{ または } y \geq z, x \geq y + w\}$$

$$A^1 = \{(x, y) \in A_{z,w}; x \geq z, y \geq x + w\}$$

とすると，対称性と (1.8) より

$$P(X_{(1)} \geq z, X_{(2)} - X_{(1)} \geq w) = \int_{A_{z,w}} f_X(x)f_Y(y)dxdy$$

$$= 2\int_{A^1} f_X(x)f_Y(y)dxdy$$

$$= 2\int_z^\infty \lambda e^{-\lambda x}dx \int_{w+x}^\infty \lambda e^{-\lambda y}dy$$

$$= 2\int_z^\infty \lambda e^{-\lambda x}e^{-\lambda(w+x)}dx = e^{-2\lambda z}e^{-\lambda w}$$

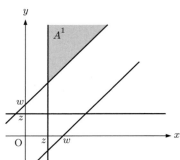

である．以上より $X_{(2)} - X_{(1)}$ は $X_{(1)}$ と独立であり $Exp(\lambda)$ に従う．

6-3

$z < 0$ のとき，$f_Z(z) = 0$ である．$z \geq 0$ とする．$D = \{(x, y); x \geq 0, y \geq 0, y \leq zx\}$ とおく．命題 1.8 より

$$P\left(\frac{Y}{X} \leq z\right) = \int_D \lambda e^{-\lambda x}\lambda e^{-\lambda y}dxdy$$

$$= \int_0^\infty \lambda e^{-\lambda x}dx \int_0^{zx} \lambda e^{-\lambda y}dy = \frac{z}{1+z}$$

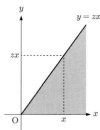

である．

6-4　問 5.16 より，$n = 1$ のとき (6.34) が成り立つ．（また問 6.9 において $n = 2$ の場合も示している．）ある $n \geq 1$ に対して (6.34) が成り立つとする．$Z_{n+1} = Z_n + X_{n+1}^2$ かつ Z_n と X_{n+1}^2 は独立であるから，(6.25) より $x > 0$ において

$$f_{n+1}(x) = \int_0^x f_n(x-y)f_1(y)dy = \frac{1}{2^{\frac{n}{2}}\Gamma(\frac{n}{2})}\frac{1}{2^{\frac{1}{2}}\Gamma(\frac{1}{2})}\int_0^x (x-y)^{\frac{n}{2}-1}e^{-\frac{x-y}{2}}y^{-\frac{1}{2}}e^{-\frac{y}{2}}dy$$

$$= \frac{x^{\frac{n-1}{2}}e^{-\frac{x}{2}}}{2^{\frac{n+1}{2}}\Gamma(\frac{n}{2})\Gamma(\frac{1}{2})}\int_0^1 (1-y)^{\frac{n}{2}-1}y^{-\frac{1}{2}}dy \tag{A.7}$$

である．(1.7) より $\int_0^1 (1-y)^{\frac{n}{2}-1}y^{-\frac{1}{2}}dy = B\left(\frac{n}{2}, \frac{1}{2}\right) = \frac{\Gamma(\frac{n}{2})\Gamma(\frac{1}{2})}{\Gamma(\frac{n}{2}+\frac{1}{2})}$ であるから (A.7) の右辺は (6.34) の f_{n+1} の右辺と一致する．

6-5　$\mathbf{Y} = (Y_1, \ldots, Y_n) = V^{-1/2}\mathbf{X} = T\mathbf{X}$ とすると $\langle \mathbf{X}, V^{-1}\mathbf{X}\rangle = \langle \mathbf{Y}, \mathbf{Y}\rangle = \sum_{i=1}^n Y_i^2$ である．また $\mathbf{Y}$ の同時密度関数 $f_{\mathbf{Y}}(\mathbf{y})$ は，$f_{\mathbf{X}}(\mathbf{x}) = \frac{1}{(2\pi)^{d/2}\sqrt{\det V}}\exp\left(-\frac{1}{2}\langle \mathbf{x}, V^{-1}\mathbf{x}\rangle\right)$ に対して (6.20) より

$$f_{\mathbf{Y}}(\mathbf{y}) = f_{\mathbf{X}}(T^{-1}\mathbf{y})|\det T^{-1}| = \frac{1}{(2\pi)^{d/2}}\exp\left(-\frac{1}{2}\langle \mathbf{y}, \mathbf{y}\rangle\right) = \frac{1}{(2\pi)^{d/2}}\exp\left(-\frac{1}{2}\sum_{i=1}^n y_i^2\right),$$

すなわち $Y_1, \ldots, Y_n$ は $N(0, 1)$ に従う i.i.d.列である．

第 7 章

問 7.1　モーメント母関数に関する一意性定理と (6.26) より $\sqrt{n}\hat{S}_n$ は $N(0, 1)$ に従う．したがって，(7.5) より，

$$P(\hat{S}_n > x) = P(\sqrt{n}\hat{S}_n > \sqrt{n}x) \leq e^{-\frac{n}{2}x^2}$$

である．

問 7.2　問 5.3 の結果より $E[U_i] = 1$，$V[U_i] = \frac{1}{3}$，よって $E[X] = 24$，$V[X] = 8$ であるから $Z = \frac{X-24}{\sqrt{8}}$ の分布が $N(0, 1)$ で近似できる．

問 7.3　無作為に抽出した実数とその四捨五入して得られる整数との差 X_i は一様分布 $U(-\frac{1}{2}, \frac{1}{2})$ に従う．$T - S$ はその分布に従う 30000 個の i.i.d. 列の和である．

問 7.4　$Po(1)$ に従う i.i.d. 列 $X_1, X_2, \ldots$ に対して $E[X_k] = V[X_k] = 1$ であるから $Y_n = \sum_{k=1}^{n} X_k$ に対し

$$P\left(\frac{Y_n - n}{\sqrt{n}} \le a\right) \to \int_{-\infty}^{a} \frac{1}{\sqrt{2\pi}} e^{-\frac{1}{2}x^2} dx, \quad a \in \mathbf{R}$$

である．特に $a = 0$ とすると $P(Y_n \le 0) \to \frac{1}{2}$ である．Y_n が $Po(n)$ に従うことに注意する．

問 7.6　$\phi_x(t) = tx - \log M(t) = tx - \log E[e^{tX_1}]$ とする．$H(x) = \sup_{t \in \mathbf{R}} \phi_x(t) \ge \phi_x(0) = 0$ である．次に，$x, y \in A$，$0 < a < 1$ とする．任意の $t \in \mathbf{R}$ に対して

$aH(x) + (1-a)H(y) \ge a(tx - \log M(t)) + (1-a)(ty - \log M(t)) = t(ax + (1-a)y) - \log M(t)$

が成り立つからから $aH(x) + (1-a)H(y) \ge \sup_{t \in \mathbf{R}}\{t(ax + (1-a)y) - \log M(t)\} = H(ax + (1-a)y)$ である．最後に，イェンセンの不等式より $E[e^{tX_1}] \ge e^{E[tX_1]}$ であるから $\log M(t) \ge E[tX_1] = tm$，したがって $\phi_m(t) = tm - \log M(t) \le 0$，かつ $\phi_m(0) = 0$ であるから $H(m) = 0$ である．

問 7.7　$Po(\lambda)$ の場合：$m = \lambda$ である（例題 3.10）．

$$M(t) = \sum_{k=0}^{\infty} e^{tk} \cdot \frac{\lambda^k}{k!} \cdot e^{-\lambda} = e^{-\lambda} \cdot \exp(\lambda e^t) = \exp\{\lambda(e^t - 1)\}$$

であるから $m(t) = \lambda e^t$，また $\phi(t) = tx - \log M(t) = tx - \lambda(e^t - 1)$ である．よって $\phi'(t) = x - \lambda e^t$ から $x > 0$ のとき $t = \log\left(\frac{x}{\lambda}\right)$ において f は最大値をとる．

　$N(m, v)$ の場合：問 5.11 より

$$\log M(t) = \log E[e^{tX_i}] = mt + \frac{1}{2}vt^2$$

である．よって $m(t) = m + vt$，また $\phi(t) = (x - m)t - \frac{1}{2}vt^2$ であるから $t = \frac{x-m}{v}$ で最大値ととる．よって $H(x) = \phi(\frac{x-m}{v}) = \frac{(x-m)^2}{2v}$ である．よって，それぞれ $H(x) = \phi(t_x)$ として (7.34) を得る．

第 8 章

問 8.1　(1) 分割公式（定理 2.4）より

$$P(T_1) = P(T_2) = \frac{1}{2}\alpha + \frac{1}{2}\beta = \frac{\alpha + \beta}{2}$$

である．

(2) ベイズの公式より

$$P(A|T_1) = \frac{P(T_1|A)P(A)}{P(T_1)} = \frac{\alpha}{\alpha + \beta}$$

である．$\alpha > \beta$ のとき，$P(A) = \frac{1}{2} < P(A|T_1)$ であることがわかる．

(3) 選んだコインが B である事象を B とする．T_1 と T_2 は A の下で（B の下で）条件付き独立である：

$$P(T_1 \cap T_2|A) = P(T_1|A)P(T_2|A) = \alpha^2, \quad P(T_1 \cap T_2|B) = P(T_1|B)P(T_2|B) = \beta^2$$

である．したがって，(2.9) より

$$P(T_2|T_1) = P(T_2|A)P(A|T_1) + P(T_2|B)P(B|T_1)$$

$$= \alpha\frac{\alpha}{\alpha + \beta} + \beta\frac{\beta}{\alpha + \beta} = \frac{\alpha^2 + \beta^2}{\alpha + \beta}$$

である．

$$\frac{P(T_2|T_1)}{P(T_2)} = \frac{2(\alpha^2 + \beta^2)}{(\alpha + \beta)^2} = 1 + \frac{(\alpha - \beta)^2}{(\alpha + \beta)^2} \ge 1$$

であるから $P(T_2|T_1) \ge P(T_2)$ である．等号成立は $\alpha = \beta$ の場合である．

問 8.2　例題 8.3 と同じように計算する.

$$f(m, \mathbf{x}) = f_{\mathbf{X}|M}(\mathbf{x}|m)f_M(m) = \prod_{k=1}^{n} \frac{1}{\sqrt{2\pi}} e^{-\frac{1}{2}(x_k - m)^2} \frac{1}{\sqrt{2\pi}} e^{-\frac{1}{2}m^2}$$

の e の肩の上を m の 2 次関数として整理することにより

$$右辺 = c \cdot \sqrt{\frac{n+1}{2\pi}} e^{-\frac{n+1}{2}(m - \frac{1}{n+1}\sum_k x_k)^2},$$

ただし c は m とは無関係の値である. したがって

$$f_{M|\mathbf{X}}(m|\mathbf{x}) = \sqrt{\frac{n+1}{2\pi}} e^{-\frac{n+1}{2}(m - \frac{1}{n+1}\sum_k x_k)^2},$$

すなわち $\mathbf{X} = \mathbf{x}$ の下での M の条件付き分布は $N\left(\frac{1}{n+1}\sum_{k=1}^{n} x_k, \frac{1}{n+1}\right)$ である.

章末問題

8-1　$\mathbf{x}$ が与えられた下での M の密度関数 $f(\mu|\mathbf{x})$ はベイズの公式より

$$f(\mu|\mathbf{x}) = \frac{P(\mathbf{X} = \mathbf{x}|\mu)f(\mu)}{P(\mathbf{X} = \mathbf{x})} = \frac{\prod_{k=1}^{n} p(x_k|\mu)f(\mu)}{P(\mathbf{X} = \mathbf{x})},$$

ただし $Ber(\mu)$ の確率分布 $p(x|\mu)$ は

$$p(x|\mu) = \mu^x(1 - \mu)^{(1-x)}, \qquad x \in \{0, 1\}$$

と表すことができるから, μ を含まない項をすべて文字 C で表すことにすると

$$\log f(\mu|\mathbf{x}) = \sum_{k=1}^{n} \log p(x_k|\mu) + \log f(\mu) + C$$

$$= \left(\sum_{k=1}^{n} x_k + \alpha - 1\right) \log \mu + \left(\sum_{k=1}^{n}(1 - x_k) + \beta - 1\right) \log(1 - \mu) + C.$$

したがって $f(\mu|\mathbf{x})$ は $\hat{\alpha} = \alpha + \sum_{k=1}^{n} x_k, \quad \hat{\beta} = \beta + \sum_{k=1}^{n}(1 - x_k)$ としたとき

$$f(\mu|\mathbf{x}) = \frac{1}{B(\hat{\alpha}, \hat{\beta})} \mu^{\hat{\alpha}-1}(1 - \mu)^{\hat{\beta}-1},$$

すなわちベータ分布 $Beta(\hat{\alpha}, \hat{\beta})$ の密度関数であることがわかる.

予測分布はベルヌーイ分布であるからそのパラメーター $\hat{\mu}$ を求める. (8.3) より

$$\hat{\mu} = P(X = 1|\mathbf{x}) = \int_0^1 P(X = 1|\mu)f(\mu|\mathbf{x})d\mu = \int_0^1 \mu \frac{1}{B(\hat{\alpha}, \hat{\beta})} \mu^{\hat{\alpha}-1}(1 - \mu)^{\hat{\beta}-1} d\mu$$

$$= \frac{B(\hat{\alpha}+1, \hat{\beta})}{B(\hat{\alpha}, \hat{\beta})} = \frac{\Gamma(\hat{\alpha}+1)\Gamma(\hat{\beta})}{\Gamma(\hat{\alpha}+\hat{\beta}+1)} \frac{\Gamma(\hat{\alpha}+\hat{\beta})}{\Gamma(\hat{\alpha})\Gamma(\hat{\beta})} = \frac{\hat{\alpha}}{\hat{\alpha}+\hat{\beta}}$$

が成り立つ (最後の等号は (1.5) より). 以上から X の予測分布は $Ber(\hat{\mu})$, ただし $\hat{\mu} = \frac{\hat{\alpha}}{\hat{\alpha}+\hat{\beta}}$ である.

8-2　$\mathbf{x}$ が与えられた下での M の密度関数 $f(\mu|\mathbf{x})$ は, $\mu > 0$ に対してベイズの公式より

$$f(\mu|\mathbf{x}) = \frac{P(\mathbf{X} = \mathbf{x}|\mu)f(\mu)}{P(\mathbf{X} = \mathbf{x})} = \frac{\prod_{k=1}^{n} p(x_k|\mu)f(\mu)}{P(\mathbf{X} = \mathbf{x})},$$

である. ここで $Po(\mu)$ の確率分布 $p(x|\mu)$ は $p(x|\mu) = \frac{\mu^x}{x!} e^{-\mu}, \quad x \in \mathbf{Z}_+$ と表すことができるから,

$$f(\mu|\mathbf{x}) = \left(\prod_{k=1}^{n} \frac{\mu^{x_k}}{x_k!} e^{-\mu}\right) \frac{\beta^\alpha}{\Gamma(\alpha)} \mu^{\alpha-1} e^{-\beta\mu}$$

である．したがって，μ を含まない項をすべて文字 C で表すことにすると

$$\log f(\mu|\mathbf{x}) = \left(\sum_{k=1}^{n} x_k + \alpha - 1\right)\log\mu - (n+b)\mu + C$$

だから $\hat{\alpha} = \alpha + \sum_{k=1}^{n} x_k - 1$　$\hat{\beta} = \beta + n$ とおくと $f(\mu|\mathbf{x}) = \dfrac{\hat{\beta}^{\hat{\alpha}}}{\Gamma(\hat{\alpha})}x^{\hat{\alpha}-1}e^{-\hat{\beta}x}$，すなわち事後分布は $Gam(\hat{\alpha},\hat{\beta})$ である．次に予測分布を求める．(8.3) より，$x\in\mathbf{Z}_+$ に対して

$$P(X=x|\mathbf{x}) = \int_0^1 P(X=x|\mu)f(\mu|\mathbf{x})d\mu$$

$$= \int_0^\infty \frac{\mu^x}{x!}e^{-\mu}\frac{\hat{\beta}^{\hat{\alpha}}}{\Gamma(\hat{\alpha})}x^{\hat{\alpha}-1}e^{-\hat{\beta}x}d\mu = \frac{\hat{\beta}^{\hat{\alpha}}}{\Gamma(\hat{\alpha})x!}\int_0^\infty \mu^{x+\hat{\alpha}-1}e^{-(\hat{\beta}+1)\mu}d\mu$$

$$= \frac{\hat{\beta}^{\hat{\alpha}}}{\Gamma(\hat{\alpha})}\frac{\Gamma(\hat{\alpha}+x)}{(\hat{\beta}+1)^{\hat{\alpha}}}\frac{1}{x!} = \binom{\hat{\alpha}+x-1}{x}\left(\frac{1}{\hat{\beta}+1}\right)^x\left(\frac{\hat{\beta}}{\hat{\beta}+1}\right)^{\hat{\alpha}}$$

が成り立つ，ただし最後の等式は (1.5) を繰り返し用いて

$$\Gamma(n+k) = (n+k-1)(n+k-2)\cdots n\Gamma(n)$$

が成り立つことから得られる．以上より $\frac{1}{\hat{\beta}+1}=\hat{p}$ とすると，予測分布は負の二項分布 $NB(\hat{\alpha},\hat{p})$ に従う．

第 9 章

問 9.1　$P^2 = \begin{pmatrix} \frac{4}{9} & \frac{4}{9} & \frac{1}{9} \\ \frac{5}{12} & \frac{5}{12} & \frac{2}{12} \\ \frac{5}{12} & \frac{5}{12} & \frac{2}{12} \end{pmatrix}$ であるから X_2 の分布は $\mu P^2 = \left(\frac{1}{4},\frac{1}{4},\frac{1}{2}\right)\begin{pmatrix} \frac{4}{9} & \frac{4}{9} & \frac{1}{9} \\ \frac{5}{12} & \frac{5}{12} & \frac{2}{12} \\ \frac{5}{12} & \frac{5}{12} & \frac{2}{12} \end{pmatrix} =$ $\left(\frac{61}{144},\frac{61}{144},\frac{22}{144}\right)$ である．よって

$$E_\mu[g(X_2)] = \mu P^2 g = \left(\frac{61}{144},\frac{61}{144},\frac{22}{144}\right)\begin{pmatrix} 2 \\ -1 \\ -2 \end{pmatrix} = \frac{122-61-44}{144} = \frac{17}{144}.$$

問 9.2　$\{1,2,3,4\}$，　$\{5\}$，　$\{6\}$ の 3 つのクラスに分割される．

問 9.4　(1) $\pi=(\pi_1,\pi_2,\pi_3)$ とする．π は (9.26) より

$$\pi_1 + (\pi_2+\pi_3)/2 = \pi_2, \qquad (\pi_2+\pi_3)/2 = \pi_3$$

および $\pi_1+\pi_2+\pi_3=1$ を満たす．前者より $\pi_1=0$ かつ $\pi_2=\pi_3$，したがって $\pi=\left(0,\frac{1}{2},\frac{1}{2}\right)$ である．(2) $\pi_1/2+\pi_2=\pi_2$, $\pi_1/2+\pi_3=\pi_3$ より $\pi_1=0$，したがって $\pi=(0,a,1-a)$，ただし a は $0\le a\le 1$ を満たす任意の実数である．
(3) $\pi=(\pi_1,\pi_2,\pi_3,\pi_4)$ とする．(9.26) より

$$\pi_1/2+\pi_2=\pi_2, \quad \pi_1/2+(\pi_3+\pi_4)/2=\pi_3, \quad (\pi_3+\pi_4)/2=\pi_4$$

から $\pi_1=0$，および $\pi_3=\pi_4$ が成り立つ．成分の和が 1 であるから $\pi=\left(0,\ a,\ \dfrac{1-a}{2},\ \dfrac{1-a}{2}\right)$，ただし a は $0\le a\le 1$ を満たす任意の実数である．

問 9.5　方程式 (9.26) を解いて，$\pi=\dfrac{1}{Z}\left(1,\dfrac{p}{q},\dots,\left(\dfrac{p}{q}\right)^k,\dots,\left(\dfrac{p}{q}\right)^N\right)$ を得る．ただし Z は各成分の和である．特に $p=\frac{1}{2}$ のとき，$\pi=\left(\frac{1}{N+1},\dots,\frac{1}{N+1}\right)$ である．

問 9.6　不変分布は $\pi = (\frac{1}{3}, \frac{1}{3}, \frac{1}{3})$ である. 例題 9.1 と同様の方法で P^n を求めることができる. 例えば

$$p_n(1, \cdot) = \frac{1}{3}\left(1 + 2\left(-\frac{1}{2}\right)^n, 1 - \left(-\frac{1}{2}\right)^n, 1 - \left(-\frac{1}{2}\right)^n\right)$$

であるから $|p_n(1, y) - \pi(y)| \le \frac{2}{3}\left(\frac{1}{2}\right)^n$ である.

問 9.7　ある状態 x が再帰的であるとすると, 補題 9.4 より, 連鎖は確率 1 で x を出発する遠足を無限回繰り返す. 任意の状態 $y \ne x$ をとる. 既約性より x から出発して y を経由して x に戻る経路の遠足が正の確率 $\alpha_{x,y}$ で起きる. 無限回繰り返す遠足の中で, この経路の遠足も確率 1 で無限回起きる. これは y を出発する遠足が確率 1 で無限回起きることを意味する. したがって, 再び補題 9.4 より状態 y は再帰的である.

次に, 状態空間 S が有限集合であるとき $A_x = \{N_x = \infty\}$ とすると $P(\cup_{x \in S} A_x) = 1$ であるからある $x \in S$ に対して $P_x(A_x) > 0$ である. したがって補題 9.4 より状態 x は再帰的, したがって補題 9.5 より連鎖は再帰的である.

問 9.8　$E_1[T_1] = \frac{1}{\pi_1} = \frac{\alpha + \beta}{\beta} = 1 + \frac{\alpha}{\beta}$ を示す.

$P_1(T_1 = 1) = P_1(X_1 = 1) = 1 - \alpha$ である. また, $k \ge 2$ のとき $T_1 = k$ は状態 1 から状態 2 に移動して状態 2 に $k - 2$ 回止まり状態 1 に戻ることであるから $P_1(T_1 = k) = \alpha(1-\beta)^{k-2}\beta$ である. 以上より

$$E_1[T_1] = (1 - \alpha) + \alpha\beta \sum_{k=2}^{\infty} k(1-\beta)^{k-2}$$

である. これを計算して結論を得る.

問 9.9　$S = \{0, 1, 2, 3\}$ 上のマルコフ連鎖 **X** の推移確率行列が $P = \begin{pmatrix} 0 & 1 & 0 & 0 \\ q & 0 & p & 0 \\ 0 & q & 0 & p \\ 0 & 0 & 1 & 0 \end{pmatrix}$ で与えられる.

P の $S' = \{1, 2\}$ への制限は $Q = \begin{pmatrix} 0 & p \\ q & 0 \end{pmatrix}$, $\mathbf{r} = \begin{pmatrix} 0 \\ p \end{pmatrix}$ である. $(I-Q)^{-1} = \frac{1}{1-pq}\begin{pmatrix} 1 & p \\ q & 1 \end{pmatrix}$ であるから

$$P_1(H_3 < H_0) = ((I-Q)^{-1}\mathbf{r})_1 = \frac{p^2}{1 - pq}$$

である. $p + q = 1$ に注意すると, この結果は $p = q$, $p \ne q$ のいずれの場合も (9.46) と一致する.

問 9.10　命題 9.6 を用いる. $Q = \begin{pmatrix} 0.2 & 0.3 \\ 0 & 0.2 \end{pmatrix}$, $\mathbf{r} = \begin{pmatrix} 0.5 \\ 0.3 \end{pmatrix}$ に対して

$$P_1(H_3 < H_4) = ((I-Q)^{-1}\mathbf{r})_1$$

である.

問 9.11　(1) 各頂点 x に対して $h_x = P_x(H_A < H_B)$ とおく. 命題 9.5 より (h_x) についての連立方程式を解いて $h_C = \frac{4}{11}$, $h_D = \frac{1}{11}$, $h_E = \frac{2}{11}$, $h_F = \frac{3}{11}$ である.

(2) 各 $x \in S$ に対して $m_x = E_x[H_B]$ とする. 命題 9.7 を適用して $m_A = m_D = 3$, $m_C = m_E = 4$, $m_F = 5$. したがって, $E_A[H_B] = 3$ である.

問 9.12　P の $S' = \{0, 1, 2, 3\}$ への制限 $Q = \begin{pmatrix} \frac{1}{2} & \frac{1}{2} & 0 & 0 \\ \frac{1}{2} & 0 & \frac{1}{2} & 0 \\ 0 & \frac{1}{2} & 0 & \frac{1}{2} \\ 0 & 0 & \frac{1}{2} & 0 \end{pmatrix}$ に対して (9.52) を適用し, $E_1[H_4] = 18$ を得る.

問 9.13　(1) $\{1, 2, 3, 4\}$ 上のランダムウォークの不変分布は (9.26) より $\left(\frac{2}{10}, \frac{3}{10}, \frac{2}{10}, \frac{3}{10}\right)$ である. したがって定理 9.2 より $E_1[T_1] = 5$ である.

(2) $m_x = E_x[H_1]$ とおく. 命題 9.7 より m_2, m_3, m_4 は

$$m_2 = \frac{1}{3}m_3 + \frac{1}{3}m_4 + 1, \quad m_3 = \frac{1}{2}m_2 + \frac{1}{2}m_4 + 1, \quad m_4 = \frac{1}{3}m_3 + \frac{1}{3}m_2 + 1$$

の解である. これを解いて $m_2 = m_4 = 4$ であるから $E_1[T_1] = 1 + \frac{1}{2}m_2 + \frac{1}{2}m_4 = 5$ である.

問 9.16　不変分布は, 方程式 $\pi P = \pi$ を解いて, $\pi = (\frac{1}{3}, \frac{1}{3}, \frac{1}{3})$ である. 命題 9.8 より可逆分布になり得るのはこの π のみである. $p \neq \frac{1}{2}$ のとき, $\pi(1)p(1,2) \neq \pi(2)p(2,1)$ である.

問 9.17　P が π について可逆であるとき問 1.2 で定めて D に対して DPD^{-1} が対称行列である. よって $DP^n D^{-1} = (DPD^{-1})^n$ も対称行列である.

問 9.18　$\sum_y p(x,y) = 1$ から $\langle f, (I-P)g \rangle_\pi$

$$= \sum_{x,y \in S} f_x(g_x - g_y)p(x,y)\pi_x = \frac{1}{2}\sum_{x,y \in S} f_x(g_x - g_y)p(x,y)\pi_x + \frac{1}{2}\sum_{x,y \in S} f_y(g_y - g_x)p(y,x)\pi_y$$

である. ここで再び (9.57) より右辺の第 2 項は $\dfrac{1}{2}\displaystyle\sum_{x,y \in S} f_y(g_y - g_x)p(x,y)\pi_x$ である.

問 9.19　Q および D' を, それぞれ推移確率行列 P および問 9.17 における D の S' への制限とすると, 可逆性より $D'QD'^{-1}$ は対称行列である. よって, すべての $n \geq 1$ に対して $D'Q^n D'^{-1}$ も対称行列であるから $D'(I-Q)^{-1}D'^{-1} = D'\sum_{i=0}^\infty Q^n D'^{-1}$ も対称行列である. したがって例題 9.17 と同様に

$$\pi(x)\{(I-Q)^{-1}\}_{x,y} = \pi(y)\{(I-Q)^{-1}\}_{y,x}$$

である.

問 9.20　例題 9.5 において可逆分布 π が, また問 9.11 の解答から各頂点 y に対して $h_{A,B}(y)$ が与えられている. $h_{B,A}(C) = 1 - h_{A,B}(C) = \frac{7}{11}$ であるから

$$e_{A,B} = P_A(H_B < T_A) = \frac{1}{2} + \frac{1}{2}h_{B,A}(C) = \frac{9}{11},$$

したがって $\pi(A)e_{A,B} = \frac{1}{9} \cdot \frac{9}{11} = \frac{1}{11}$ である. これらの情報から定理 9.3 より $E_A[H_B] = 3$ を得る.

問 9.21　$\pi(k)$ は k について一定であるから, 定理 9.3 より

$$E_1[H_4] = \frac{\sum_{y=0}^4 h_{1,4}(y)}{p(1,0)h_{4,1}(0) + p(1,2)h_{4,1}(2)}$$

であり, 問 9.12 と同じ結果を得る.

問 9.23　$d = 2$, $|E| = \gamma^* = r$. また, 道が最も多く通る辺は, r が奇数のとき, 中心の辺 $(\frac{r-1}{2}, \frac{r+1}{2})$ である.

問 9.24

$$L = \begin{pmatrix} -\alpha & \alpha \\ \beta & -\beta \end{pmatrix} = \begin{pmatrix} 1 & \alpha \\ 1 & -\beta \end{pmatrix} \begin{pmatrix} 0 & 0 \\ 0 & -(\alpha+\beta) \end{pmatrix} \begin{pmatrix} 1 & \alpha \\ 1 & -\beta \end{pmatrix}^{-1}$$

より

$$e^{tL} = I + \sum_{n=1}^\infty \frac{t^n}{n!}L^n = I + \begin{pmatrix} 1 & \alpha \\ 1 & -\beta \end{pmatrix} \begin{pmatrix} 0 & 0 \\ 0 & e^{-(\alpha+\beta)t} - 1 \end{pmatrix} \begin{pmatrix} 1 & \alpha \\ 1 & -\beta \end{pmatrix}^{-1}$$

である. 後半, $f = \begin{pmatrix} 2 \\ -1 \end{pmatrix}$ に対して $E_1[f(X_t)] = P_t f(1)$ である.

問 9.25

$$\langle f, Ag \rangle_\pi = a_1 f_1(g_2 - g_1)\pi_1 + a_2 f_2(g_3 - g_2)\pi_2 + a_3 f_3(g_1 - g_3)\pi_3$$

$$= \left(\frac{a_3 \pi_3}{\pi_1}f_3 - a_1 f_1\right)g_1 \pi_1 + \left(\frac{a_1 \pi_1}{\pi_2}f_1 - a_2 f_2\right)g_2 \pi_2 + \left(\frac{a_2 \pi_2}{\pi_3}f_2 - a_3 f_3\right)g_3 \pi_3$$

より $A^* = \begin{pmatrix} -a_1 & 0 & \frac{a_3\pi_3}{\pi_1} \\ \frac{a_1\pi_1}{\pi_2} & -a_2 & 0 \\ 0 & \frac{a_2\pi_2}{\pi_3} & -a_3 \end{pmatrix}$ である. よって

$$L_0 = -A^*A = \begin{pmatrix} -a_1^2 - \frac{a_3^2\pi_3}{\pi_1} & a_1^2 & \frac{a_3^2\pi_3}{\pi_1} \\ \frac{a_1^2\pi_1}{\pi_2} & -\frac{a_1^2\pi_1}{\pi_2} - a_2^2 & a_2^2 \\ a_3^2 & \frac{a_2^2\pi_2}{\pi_3} & -\frac{a_2^2\pi_2}{\pi_3} - a_3^2 \end{pmatrix}.$$

章末問題

9-1　(1) $S = \{A, B, C, D, E\}$ 上のランダムウォークの推移確率をこの順に書くと

$$P = \begin{pmatrix} 0 & \frac{1}{3} & \frac{1}{3} & 0 & \frac{1}{3} \\ \frac{1}{3} & 0 & 0 & \frac{1}{3} & \frac{1}{3} \\ \frac{1}{3} & 0 & 0 & \frac{1}{3} & \frac{1}{3} \\ 0 & \frac{1}{2} & \frac{1}{2} & 0 & 0 \\ \frac{1}{3} & \frac{1}{3} & \frac{1}{3} & 0 & 0 \end{pmatrix}$$

である. P の $S' = \{A, B, C\}$ への制限 Q および命題 9.6 の $A = \{D\}$ に対応する $\mathbf{r}$ は

$$Q = \begin{pmatrix} 0 & \frac{1}{3} & \frac{1}{3} \\ \frac{1}{3} & 0 & 0 \\ \frac{1}{3} & 0 & 0 \end{pmatrix}, \quad \mathbf{r} = \begin{pmatrix} 0 \\ \frac{1}{3} \\ \frac{1}{3} \end{pmatrix}$$

である.

$$(I - Q)^{-1}\mathbf{r} = \frac{1}{7}\begin{pmatrix} 9 & 3 & 3 \\ 3 & 8 & 1 \\ 3 & 1 & 8 \end{pmatrix}\begin{pmatrix} 0 \\ \frac{1}{3} \\ \frac{1}{3} \end{pmatrix} = \frac{1}{7}\begin{pmatrix} 2 \\ 3 \\ 3 \end{pmatrix},$$

よって命題 9.6 より

$$P_A(H_D < H_E) = ((I - Q)^{-1}\mathbf{r})_1 = \frac{2}{7}$$

である.

(2) P の $S' = \{A, B, C, E\}$ への制限は

$$Q = \begin{pmatrix} 0 & \frac{1}{3} & \frac{1}{3} & \frac{1}{3} \\ \frac{1}{3} & 0 & 0 & \frac{1}{3} \\ \frac{1}{3} & 0 & 0 & \frac{1}{3} \\ \frac{1}{3} & \frac{1}{3} & \frac{1}{3} & 0 \end{pmatrix}, \quad \text{よって } (I - Q)^{-1} = \begin{pmatrix} \frac{21}{8} & \frac{3}{2} & \frac{3}{2} & \frac{15}{8} \\ \frac{3}{2} & 2 & 1 & \frac{3}{2} \\ \frac{3}{2} & 1 & 2 & \frac{3}{2} \\ \frac{15}{8} & \frac{3}{2} & \frac{3}{2} & \frac{21}{8} \end{pmatrix}$$

である. (9.52) より $E_A[H_D] = \frac{21}{8} + \frac{3}{2} + \frac{3}{2} + \frac{15}{8} = \frac{15}{2}$ である.

一方, $h_{A,D}(B) = h_{A,D}(C) = \frac{4}{7}$, $h_{A,D}(E) = \frac{5}{7}$ であるから $e_{A,D} = \sum_{x=B,C,E} p(A, x)h_{D,A}(x) = \frac{8}{21}$.

また可逆分布 π は $\pi = \frac{1}{14}(3, 3, 3, 2, 3)$ であるから (9.63) より

$$E_A[H_D] = \left(3 + 3 \cdot \frac{4}{7} + 3 \cdot \frac{4}{7} + 3 \cdot \frac{5}{7}\right)\Big/\left(3 \cdot \frac{8}{21}\right) = \frac{15}{2}.$$

9-2　$S' = S \setminus \{x\}$ とし, Q を推移確率行列 P の S' への制限とする. 任意の $y \in S'$ に対して $m_y = E_y[H_x]$ とし, $\mathbf{m} = (m_y)_{y \in S'}$ とすると公式 (9.52) より $\mathbf{m} = (I - Q)^{-1}\mathbf{1}$ である. また, 不変分布 π は各 $y \in S$ に対して

$$\sum_{z \in S'} \pi(z)p(z, y) + \pi(x)p(x, y) = \pi(y)$$

を満たす．したがって，$\pi' = (\pi(y))_{y \in S'}$，$\mathbf{p}_x = (p(x,y))_{y \in S'}$ とすると，各 $y \in S'$ に対して上式の左辺は $\pi'Q + \pi(x)\mathbf{p}_x$ の y 成分であるから $\pi'Q + \pi(x)\mathbf{p}_x = \pi'$，すなわち

$$\frac{\pi'}{\pi(x)} = \mathbf{p}_x(I - Q)^{-1} \tag{A.8}$$

が成り立つ．$\sum_{\substack{y \in S \\ y \neq x}} p(x,y)E_y[H_x] = \langle \mathbf{p}_x, \mathbf{m} \rangle$ に注意して (9.101) を得る．最後に，(9.101) から (9.102) を示す．$X_1 = x$ であるとき $T_x = 1$ である．$X_1 = y \neq x$ であるとき，

$$T_x = 1 + \lceil y \text{ から出る連鎖の } x \text{ への初到達時刻} \rfloor$$

であるから

$$E_x[T_x] = \sum_{\substack{y \in S \\ y \neq x}} p(x,y)(1 + E_y[H_x]) + 1 \cdot p(x,x)$$

$$= \sum_{\substack{y \in S \\ y \neq x}} p(x,y)E_y[H_x] + 1 = \frac{\sum_{y \neq x} \pi(y) + \pi(x)}{\pi(x)} = \frac{1}{\pi(x)}$$

が成り立つ．

9-3　問 9.15 の結論より $\pi = \frac{1}{Z}\left(1, \frac{p}{q}, \left(\frac{p}{q}\right)^2, \ldots, \left(\frac{p}{q}\right)^N\right)$ が $\mathbf{X}$ の可逆分布である．また，例題 9.7 で求めたように

$$h_{0,N}(x) = \begin{cases} \dfrac{\left(\frac{q}{p}\right)^x - \left(\frac{q}{p}\right)^N}{1 - \left(\frac{q}{p}\right)^N}, & p \neq q \text{ の場合} \\ 1 - \dfrac{x}{N}, & p = q = \frac{1}{2} \text{ の場合} \end{cases}$$

である．定理 9.3 にこれらを適用する．例えば $p = q = \frac{1}{2}$ のとき

$$\pi(0)e_{0,N} = \frac{1}{Z}p(0,1)h_{N,0}(1) = \frac{1}{Z} \cdot \frac{1}{2} \cdot \frac{1}{N}$$

および

$$\sum_{y=0}^{N} \pi(y)h_{0,N}(y) = \frac{1}{Z}\sum_{y=0}^{N}\left(1 - \frac{y}{N}\right) = \frac{1}{Z}\frac{N+1}{2}$$

から結論を得る．$p \neq q$ の場合も同様の方針で求めることができる．

9-4　$\mathbf{X}$ の推移確率は

$$P = \begin{pmatrix} 1 - e^{-\beta a} & e^{-\beta a} & 0 & 0 & 0 \\ \frac{1}{2} & 0 & \frac{1}{2} & 0 & 0 \\ 0 & \frac{1}{2}e^{-\beta(a-b)} & 1 - \frac{1}{2}(e^{-\beta(a-b)}) + e^{-\beta(c-b)} & \frac{1}{2}e^{-\beta(c-b)} & 0 \\ 0 & 0 & \frac{1}{2} & 0 & \frac{1}{2} \\ 0 & 0 & 0 & e^{-\beta c} & 1 - e^{-\beta c} \end{pmatrix},$$

可逆分布は

$$\pi = \frac{1}{Z_\beta}(1, \ e^{-\beta a}, \ e^{-\beta b}, \ e^{-\beta c}, \ 1)$$

である．$h(x)h_{1,5}(x) = P_x(H_1 < H_5)$ を連立方程式 (9.43) の解として導き，定理 9.3 から

$$E_1[H_5] = \frac{\displaystyle\sum_{y \in S} \pi(y)h_{1,5}(y)}{\pi(1)e_{1,5}} = 2(e^{\beta c} + e^{\beta a} + e^{\beta(c-a)} + e^{\beta(c-b)} + 1)$$

を得る．

正規分布表

各 $a \geq 0$ に対して

標準正規分布の分布関数 $\displaystyle\int_0^a \frac{1}{\sqrt{2\pi}} e^{-\frac{x^2}{2}} dx$ の値

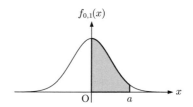

a	0	1	2	3	4	5	6	7	8	9
0.0	0.0000	0.0040	0.0080	0.0120	0.0160	0.0199	0.0239	0.0279	0.0319	0.0359
0.1	0.0398	0.0438	0.0478	0.0517	0.0557	0.0596	0.0636	0.0675	0.0714	0.0753
0.2	0.0793	0.0832	0.0871	0.0910	0.0948	0.0987	0.1026	0.1064	0.1103	0.1141
0.3	0.1179	0.1217	0.1255	0.1293	0.1331	0.1368	0.1406	0.1443	0.1480	0.1517
0.4	0.1554	0.1591	0.1628	0.1664	0.1700	0.1736	0.1772	0.1808	0.1844	0.1879
0.5	0.1915	0.1950	0.1985	0.2019	0.2054	0.2088	0.2123	0.2157	0.2190	0.2224
0.6	0.2257	0.2291	0.2324	0.2357	0.2389	0.2422	0.2454	0.2486	0.2517	0.2549
0.7	0.2580	0.2611	0.2642	0.2673	0.2704	0.2734	0.2764	0.2794	0.2823	0.2852
0.8	0.2881	0.2910	0.2939	0.2967	0.2995	0.3023	0.3051	0.3078	0.3106	0.3133
0.9	0.3159	0.3186	0.3212	0.3238	0.3264	0.3289	0.3315	0.3340	0.3365	0.3389
1.0	0.3413	0.3438	0.3461	0.3485	0.3508	0.3531	0.3554	0.3577	0.3599	0.3621
1.1	0.3643	0.3665	0.3686	0.3708	0.3729	0.3749	0.3770	0.3790	0.3810	0.3830
1.2	0.3849	0.3869	0.3888	0.3907	0.3925	0.3944	0.3962	0.3980	0.3997	0.4015
1.3	0.4032	0.4049	0.4066	0.4082	0.4099	0.4115	0.4131	0.4147	0.4162	0.4177
1.4	0.4192	0.4207	0.4222	0.4236	0.4251	0.4265	0.4279	0.4292	0.4306	0.4319
1.5	0.4332	0.4345	0.4357	0.4370	0.4382	0.4394	0.4406	0.4418	0.4429	0.4441
1.6	0.4452	0.4463	0.4474	0.4484	0.4495	0.4505	0.4515	0.4525	0.4535	0.4545
1.7	0.4554	0.4564	0.4573	0.4582	0.4591	0.4599	0.4608	0.4616	0.4625	0.4633
1.8	0.4641	0.4649	0.4656	0.4664	0.4671	0.4678	0.4686	0.4693	0.4699	0.4706
1.9	0.4713	0.4719	0.4726	0.4732	0.4738	0.4744	0.4750	0.4756	0.4761	0.4767
2.0	0.4772	0.4778	0.4783	0.4788	0.4793	0.4798	0.4803	0.4808	0.4812	0.4817
2.1	0.4821	0.4826	0.4830	0.4834	0.4838	0.4842	0.4846	0.4850	0.4854	0.4857
2.2	0.4861	0.4864	0.4868	0.4871	0.4875	0.4878	0.4881	0.4884	0.4887	0.4890
2.3	0.4893	0.4896	0.4898	0.4901	0.4904	0.4906	0.4909	0.4911	0.4913	0.4916
2.4	0.4918	0.4920	0.4922	0.4925	0.4927	0.4929	0.4931	0.4932	0.4934	0.4936
2.5	0.4938	0.4940	0.4941	0.4943	0.4945	0.4946	0.4948	0.4949	0.4951	0.4952
2.6	0.4953	0.4955	0.4956	0.4957	0.4959	0.4960	0.4961	0.4962	0.4963	0.4964
2.7	0.4965	0.4966	0.4967	0.4968	0.4969	0.4970	0.4971	0.4972	0.4973	0.4974
2.8	0.4974	0.4975	0.4976	0.4977	0.4977	0.4978	0.4979	0.4979	0.4980	0.4981
2.9	0.4981	0.4982	0.4982	0.4983	0.4984	0.4984	0.4985	0.4985	0.4986	0.4986
3.0	0.4987	0.4987	0.4987	0.4988	0.4988	0.4989	0.4989	0.4989	0.4990	0.4990
3.1	0.4990	0.4991	0.4991	0.4991	0.4992	0.4992	0.4992	0.4992	0.4993	0.4993
3.2	0.4993	0.4993	0.4994	0.4994	0.4994	0.4994	0.4994	0.4995	0.4995	0.4995
3.3	0.4995	0.4995	0.4995	0.4996	0.4996	0.4996	0.4996	0.4996	0.4996	0.4997
3.4	0.4997	0.4997	0.4997	0.4997	0.4997	0.4997	0.4997	0.4997	0.4997	0.4998
3.5	0.4998	0.4998	0.4998	0.4998	0.4998	0.4998	0.4998	0.4998	0.4998	0.4998
3.6	0.4998	0.4998	0.4999	0.4999	0.4999	0.4999	0.4999	0.4999	0.4999	0.4999
3.7	0.4999	0.4999	0.4999	0.4999	0.4999	0.4999	0.4999	0.4999	0.4999	0.4999

χ^2 分布表

各 $n = 1, 2, \cdots$ および $a > 0$ に対して

$$\int_0^x \frac{1}{2^{\frac{n}{2}}\Gamma\left(\frac{n}{2}\right)} y^{\frac{n}{2}-1} e^{-\frac{y}{2}} dy = a \text{ となる } x \text{ の値}$$

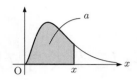

$n\backslash a$	0.005	0.010	0.025	0.050	0.950	0.975	0.990	0.995
1	0.000	0.000	0.001	0.004	3.841	5.024	6.635	7.879
2	0.010	0.020	0.051	0.103	5.991	7.378	9.210	10.597
3	0.072	0.115	0.216	0.352	7.815	9.348	11.345	12.838
4	0.207	0.297	0.484	0.711	9.488	11.143	13.277	14.860
5	0.412	0.554	0.831	1.145	11.070	12.833	15.086	16.750
6	0.676	0.872	1.237	1.635	12.592	14.449	16.812	18.548
7	0.989	1.239	1.690	2.167	14.067	16.013	18.475	20.278
8	1.344	1.646	2.180	2.733	15.507	17.535	20.090	21.955
9	1.735	2.088	2.700	3.325	16.919	19.023	21.666	23.589
10	2.156	2.558	3.247	3.940	18.307	20.483	23.209	25.188
11	2.603	3.053	3.816	4.575	19.675	21.920	24.725	26.757
12	3.074	3.571	4.404	5.226	21.026	23.337	26.217	28.300
13	3.565	4.107	5.009	5.892	22.362	24.736	27.688	29.819
14	4.075	4.660	5.629	6.571	23.685	26.119	29.141	31.319
15	4.601	5.229	6.262	7.261	24.996	27.488	30.578	32.801
16	5.142	5.812	6.908	7.962	26.296	28.845	32.000	34.267
17	5.697	6.408	7.564	8.672	27.587	30.191	33.409	35.718
18	6.265	7.015	8.231	9.390	28.869	31.526	34.805	37.156
19	6.844	7.633	8.907	10.117	30.144	32.852	36.191	38.582
20	7.434	8.260	9.591	10.851	31.410	34.170	37.566	39.997
21	8.034	8.897	10.283	11.591	32.671	35.479	38.932	41.401
22	8.643	9.542	10.982	12.338	33.924	36.781	40.289	42.796
23	9.260	10.196	11.689	13.091	35.172	38.076	41.638	44.181
24	9.886	10.856	12.401	13.848	36.415	39.364	42.980	45.559
25	10.520	11.524	13.120	14.611	37.652	40.646	44.314	46.928
26	11.160	12.198	13.844	15.379	38.885	41.923	45.642	48.290
27	11.808	12.879	14.573	16.151	40.113	43.195	46.963	49.645
28	12.461	13.565	15.308	16.928	41.337	44.461	48.278	50.993
29	13.121	14.256	16.047	17.708	42.557	45.722	49.588	52.336
30	13.787	14.953	16.791	18.493	43.773	46.979	50.892	53.672
35	17.192	18.509	20.569	22.465	49.802	53.203	57.342	60.275
40	20.707	22.164	24.433	26.509	55.758	59.342	63.691	66.766
45	24.311	25.901	28.366	30.612	61.656	65.410	69.957	73.166
50	27.991	29.707	32.357	34.764	67.505	71.420	76.154	79.490
55	31.735	33.570	36.398	38.958	73.311	77.380	82.292	85.749
60	35.534	37.485	40.482	43.188	79.082	83.298	88.379	91.952
65	39.383	41.444	44.603	47.450	84.821	89.177	94.422	98.105
70	43.275	45.442	48.758	51.739	90.531	95.023	100.425	104.215
75	47.206	49.475	52.942	56.054	96.217	100.839	106.393	110.286

さらに深く学びたい人へ

　確率論・確率過程論の本は膨大にある．名著と定評のある本も数知れないが，ここでは筆者が講義の参考にしたり学生のゼミに取り上げたりして，本書を執筆する上で影響を受けた本をいくつか挙げておく．本書から確率論・確率過程論に興味を持った読者は，以下の案内を参考にして，より本格的な本に取り組むことを勧めたい．

　本書では準備として微分積分学や線型代数学のいくつかの基本的事実に触れたが，本書を読み進める上でここにある記述だけでは十分ではない．必要に応じて [1]，[2] などの本格的な教科書を参考にしていただきたい．

　文献 [3] から [10] は，本書では扱うことができなかった様々な確率モデルとそれらの物理学や生物学，工学，社会科学への応用にも触れている．確率論の奥行きと幅広さを知る上で，本書の後に読むのに最適な書物群である．

　まえがきにも述べたように，本書では段階を追ってより複雑なモデルを述べていくという構成をとっているため，離散確率変数と連続確率変数を別々に論じた．また，マルコフ連鎖の状態空間を有限集合とするなど，確率モデルの多くで有限性を仮定した．測度論を基礎におく公理論的確率論において，離散や連続を問わず確率変数列の様々な収束概念を定式化し，これらの重複を避けたり，より一般的な設定で議論を進めたりすることができる．ブラウン運動や拡散過程の数学的理論，確率積分や確率微分方程式などの確率解析学を学ぶためにも測度論の理解は必須である．測度論的確率論の標準的教科書として [13] や [14] を，確率解析学の教科書として [15] を，確率過程論の応用に幅広く触れた本として [16] を挙げておく．また，[17] ではブラウン運動という偶然現象の探求を通じて確率論が発展する様子が丁寧に述べられている．

　本書では，確率論の応用としていくつかの統計学の話題に触れているが，統計学を本格的に学ぶためには数理統計学の専門書にあたる必要がある．数多く出版されている専門書のなかで，ここでは [18] を挙げておく．第 8 章で紹介したベイズ推定は統計的なパターン認識の基礎としても注目を集めている．それについてより深く知りたい読者のために [19] を挙げておく．

　より専門的な文献ではあるが，第 9 章 (特に 9.6 節以降) を執筆する上で影響を受けたテキストとして [11] および [12] を挙げておく．また，現在，オンライン上で多くの資料を目にすることができる．マルコフ連鎖の興味深い話題を扱うテキストとして [20] および [21] を挙げておく[1]．

---

[1] それぞれ検索して見出すことができる．ただし 2022 年初頭において

関 連 図 書

[1] 鈴木紀明，解析学の基礎，学術図書出版，2013

[2] 佐竹一郎，線型代数学 (新装版)，裳華房，2015

[3] 池田信行・小倉幸雄・高橋陽一郎・眞鍋昭治郎，確率論入門 I, II, 培風館，2006, 2015

[4] 尾畑伸明，確率モデル要論，牧野書店，2012

[5] P. ブレモー，モデルで学ぶ確率入門，丸善出版，2012[2]

[6] Ya. G. シナイ，シナイ確率論入門コース，丸善出版，2012

[7] 熊谷隆，確率論，共立出版，2003

[8] 竹居正登，入門確率過程，森北出版，2020

[9] D. Stirzaker, *Elementary Probability, 2nd ed.*, Cambridge, 2003

[10] G. Grimmett & D. Welsh, *Probability, An Introduction, 2nd ed.*, Oxford, 2014

[11] P. Bremaud, *Markov Chains*, Springer, 1998

[12] A. Bovier & F. den Hollander, *Metastability, A potential theoretic approach*, Springer, 2015

[13] 舟木直久，確率論，朝倉書店，2004

[14] 高信敏，確率論，共立出版，2015

[15] 谷口説男，確率微分方程式，共立出版，2016

[16] 松本裕行，応用のための確率論・確率過程 (電子版)，サイエンス社，2017

[17] 池田信行，偶然の輝き–ブラウン運動を巡る 2000 年，岩波書店，2018

[18] 稲垣宣生，数理統計学 改訂版，裳華房，2003

[19] C. M. ビショップ，パターン認識と機械学習，丸善出版，2012

[20] 白井朋之，マルコフ連鎖と混合時間，2008

[21] 永幡幸生，マルコフ連鎖入門，2016

[22] P. Diaconis & D. Stroock, Geometric bounds for eigenvalues of Markov chains, *The Annals of Applied Probability*, 1991, Vol. 1, No. 1, 36-61

---

[2] 表記した翻訳本の出版年は日本語版が出版された年である．

索　引

著　者

千代延　大造　　　　関西学院大学理学部

確率と確率過程

―――――――――――――――――――――――――――

2023 年 3 月 20 日　　第 1 版　第 1 刷　印刷
2023 年 3 月 30 日　　第 1 版　第 1 刷　発行

著　者　　　千代延大造
発 行 者　　　発 田 和 子
発 行 所　　株式会社　学術図書出版社

〒113-0033　　東京都文京区本郷 5 丁目 4 の 6
TEL 03-3811-0889　　振替 00110-4-28454
印刷　三和印刷（株）

―――――――――――――――――――――――――――